普通高等教育“十一五”计算机类规划教材

现代科技信息检索

第 2 版

主　编　林　燕
副主编　韩瑞平
参　编　王育茜　王　晶　马　静

机 械 工 业 出 版 社

本书共有10章，着重介绍信息检索的基本理论、技术和方法，为高等院校的教师、研究生、本科生及工程技术人员从事信息检索工作和检索系统的研究与开发奠定基础。本书内容主要介绍信息、信息资源及信息检索的相关概念及类型，阐述信息素养在信息时代的重要性；信息检索的基本原理，信息检索系统的类型以及信息检索的一般方法与程序；常用的中外文数据库的使用方法及技巧；专利及专利文献的基础知识，专利文献的检索方法，主要中外文专利文献检索系统的使用方法及技巧；学位论文、会议文献、标准文献及科技报告等特种文献的网络信息检索方法及技巧；常用的中外文参考数据库的检索方法及技巧；常用的数字图书馆资源的使用方法及技巧；使用搜索引擎检索网络信息资源的方法和技巧以及OA学术资源的获取和利用；信息资源从搜集整理到分析利用的过程，阐述信息报告的撰写方法。

本书除可供高等院校的本科生，研究生使用外，还可作为科研人员，工程技术人员以及信息服务从业人员等的参考工具书。为方便教学，本书配有免费教学课件，欢迎选用本书作教材的教师登录www.cmpedu.com下载或发邮件到llm7785@sina.com索取。

图书在版编目（CIP）数据

现代科技信息检索/林燕主编. —2版. —北京：机械工业出版社，2010.1

普通高等教育“十一五”计算机类规划教材

ISBN 978-7-111-29458-0

Ⅰ.现…　Ⅱ.林…　Ⅲ.科技情况—情况检索—高等学校—教材　Ⅳ.G252.7

中国版本图书馆CIP数据核字（2010）第001717号

机械工业出版社（北京市百万庄大街22号　邮政编码100037）
策划编辑：刘丽敏　责任编辑：刘丽敏　版式设计：张世琴
封面设计：张　静　责任校对：张　薇　责任印制：李　妍
北京振兴源印务有限公司印刷
2010年2月第2版第1次印刷
184mm×260mm·13.25印张·323千字
标准书号：ISBN 978-7-111-29458-0
定价：27.00元

凡购本书，如有缺页、倒页、脱页，由本社发行部调换

电话服务
社服务中心：（010）88361066
销售一部：（010）68326294
销售二部：（010）88379649
读者服务部：（010）68993821

网络服务
门户网：http://www.cmpbook.com
教材网：http://www.cmpedu.com

前　言

21世纪随着网络与计算机技术突飞猛进的发展，新形式的信息源以及信息检索手段层出不穷，高等院校文献信息检索课程教材急需进行相应的调整与更新，基于此，我们编撰了新一版的《现代科技信息检索》一书。本书是林燕研究馆员主编的《现代科技信息检索》(2003年初版)一书的修订本。此次修订，我们在汲取以往教材优点的基础上，结合新型信息源以及信息检索手段的特点，结合从事信息检索课教学的实践，对教材的整体结构彻底进行调整，特别突出了网络信息资源的检索和利用，同时增加适应信息社会未来发展趋势的一些新内容、新观点。

修订后该书的主要内容为：第1章与第2章介绍现代文献信息检索的基本概念与现代信息检索技术；第3章介绍网络信息资源检索，讲解了搜索引擎及其检索技术，特别加入了有助于学术研究的新型网络信息资源——OA学术资源以及学科导航；第4、5章亦是本书的重点，讲解国内外重要信息检索系统；第6、7章介绍了专利文献以及学位论文、会议论文、标准和科技报告的网络信息检索；第8章为数据与事实信息检索；第9章介绍数字图书馆资源；第10章对信息资源的分析与利用以及信息分析报告的撰写进行了介绍。该书除了可供高等院校的教师、研究生、本科生使用外，同时还可作为科研人员、工程技术人员以及信息服务从业人员等的参考工具书。

全书由林燕任主编，韩瑞平任副主编，王育茜、王晶、马静任参编。其中第1章由林燕和韩瑞平共同编写，第2章由王晶、林燕和马静共同编写，第3、4章及第8章由韩瑞平编写，第5、6章由王晶编写，第7章、第10章由王育茜编写，第9章由马静编写。在编写本书的过程中，参考了有关文献检索教材和文献工作者的研究成果，在此表示衷心感谢！由于编者水平有限，错、漏以及不妥之处在所难免，恳请广大读者不吝赐教。

编　者

目　录

第1章 概 述

1.1 信息检索与信息素养

随着计算机技术以及网络的出现和逐步普及，信息对整个社会方方面面的影响愈来愈凸显。当今时代，信息量、信息传播的速度、信息处理的速度以及应用信息的程度等都以几何级数的方式在增长，信息像空气一样无处不在，人类社会的发展速度在一定程度上取决于人们感知信息、利用信息的深度和广度，因此，有人称我们的时代为“信息时代”。信息时代，信息数量呈爆炸态势的增长，信息质量的良莠不齐，为人们快速准确地获取有效信息设置了诸多障碍。由此，信息检索知识成为人们知识结构中不可缺少的重要组成部分，信息检索能力成为新时代人才的一项必备技能，信息素养成为当今社会人们必须具备的一种基本素质。

1.1.1 信息检索的发展历史

信息检索源于图书馆的参考咨询和文摘索引工作，从19世纪下半叶开始发展，至20世纪40年代，索引和检索已分别成为图书馆的独立工具和用户服务项目，在这一阶段人们称之为“文献检索”。到20世纪50年代，又出现了“情报检索”的概念。此后，文献检索与情报检索作为对外服务项目同时应用于图书馆、情报所等信息服务机构，并作为一门学科被逐渐推广和普及。“信息检索”一词是近几年随着信息技术和通信技术的飞速发展，以及信息资源的极大丰富才出现的。这一概念的提出，将检索内容由单一的文献或情报数据扩展为整个信息资源，并逐渐扩大到其他领域。目前，和信息检索有关的理论、技术和服务构成了一个相对独立的知识领域，并与计算机应用技术相互交叉，成为信息学的一个重要分支。

1.1.2 信息素养

信息素养的概念最早由美国信息产业协会主席保罗·泽考斯基(Paul Zurkowski)于1974年提出，他把信息素养定义为“人们在解决问题时利用信息的技术和技能”。在全球信息化的今天，信息素养已成为人们必须具备的一种基本素质和能力，并随着时代的发展而呈现出越来越丰富的内涵。它不仅包含熟练运用当代信息技术获取识别信息、加工处理信息、传递创造信息的基本技能，还包含自主学习的态度和方法、批判精神、创新精神以及强烈的社会责任感和参与意识，并将这些能力与素质应用于信息问题的解决和进行创新性思维的综合能力。具体来说，它主要包括四个方面：信息意识、信息知识、信息能力和信息道德。这四个要素共同构成一个不可分割的统一整体，其中信息意识是先导，信息知识是基础，信息能力是核心，信息道德是保证。

1.1.3 信息检索与信息素养的联系

信息检索是信息素养内涵中重要的信息能力之一，同时也是培养信息素养的基本技能和方法。21世纪是信息社会，信息是交流的工具，是智慧的源泉，是财富。如果将信息视为宝库，那么信息素养就是找到宝库的必由之路，而信息检索则是打开宝库的金钥匙。

1. 学习信息检索有助于增强信息意识及信息知识的积累

信息意识，即人对信息的敏感程度，指人对信息的感受力、判断能力和洞察力，是人们对自然界和社会的各种现象、行为、理论观点等从信息角度的理解、感受和评价。信息社会，信息浩如烟海，其中凝聚着无数的科研成果、事实、数据、方法乃至商机等。同样重要的信息，有的人善于抓住并利用，有的人却漠然视之，而谁先抓住了信息，谁就占有了先机。因此，信息意识相当重要，具备信息意识是树立信息素养的首要环节。通过信息检索与利用课程的学习，可以培养利用信息的习惯与思维方式，加强信息重要性的认识，从而增强信息意识，提高检索技巧，对于信息知识的积累和专业知识的学习，对于加速成才具有重要的作用。

2. 学习信息检索是培养信息能力的有效手段

信息能力不仅包括对信息系统的基本操作能力，即对信息的采集、传输、加工处理和应用的能力，还包括对信息系统与信息进行评价的能力等。学习信息检索正是培养这些能力的重要途径和有效手段。实践证明，信息检索是科学决策的前提，能使科技工作者及时把握科技发展的动态和趋势，进而有效地借鉴别人的劳动成果，直接进入实质性的研究阶段，避免重复研究，少走弯路，从而达到事半功倍的效果。对于大学生来说，信息检索对培养自主学习能力、研究能力以及创新能力具有极大的促进作用。

3. 学习信息检索有助于规范信息道德

信息道德是指在信息活动的各个环节中，用来规范其间产生的各种社会关系的道德意识、道德规范和道德行为的总和。它通过社会舆论、传统习俗等，使人们形成一定的信念、价值观和习惯，从而使人们自觉地通过自已的判断规范自己的信息行为。

通过学习信息检索，积极了解并掌握国家在信息及信息技术方面制定的相关政策、法律、道德规范，学习在获取、利用信息资源时需要遵守的法规以及约定俗成的一些规则，从而树立正确的信息伦理道德以及法律法规观念，在信息的海洋中做出正确的判断，尊重知识产权，在不从事非法活动的同时，能够防止计算机病毒和其他网络犯罪。

总之，在全球信息化的今天，无论是素质教育的实施，创新人才的培养，科学研究的开展，还是信息资源的开发与共享，都离不开信息检索技术的普及与应用。学习信息检索知识和技能，对于培养复合型、开拓型人才具有十分重要的意义。

1.2　信息的概念与特征

究竟什么是信息，它和知识、情报以及文献间相互关系如何，这些与信息相关的基础知识是我们学习本课程首先需要了解的问题。

1.2.1　信息、知识、情报与文献

1. 信息

“信息”一词的释义众说不一。从信息所包含的内容上看，信息具有物质属性，是世界上一切事物的状态和特征的反映；从信息传递角度来看，信息是关于自然界与人类社会中

一切事物运动状态及关于事物运动状态的报道。总之，信息普遍存在于整个自然界与人类社会中，是事物的一种普遍属性，它是事物存在的方式和运动状态及其规律的表征，一切消息、知识、数据、文字、程序和情报等都是信息。在人类进入信息社会时代，信息作为一种与能源、材料并重的战略资源，已成为当今社会发展科技、经济、文化教育的重要支柱之一，并且随着社会的进步与发展，信息的内涵也将愈来愈丰富。

2. 知识

知识是人类社会实践经验的总结，是人的主观世界对于客观世界的概括和如实反映。知识是人类通过信息对自然界、人类社会以及思维方式与运动规律的认识，是人的大脑通过思维重新组合并系统化的信息集合。因此，人类不仅要通过信息感知世界、认识和改造世界，而且要根据所获得的信息组成知识。可见，知识是信息的一部分。

3. 情报

情报就是为解决科研、生产中的具体问题所需要的通过传递并起作用的知识信息。换句话说，情报是传递着的有特定效用的知识信息，是被激活了的、被利用的知识信息。情报具有三个基本属性：知识性、传递性和效用性，即情报一是知识信息；二是要经过传递的；三是要经过用户使用产生效益。

4. 文献

文献是指利用文字、图形、符号、声频、视频等技术手段记录人类知识的一切载体。或者理解为，固化在一定物质载体上的知识。知识、载体和记录是构成文献的三个基本要素。知识决定文献内容，载体决定文献的形态，记录则是构成文献的手段。文献是记录、积累、传播和继承知识的最有效手段，是人类社会活动中获取情报的最基本、最主要的来源，也是交流传播情报的最基本手段。

1.2.2　信息、知识、情报、文献之间的关系

由信息、知识、情报、文献的内涵可见，它们之间的关系是事物发出信息、经过人脑加工成知识。只有将自然现象和社会现象的信息上升为对自然和社会发展规律的认识，这种再生信息才构成知识。而情报是传递着的有特定效用的知识。知识信息被记录在载体上，形成文献。文献与知识既有不同的概念，又有密切的联系。文献必须包含知识内容，而知识内容只有记录在物质载体上，才能构成文献。文献经过传递、传播、应用于理论和实际而产生信息。

1.2.3　信息的存储载体

信息虽然反映了事物的状态和运动方式，但并不是事物的本身，所以信息本身不是实体，只是消息、情报、指令、数据和信号中所包含的内容。信息必须要有存储载体才能让我们看到、听到、摸到和感觉到。有了存储载体才能记录、保存和传递信息，所以信息离不开存储载体，同时信息存储载体的演变，又推动着人类信息活动的发展。信息存储载体可以是印刷型、电子型，也可以是纸、石头、龟甲……

1.2.4　信息的特征

信息作为一种资源，在被存储、处理、传递及利用等过程中表现出以下特征：

1. 客观性

信息不管你有没有感知到，它都是客观存在的。它是现实世界中各种事物运动与状态的反映，只要有物质存在，就有信息的存在。

2. 可加工性

人们对信息进行加工、整理、概括、归纳就可使之精练、浓缩，从而成为便于识别、效用更高的信息。

3. 传递性

信息的可传递性是信息的本质特征，是指它在时间上或空间上从一点移动到另一点，可以通过语言、动作、文字、通信、电子计算机等各种渠道和媒介传播。也正是有了这种可传递的特征，信息在现实社会中才能够得以被加工和利用。

4. 时效性

客观事物总是不断地发展变化，因而信息也会随之发展变化。如果信息不能适时地反映事物存在的方式和运动状态，那么，这一信息就失去其效用。

5. 共享性

同一内容的信息可以在同一时间或不同时间里被多个信息用户共享使用。同时信息可以被无限制地复制和传递，任何一条信息被用户吸收和利用后并不影响信息的本身以及其他用户的使用。可以说，信息共享性是推动社会交流的原动力。

6. 可转换性

信息可以由一种形态转换成另一种形态。在信息传递过程中，其载体形态是可变的，它可以由一种载体形式转换成另一种载体形式。

1.3 信息资源

信息同能源、材料并列为当今世界三大资源，它广泛存在于经济社会各个领域和部门。人们对信息加以开发整合形成便于利用的信息资源。信息资源是信息检索的对象，与人们工作、学习和生活息息相关，已经成为国民经济和社会发展的重要战略资源，对国家和民族的发展至关重要，它的开发和利用是整个社会信息化体系的核心内容。

1.3.1 信息资源的概念

简单地说，信息资源就是经过人类开发和组织的信息集合，包括人类在社会生产实践过程中所产生的一切文件、资料、图表和数据等信息的总称。具体地讲，这里面包含三层含义：一是，信息资源是信息的一部分，是信息世界中与人类需求相关的、有价值的并可利用的信息；二是，信息资源是当前生产力水平和研究水平下人类所开发和组织的信息；三是，信息资源是通过人类的参与而获取的，人类的参与在信息资源的形成过程中具有重要的作用。

当今时代，信息资源与能源、材料一样成为社会发展的重要战略资源，但同时它又有别于其他资源，有着自身的特点，如：无限性、可传递性、可再生性和可共享性等特点，是人类社会活动中最高级的资源财富，加大信息资源的开发和利用力度会大大减少材料和能源的消耗，对推动人类社会发展具有重要意义。

1.3.2 信息资源的类型

信息资源内涵丰富，可以从不同的角度对其进行分类。

1. 按信息的表现形式划分

可分为文献信息资源、数据信息资源、多媒体信息资源。

其中，文献型信息资源是以文字形式存储于各种载体上，是目前内容最丰富、使用频率最高的信息资源；数据型信息资源以数值数据形式存储于各种载体上，如统计数据、测量数据、理化数据等；多媒体信息资源是指利用磁盘、光盘、磁带、半导体存储器等媒质，将声音、文字、图像、数据等集为一体的信息，一般以网络形式或光盘出现。

2. 按信息的载体形式划分

可分为刻写型、印刷型、视听型、缩微型以及电子型。其中电子信息资源随着计算机技术的飞速发展，成为目前人们学习、工作以及生活中必不可少的重要资源。

(1) 刻写型

刻写型文献是指在印刷术尚未发明之前的古代文献和当今尚未正式付印的手写记录等。如古代的甲骨文、金石文、帛文，以及现代的回忆录、手稿等。

(2) 印刷型

印刷型文献是一种以纸张为载体，通过印刷手段所形成的文献，主要包括铅印、油印、胶印等。印刷型文献的优点是便于传递和阅读，并且阅读是不需要借助任何技术设备。但由于体积大、存储密度低，所占存储空间大，很难实现自动化管理和提供自动化服务。

(3) 视听型

视听型文献也称声像型文献。它是以磁性材料或感光材料为存储载体，借助特定的设备直接记录声音信息和图像信息所形成的文献。如：录音带、录像带、唱片、幻灯等。视听型文献的特点是直观、逼真，使用时需要一定的设备。

(4) 缩微型

缩微型文献又称缩微复制品文献，它是以感光材料为载体，以印刷型文献为母本，采用光学摄影技术，将文献的体积浓缩而固化到载体上。如：缩微卡片、平片、胶卷等。缩微文献体积小、存储密度大，易于传递，平均可节约存储面积95%以上，并且保存期较长，不易损坏和变质。但不能直接肉眼阅读，而需要借助各种型号的阅读器。

(5) 电子型

电子信息资源以电子数据的形式，把文字、图形、图像、声音等多种形式的信息存放在光、磁等非印刷型介质上，以电信号、光信号的形式传输，并通过计算机及现代通信方式再现出来的一种信息资源。电子信息资源是信息技术发展的产物，它的产生、发展与广泛应用给人们收集、存储和利用信息带来了极大的便利。与传统的信息资源相比，它具有信息容量大、易更新、易复制、方便检索，可交互性与可共享性强等优点。但阅读需要一定的设备，其长期保存问题以及版权问题等还需要深入探讨。

电子信息资源主要包括网络信息资源、光盘数据库、E-book 等。目前网络信息资源是最丰富的、应用最广泛的电子资源，也是我们要重点学习的内容，本书的第3章我们会对网络信息资源做详细的介绍。

3. 按信息加工层次划分

依据信息传递质和量的不同以及加工层次的不同，可分为三个等级，即一次信息、二次信息、三次信息。

一次信息通常指未经任何加工的原始信息，例如著作、论文等；二次信息是对一次信息进行收集、整理和加工，并按一定的方法编排而成的信息，如传统的检索工具——书目、索引、文摘等，还有网上搜索引擎。二次信息是查找和利用一次信息的重要工具，是信息检索理论研究的核心内容；三次信息是在二次信息的基础上，对一次信息进行高度概括、论述、分析、综合后形成的产物，如综述、述评、专题报告等。

4. 按记录信息的出版形式划分

按记录信息的出版形式划分，一般将其分为图书、期刊、报纸、会议文献、政府出版物、科技报告、学位论文、专利文献、标准文献、产品样本等。这10种信息源是人们在学习、科学研究以及生产中利用率很高的、非常重要的文献信息源，通常被人们称为“十大文献信息源”。学习掌握“十大文献信息源”的特点，有助于检索利用信息过程中准确地选择信息源，并快速获取有效信息。

（1）图书

图书又称书籍，是内容比较成熟、论述比较系统且全面可靠的、有完整定型装帧形式的出版物。图书种类较多，包括专著、丛书、教科书、词典、手册、百科全书等各种阅读型图书和工具参考书。

图书是对已有的科学技术成果、生产技术知识和经验的全面概括和论述，经过著者的选择、鉴别、核对、提炼并融汇贯通而成的。图书内容具有系统性、全面性、理论性强、成熟可靠、技术定型等特点；但由于出版周期较长，知识的新颖性不够。对于要系统地学习知识，或对于不熟悉的问题想获得基本概念了解的读者，参阅图书是行之有效的办法。

（2）期刊

期刊是指具有固定题名，定期或不定期出版的连续出版物。其特点是出版周期短、报道文献速度快、内容新颖、发行及影响面广，能及时反映科学技术中新成果、新水平、新动向。查阅期刊可以了解学科发展动态，掌握研究进展，开阔思路，吸收新的成果。

（3）报纸

报纸是指每期版式基本相同的一种定期出版物。它的出版周期更短，信息传递也更及时。查阅报纸可获得社论、评论、专家或者大众的观点以及国际、国内和本地事件的最新消息等。此外，诸多学科的最新情报信息常常在报纸上得到反映。因此，报纸也是十分重要的文献信息源之一。

（4）会议文献

会议文献是指在各种会议上宣读的论文或书面发言，经过整理后编辑出版的文献。此类文献一般都要经过学术机构严格的挑选，代表某学科领域的最新成就，反映该学科领域的最新水平和发展趋势。所以会议文献是了解国际及各国的科技水平、动态及发展趋势的重要情报来源。

（5）政府出版物

政府出版物是各国政府部门及其所属的专门机构发表、出版的文件，既有行政性文件（如政府法令、法规、方针政策、调查统计资料等），也包括科技文献（科普资料、技术政策等）。

通过这类文献可了解一个国家的科学技术、经济政策、法令、规章制度等。这类资料具有极高的权威性，对企业的活动具有重要的指导性。

（6）科技报告

科技报告是描述一项科学研究进展情况的实际记录或最终研究成果的一种文体。其特点是内容详尽专深，具有一定的保密性和专门性，一般采用出版单行本的办法，在一定的领域内流通。此外，它的出版速度快，篇幅长短和出版日期不定，成功和失败两方面的经验都有记载，这些也是科技报告的另一特点。

（7）学位论文

学位论文是本科生、研究生为获得学位，在进行科学研究后撰写的学术论文。学位论文一般要有全面的文献综述，比较详细地总结前人的工作和当前的研究水平，作出选题论证，并作系统的实验研究及理论分析，提出自己的观点。学位论文探讨的问题往往比较专一，阐述详细，具有一定的独创性，也是一种重要的文献来源。

（8）专利文献

专利文献是指发明人或专利权人向本国或其他国家就某一发明创造申请专利保护时所提交的专利申请书，以及经专利局审批后，公开出版或授权后所形成的一系列文献。其中，专利说明书是专利文献的主体。专利文献是国家有关部门和科研人员在制定政策、选择研究方向、学习引进国外先进技术、解决技术难题、开展对外贸易以及保护企业自身利益等方面的工作时参考借鉴的重要文献信息源。

（9）标准文献

标准文献是由国家某一机构颁发的一种规范性的技术文件，它是在生产或科学研究活动中对产品、工程或其他技术项目的质量品种、检验方法及技术要求所作的统一规定。标准文献具有计划性、协调性、法律约束性的特点，它可以促使产品规格化、系列化，产品质量的标准化，对提高生产水平、产品质量、合理利用资源、节约原材料、推广应用研究成果、促进科技发展等有着非常重要的意义。

（10）产品样本

产品样本是国内外生产厂商或经销商为推销产品而印发的企业出版物。用来介绍产品的品种、特点、性能、结构、原理、用途和维修方法、价格等。查阅、分析产品样本，可获得有关设计、制造、使用中所需的数据和方法，有助于了解产品的水平、现状和发展动向，对于产品的选购、设计、制造、使用等有着较大的参考价值。

此外，1982年邓聚龙教授提出灰色系统理论，随之人们将该理论与模糊理论相结合引进文献的分类，从出版形式角度，以综合标准划分将文献分为白色文献、灰色文献、黑色文献三种形态。

黑色文献指未出版或未予发行的文献，白色文献是指公开的、正式出版的文献，而灰色文献介于二者之间，是近年来发现的一种新型信息源，一般指非公开出版的文献。

目前灰色文献成为人们进行科学研究、生产研发、商业决策的重要信息资源，也是近年来图书情报界研究的热点之一。1997年举行的“第三次国际灰色文献会议”将灰色文献定义为：不经营利出版者控制，而由各级政府、学术单位、工商业界所控制的各类印刷与电子形式的资料。灰色文献品种繁多，包括非公开出版的政府文献、学位论文；不公开发行的会议文献、科技报告、技术档案；不对外发行的企业文件、企业产品资料、贸易文件（包括产品说明书、相关机构印发的动态信息资料）和工作文件；未刊登稿件以及内部刊物、交换资料，赠阅资料等。灰色文献流通渠道特殊，制作份数少，容易绝版。虽然有的灰色文献的信息资料并不成熟，但所涉及的信息广泛，内容新颖，见解独到，具有特殊的参考价值。

综上所述，学习掌握信息以及信息资源的相关知识，除了帮助我们了解一些概念的内涵以外，更重要的是能够帮助我们今后正确地分析问题，快速、准确、有效地进行信息检索，进而对未来我们积极主动地开发与利用信息资源具有重要的促进作用。

思 考 题

1. 结合专业实际，简述信息检索在提高信息素养方面的作用。
2. 比较信息、知识、情报、文献概念的异同。
3. 简述网络信息资源类型。
4. 简述零次文献、一次文献、二次文献和三次文献的异同。
5. 简述“十大文献信息源”及其各自特点。
6. 简述什么是“灰色文献”。

第2章　信息检索原理与检索技术

2.1　信息检索

2.1.1　信息检索的定义

信息检索，在广义上是指将信息按一定的方式组织、存储起来，并针对用户的需要查找所需信息的过程。因此，信息检索包含了信息的存储和检索两个不可分的部分。而我们通常所讲的信息检索是指狭义的信息检索，即从检索工具和检索系统中查找所需信息的过程及其所采取的一系列方法和策略。

2.1.2　信息检索的类型

信息检索根据其检索对象的不同，可分为文献信息检索、数据信息检索、事实信息检索。其中文献信息检索是最基本、最主要的方式。

1. 文献信息检索

文献信息检索通常是以获得各种类型文献信息为目的的检索，包括文献信息线索检索和文献信息全文检索。文献信息线索检索是指利用目录、索引、文摘等工具进行文献信息查找，其结果只是获得文献信息的线索，要获得相关信息的全文还需进一步的查找；文献信息全文检索是以查找文献信息全文为目的的检索，其结果是获得全文信息。

2. 数据信息检索

数据信息检索是指检索系统中存储的是数值型数据，如科学技术常数、各种统计数据、人口数据、气象数据、市场行情数据、企业财政数据等，即事物的绝对值和相对值的数据。信息用户可用检索获得的、经过核实整理的数值信息再作定量分析。

3. 事实信息检索

事实信息检索是指系统存储的是从原始文献中抽取的关于某一事物(事件、事实)发生的时间、地点和过程等方面的信息，这种信息是数值信息和系统数据信息的混合。

2.1.3　信息检索的基本原理

从信息检索的概念可以看出信息检索的全过程应该包含“信息存储”与“信息检索”两个部分：

信息存储过程是专业信息工作人员将大量无序的原始信息进行分析处理，从中提取符合信息特征的各种主题概念进行标引，形成一定的检索标识，再把这些检索标识按照一定的方式存储到系统中的过程。

信息检索过程是信息用户针对自己的信息需求进行分析，从中提取出一定的主题概念，将这些主题概念进行逻辑组配，并按照一定的方式从系统中选择、匹配所需信息的过程。

为了保证存储到系统中的信息能够被检索到，这就要求信息标引人员和信息用户共同遵循相同的标引规则，这种标引规则就是信息检索语言，信息检索语言是沟通信息存储过程与信息检索过程的桥梁。

存储与检索的过程可用图2-1表示。

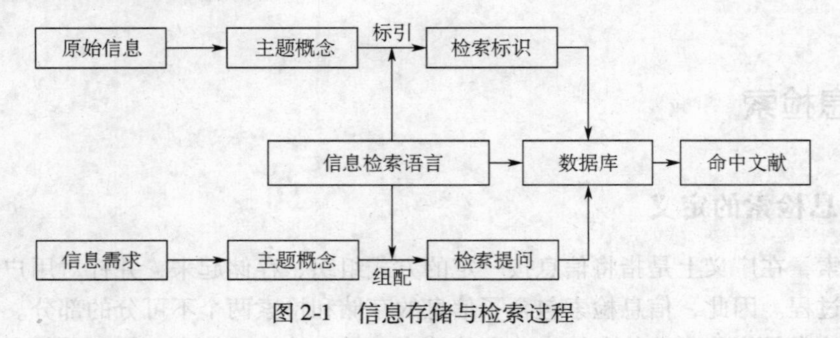

图2-1　信息存储与检索过程

可以看出，检索过程是存储过程的逆过程，即检索的过程和存储的过程方向相反，但是思路一致。没有存储也就无从检索，检索是针对已存储到系统中的信息进行的。

从以上的论述中我们总结信息检索的基本原理，可以概括为一句话：信息按照一定的方式存储，并在存储的逆过程中对信息进行选择与匹配。

2.2　信息检索系统

2.2.1　信息检索系统的特征及职能

信息检索行为的实施需要一定的资源条件和设备条件，这些资源及设备条件就是信息检索系统。概括地说，信息检索系统就是能够提供加工、存储和检索信息并向用户提供信息服务的设施或工具。它是图书情报部门开展咨询服务工作及读者获取信息必不可少的工具。

1. 信息检索系统的特征

1）信息检索系统中的记录详细描述了信息的外部特征和内容特征。外部特征是指文献篇名、著者姓名、文献出处等。内容特征是指文献的主题词、分类号、内容摘要等。

2）每条记录都具有各种检索标识（描述内外特征的专用于信息检索的词、词组或代码），例如主题词、分类号、著者姓名、文献序号等。

3）全部记录科学地组织成一个有机的整体。

4）能够提供多种检索途径。例如，分类途径、主题途径、著者途径、号码途径等。

2. 信息检索系统的职能

（1）报道职能

揭示某一时期、某一范围的科技文献信息的发展状况。通过检索系统对科技文献信息的报道，了解学科的历史、现有水平和未来发展趋势。

（2）存储职能

把有关文献的学科内容特征和外部特征著录下来，按一定的次序排列组织起来，以便于查找各类科技文献信息。

（3）检索职能

提供一定的检索手段，使人们按照一定的检索方法，及时、准确、全面地查找出所需文献信息。

2.2.2 信息检索系统的类型

按照不同的标准，信息检索系统可划分为不同的类型。

1. 按照信息存储和检索的设备划分

（1）手工检索系统

主要指各种印刷型检索工具和目录卡片。

手工检索需要检索人员手工翻阅书本式检索工具或是卡片目录，缺点是查阅速度慢、效率低，而且检索系统内容更新慢。

（2）计算机检索系统

按照信息访问模式划分，可以分为联机检索系统、光盘检索系统和网络信息检索系统。

1）联机检索（online retrieval）是指用户利用计算机检索终端设备，通过拨号、专线或计算机互联网络，从联机服务中心（国际或国内）的数据库中检索出自己需要的信息的过程。联机检索具有检索速度快、不受地理位置的限制、实现人机对话、检索质量高、内容新等特点，但检索费用高。国际上比较著名的联机检索系统有 DIALOG、STN、OCLC 等。

2）光盘检索是指利用计算机设备对只读式光盘数据库（CD-ROM）进行检索。它的特点是：检索速度快，采用人机交互方式，检索费用相对于联机检索系统低，但不如联机系统更新快。

3）网络信息检索系统是指通过人工或自动索引程序广泛收集网络信息资源数据，并经一系列加工处理后，以 Web 页面的形式向用户提供有关的资源导航、目录索引以及检索界面的一类检索系统。此类检索系统主要包括各种学术性的网络数据库和网络搜索引擎，本书将在后续内容里进行详细介绍。

由于目前信息检索已经进入到计算机化和网络化发展阶段，人们查找信息更多的是利用网络信息检索系统。因此，本书后续内容将主要围绕计算机及网络信息检索系统进行介绍。

2. 按照收录文献的范围划分

（1）综合性检索系统

收录范围广泛，涉及多门学科。例如，中国期刊全文数据库、重庆维普数据库、万方数据库以及 SCI、EI、ScienceDirect 数据库等。

（2）专业性检索系统

收录范围只限于某一学科领域，但报道的文献类型是多样的。例如，《化学文摘》、《数学评论》、《应用力学评论》、《金属文摘》等。

（3）单一性检索系统

只收录某一种类型的文献，但学科范围可宽可窄。包含各种特种信息的数据库即属此类，例如国家知识产权局专利检索系统、中国重要会议论文全文数据库、中国博硕士论文全文数据库等。

3. 按照揭示文献的方式划分

（1）目录

目录是对一批图书、期刊等单独出版的文献进行系统化的著录，并按照一定的规则编排而成的检索工具，例如，《全国总书目》、《全国新书目》等。目录对出版物的著录比较简单，内容揭示比较浅。

（2）索引

是将文献中某些重要的、具有检索意义的内容特征标识或外部特征标识，按某种顺序排列并注明文献条目线索的检索工具。索引可分为两类：

1）篇目索引主要揭示期刊报纸、论丛、会议录等所包含的论文。常以期刊的形式出版发行，是最简单的文献报道形式。著录项目包括论文题目、作者、出处（所在期刊名称、卷期、页码等），一般没有简介或摘要，因此又称为"题录"。

2）内容索引是将图书、论文等文献中所包含的实物，即人名、地名、学术名词等内容要项摘录出来而组织成的索引。它是查阅文献中所包含的各项知识的有效工具，是揭示文献内容的钥匙。

内容索引比篇目索引更深入，更能提供文献中所包含的信息。

关于索引的概念有一点需要注意，即"索引"既可以指的是一种二次文献检索工具的名称，例如《工程索引》这种检索工具称为索引，但它又是文摘类的检索工具；又可以指的是某种文摘类的检索工具后所附的一系列辅助索引，例如，《科学文摘》后就附有著者索引、参考文献索引、图书索引、号码索引等。

（3）文摘

将文献内容进行压缩，以简练和概括的文字予以揭示文献的检索工具。例如，《科学文摘》、《化学文摘》等。文摘不仅能提供文献线索，更具有显著的文献内容揭示与报道功能。

（4）全文

此种类型检索系统的数据库中的记录内容实际上是"文摘+文献全文"，这样的检索系统可以直接获取所需的全文信息。目前，全文型检索系统在各类检索系统中已占有相当重要的地位。中国期刊全文数据库就是典型的全文型信息检索系统。

2.2.3 数据库的类型和结构

数据库是在计算机存储设备上按一定方式，合理组织并存储的相互关联的数据的集合，是信息检索系统必不可少的核心组成部分。

1. 数据库的类型

根据所提供的信息内容，数据库主要分为参考数据库和源数据库。

（1）参考数据库

存储的主要是一些描述性信息内容，指引用户到另一信息源以获得完整的原始信息的一类数据库，主要包括书目数据库和事实型数据库。

1）书目数据库存储的是目录、索引、文摘等书目线索的数据库，又称二次文献信息数据库，其作用是指出了获取原始信息的线索。如《中国学术期刊文摘数据库》、《中国专利文摘》等。

2）事实型数据库存储的是对某些客观事物指示性描述的数据库，又称指南型数据库。它提供关于机构、人物、产品、成果、活动等不同方面的信息。根据其存储的内容的不同，它又可分为机构名录数据库、产品数据库、成果数据库、旅游指南数据库等。如中国科技信息所的《中国企业、公司及产品数据库》即属于产品数据库、万方公司的《中国科学技术成果数据库》则属于成果数据库。

（2）源数据库

存储的主要是全文、数值、结构式等信息，能直接提供原始信息，不必再转查其他信息源的数据库，主要包括全文数据库和数值数据库。

1）全文数据库。存储原始信息的全文或原始信息的主要内容的一种源数据库。用户使用某一词汇或短语，便可直接检索出含有该词汇或短语的原始信息的全文。如《中国期刊全文数据库》、《中国重要会议论文全文数据库》等。

2）数值数据库。存储以数值表示信息的一种源数据库，是对信息进行深加工的产物，可以直接提供所需的数据信息。数值数据库除了一般的检索功能外，还具有数据分析、准确数据运算及对检索输出的数据进行排序和重新组织等方面的功能。

2. 数据库的结构

由于文献数据库大多是书目型的数据库，本书就以书目型数据库为例，具体介绍数据库的结构。

书目数据库是一个包含反映文献信息内容特征和外表特征的著录款目的集合，主要由记录和字段构成。

数据库通常由文档组成，而文档则由若干条记录构成。记录是作为一个单位来处理的有关数据的集合，是组成文档的基本数据单位。

在数据库中，文献特征从结构上分析，可被称为字段值或字段内容。字段是构成数据库的最小单位，一个记录包含有若干个字段。对应于任一实体的某一属性有一条子段，因此在书目数据库中，一个记录通常包括标题、作者、来源、文摘、主题词、分类号、语种等字段。

2.3 信息检索语言

2.3.1 信息检索语言的概念

检索语言是根据检索的需要而编制的人工语言，又称文献语言、标引语言、索引语言、情报检索语言、信息检索语言、标识系统等。检索语言是信息检索系统存储和检索信息时共同使用的一种约定性语言，以达到信息存储标识和检索的一致性，使标引人员和检索用户利用检索语言通过检索系统实现交流的语言。

大量的文献在信息检索系统内是按照信息检索语言对其的标识以一定逻辑次序进行排序的，这样检索语言对文献内部特征、外部特征的标识就成为文献存储排序的依据，也成为检索用户检索文献的依据，即检索语言依据文献内外部特征对其进行标识，文献的标识成为其在检索系统中的“存取点”。

信息检索语言的主要功能是沟通信息存储和检索，它是信息标引人员和检索用户进行交流的媒介，其主要特点是：有必要的语义和语法规则，能简单明了而又专指地表达文献的标识或检索提问的主题；表达概念的同一性，必须排除一词多义、多词一义、词义含糊，即同一概念不允许有多种表达方式；具有将检索标识和检索提问进行比较和识别的方便性。

2.3.2 信息检索语言的分类

各种信息检索语言的功能基本上是一致的，但它们在表达各种学科、主题概念及其相互关系时所采用的方式不同，各种检索语言具体的特点、功能、优缺点也不尽相同。检索语言一般有以下三个分类标准。

1. 按表述文献有关特征划分

（1）表述文献外部特征的检索语言

它以文献信息上标明的、显而易见的外部特征，如题名、著者、专利号、出版者等作为文献的标识和检索依据，具体包括题名语言、著者语言、号码语言等。

（2）表述文献内容特征的检索语言

文献的内容特征通常指文献的主题概念、文献所属的学科等。这类语言主要包括分类语言和主题语言。在揭示文献内容和表达检索提问方面，这类检索语言更具有深度。

分类语言是使用分类号表达文献主题概念，并将文献按学科性质分门别类地系统地组织起来的一种检索语言。它又分体系分类语言、组配分类语言和混合分类语言三类。利用分类语言编制的分类表主要有《中国图书馆图书分类法》、《中国科学院图书馆图书分类法》、《十进制图书分类法》(Decimal Classification)、《国际十进分类法》(Universal Decimal Classification)、《冒号分类法》(Colon Classification)。

主题语言是直接以表述文献内容特征和科学概念的词语作为检索标识，并按其字顺序组织起来的一种检索语言。按照选词原则，主题语言又分单元词、标题词、叙词、关键词四种语言。《工程索引》(Ei)的《工程信息叙词表》、《科学文摘》(SA)的《Inspec叙词表》、《汉语主题词表》的《轮排索引》都是根据主题语言编制而成的。

两类语言的分类如图2-2所示：

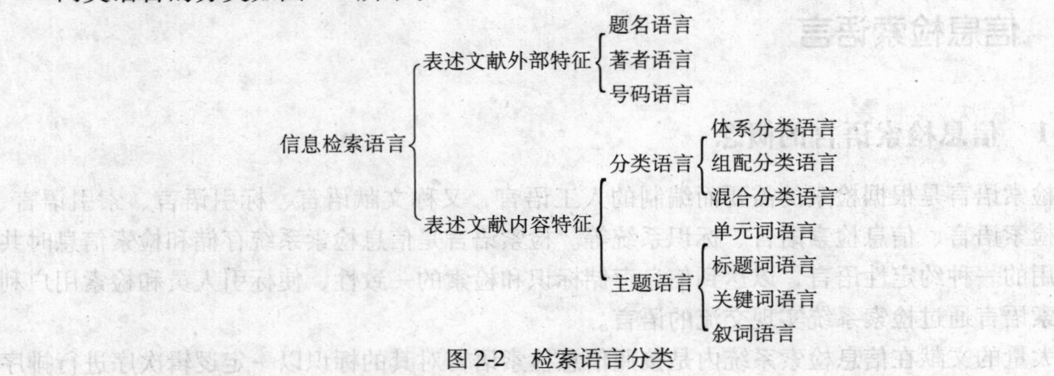

图2-2 检索语言分类

2. 按标识组配方式划分

（1）先组式检索语言

先组式检索语言是指描述文献主题概念的标识在标引、检索之前就已经确定的标识系统，如体系分类语言、标题词语言等。

（2）后组式检索语言

后组式检索语言是指表述文献的标识在标引、检索之前未固定组配，在实际标引、检索时根据检索的实际需要，按照组配规则临时进行组配的标识系统，如叙词语言、关键词语言等。

3. 按检索语言的结构划分

（1）分类检索语言

以分类号作为文献主题概念的标识系统，包括体系分类语言、组面分类语言、混合分类语言等。

（2）主题词检索语言

以主题词，如标题词、单元词、关键词、叙词等作为文献主题概念的标识系统。标题词语言、关键词语言、叙词语言等都是主题词检索语言。

2.3.3 分类语言

检索用户一般均是查找某个学科领域或是专业范围内的知识信息，习惯于从学科、专业的角度出发查找信息，因此把知识信息按学科、专业体系分类进行标引、存储更便于用户的利用。分类语言正是一种把知识信息按学科门类组织起来的一种检索语言，其中最常用的就是等级体系分类语言。

等级体系分类语言又称体系分类法，其基本原理是从学科分类角度，将知识门类按一定逻辑排定次序，再将知识门类概念从总到分进行层层划分，从而形成不同级别且具有隶属关系的知识门类等级体系的类目，类目以符号做标记，每个符号表达特定的知识门类。

体系分类语言是以学科体系为基础，用符号标识学科、知识门类并按其编排的检索语言。体系分类语言尽可能列举全部学科类目表达学科体系的完整性和系统性，各种类目线性展开，各级类目层层隶属，且类目事先予以组配，是一种先组式检索语言。

1. 体系分类语言的编排结构

体系分类法的具体表现形式为体系分类表，《中国图书馆图书分类法》(简称《中图法》)是我国目前使用最为广泛的体系分类法，《中图法》由类目表、辅助表和索引三部分组成。现在以1999年第4版《中图法》为例详细介绍体系分类表的编排结构。

（1）类目表

《中图法》类目表由22个基本大类、简表和详表构成。

1）基本大类。《中图法》在马克思主义、列宁主义、毛泽东思想、邓小平理论，哲学、宗教，社会科学，自然科学，综合性图书5个基本部类的基础上把知识体系分为了22个基本大类，如图2-3所示。

2）简表。简表是对每一基本大类进一步细分，进一步列出每一基本大类的二级、三级类目，它是详表的骨架，反映详表的概貌。

3）详表。详表是《中图法》类目表的主体，是在简表的基础上扩展而成，共有4万多条类目，是用《中图法》进行文献标引和文献检索的依据。如图2-3所示。

（2）辅助表

《中图法》辅助表分通用复分表和专类复分表。通用复分表适用于整个详表。专类复分表适用于某个学科类目。

（3）索引

索引是《中图法》(第4版)的配套工具书，收录了《中图法》类目和注释中出现的全部有

A 马克思主义、列宁主义、毛泽东思想、邓小平理论
B 哲学、宗教
C 社会科学总论
D 政治、法律
E 军事
F 经济
G 文化、科学、教育、体育
H 语言、文字
I 文学
J 艺术
K 历史、地理
N 自然科学总论
O 数理科学和化学
P 天文学、地球科学
Q 生物科学
R 医药、卫生
S 农业科学
T 工业技术
- TB 一般工业技术
- TD 矿业工程
- TE 石油、天然气工业
- TF 冶金工业
- TG 金属学与金属工艺
- TH 机械、仪表工业
- TJ 武器工业
- TK 能源与动力工程
- TL 原子能技术
- TM 电工技术
- TN 无线电电子学、电信技术
- TP 自动化技术、计算机技术
  - TP1 自动化基本理论
  - TP2 自动化技术及设备
  - TP3 计算技术、计算机技术
    - TP30 一般问题
    - TP31 计算机软件
    - TP32 一般计算器和计算机
    - TP33 电子数字计算机
    - TP34 电子模拟计算机
    - TP35 混合电子计算机
    - TP36 微型计算机
    - TP37 多媒体技术与多媒体计算机
    - TP38 其他计算机
    - TP39 计算机应用
  - TP6 射流技术(流控技术)
  - TP7 遥感技术
  - TP8 远动技术
- TQ 化学工业
- TS 轻工业、手工业
- TU 建筑科学
- TV 水利工程

U 交通运输
V 航空、航天
X 环境科学、安全科学
Z 综合性图书

图 2-3　中图法分类表片段

检索意义的概念，并且对同一类目制作多条索引款目，共约12万余条。本索引采用轮排索引的形式，按照汉语拼音字母顺序排列，并编有汉语拼音、笔画笔顺首字检字表，是按照字顺查找《中图法》(第4版)类目的必备工具，同时使分类表具有一定的主题检索功能。

2. 体系分类语言的优缺点

（1）主要优点

1）体系分类法以学科分类为基础，符合认识事物的规律与处理事务的习惯，容易被熟悉和掌握。

2）体系分类法以学科专业集中文献，系统地揭示知识内容，便于查全某学科专业的文献，具有较高的查全率，族性检索的效果好。

3）体系分类法采用国际通用的阿拉伯数字和拉丁字母作为分类符号，通用性强。

4）体系分类法将主题概念逐级划分，便于缩小或者扩大检索范围。

5）体系分类法既能组织检索工具和检索系统，又能组织图书文献的分类排架。

（2）主要缺点

1）体系分类法是一种先组式检索语言，不能随时修改和补充，因而新兴学科产生的类目不能及时体现，较难标引和检索新兴学科的文献信息。

2）体系分类法能较好地反映学科之间直线序列的纵向关系，而不易反映学科与学科间相互交叉渗透的横向关系，对于标引和检索主题概念复杂的交叉学科文献不够准确。

3）体系分类法使用时必须熟悉了解学科分类体系，否则不能准确标引和检索，而且标引和检索时必须遵从从大类到小类、从上位类到下位类的过程，标引和检索的效率较低。

4）体系分类法本身的系统性、聚类性有利于族性检索，不利于特性检索。

2.3.4 主题语言

主题语言是表述文献内部特征的检索语言，它是用表达事物或概念的名词标引、检索文献信息资源的一种检索语言。根据词表的编制方法、使用规则、主题词的规范化处理的不同，主题词语言分为标题词言、单元词语言、叙词语言和关键词语言。主题语言既包括自然语言和非自然语言，又包括先组式语言和后组式语言，比如标题词语言是先组式语言，单元词语言和叙词语言为后组式语言。

过去由于技术条件的限制，信息检索系统在标引、存储、检索时大多使用受控的非自然语言，人工受控的非自然语言专业性强、检索不便、标引容易产生误差且效率低、维护更新困难；现在随着计算机技术和信息技术的发展，自然语言易用性强，易于实现标引自动化、标引效率高，专指性强、漏检率低，符合检索用户的使用习惯等优点得到体现。未来检索语言的发展方向必然是受到一定控制的自然语言，在实际中，受控的关键词语言将成为检索语言的主流。

下面两节从主题语言中受控的叙词语言开始介绍，最后介绍一下作为自然语言的关键词语言。

1. 叙词语言

叙词语言是以自然语言词汇为基础，把表示单元概念的规范化词汇进行组配为基本使用原则，以能表达信息资源主题的最小概念单元标引、存储、检索信息资源的一种检索语言。叙词是一种后组式语言，表达文献主题概念的标识——叙词在检索时根据需要进行组配。叙词语言是在分类语言、标题词语言、关键词语言和单元词语言基础上发展出来的。

叙词语言适合手工检索和计算机检索，是一种常用的检索语言。目前国内外常用的用叙词语言编制的叙词表有《汉语主题词表》、《化工汉语主题词表》、《机械工程主题词表》、《电子技术汉语主题词表》、《INSPEC 叙词表》、《工程索引叙词表》、《工程与科学叙词表》等。

（1）叙词语言的特点

1）叙词语言吸收了等级体系分类语言学科分类、等级从属的优点，编制了叙词分类索引和等级索引，如范畴索引、词族索引，增强了叙词语言的族性检索能力。

2）叙词语言吸收了单元词语言的组配功能，同时更近一步以概念组配代替了单元词的字面组配功能。

3）叙词语言吸收了标题词语言对语词规范化的处理方法，达到了一词一意，吸收了标题词语言参照系统，发展了词间的逻辑关系并加以改善。

4）叙词语言吸收了关键词语言轮排的方法编制了轮排索引，扩大了检索途径。

综上所述，叙词语言吸收了多种检索语言的优点，具有直观性、专指性、组配性、语义相关性、多维检索性等特点，适合手工检索和计算机检索，有很强的适应性和使用价值。

(2) 叙词的基本特性：概念组配

叙词的概念组配有概念相交、概念并列、概念限定和概念删除4种。

1) 相交组配。相交组配是两个或两个以上具有交叉关系的叙词组配形成一个新的概念，这个概念是组配前各个概念的下位概念，也就是说新概念的范畴缩小了，形成组配前各概念的下位概念。如："太阳"和"能"两个交叉概念组配形成"太阳能"这一新的下位概念。概念相交组配缩小了概念范畴，提高了检准率。

2) 并列组配。并列组配具有并列关系的叙词之间的组配，组配后形成的新概念是组配前各个概念的上位概念。如："数字电视信号"和"模拟电视信号"两个概念组配形成"电视信号"这一新的上位概念，扩大了检索范围，提高了检全率。

3) 限定组配。限定组配是表示事物的叙词与表示事物某一方面的叙词进行概念限定的组配，组配结果形成一个新的概念，新的概念范围变小。如："建筑物"表示事物。"设计"代表事物的某个方面，二者组配形成"建筑物设计"这一新概念，这使检索专指度和检全率都得到提高。

4) 删除组配。概念删除组配是指两个具有上下位关系的概念之间的组配。如："电视机"和"黑白电视机"组配得到"彩色电视机"这一概念，新的概念使检索的范围缩小。

(3) 叙词的组配原则

叙词的组配一般通过布尔逻辑运算来实现，同时各种叙词语言为了提高标引和检索效率有一些普遍遵守的规则：

1) 词表中有能够表达主题概念的叙词时不能使用组配标引。

2) 必须使用概念组配，相组配的几个叙词之间应具有概念交叉关系或概念限定关系。

3) 必须选用与文献主题最密切、最邻近、最专指的叙词进行组配。在没有合适的专指词时，才允许使用其上位词组配，在没有合适的上位概念时，可以选择近义词组配。

4) 优先选用具有概念交叉关系的叙词组配，当无概念交叉关系的叙词时，可选用具有概念限定关系的叙词组配。

(4) 叙词的语义参照系统

叙词是一种人工语言，为了更好地、有效率地使用叙词语言标引和检索，叙词表规定了叙词和非正式叙词、叙词之间的各种语义关系，并用符号表示语义关系。形成了一套参照系统，见表2-1。

表2-1 叙词语义参照表

参照关系	参照项	符号	简称	英文简称及全称
等同关系	用项	Y	用	USE-Use
	代项	D	代	UF-Used for
属分关系	分项	F	分	NT-Narrow term
	属项	S	属	BT-Broad term
	族项	Z	族	TT-Top term
相关关系	参项	C	参	RT-Related term

Y(用)：标引和检索时使用的正式叙词。

D(代)：意为替代，指出被叙词所替代的非规范词，不能作叙词检索。

F(分)：是正式叙词的狭意词，是叙词的下位词，紧缩检索概念，该下位词也是叙词，可用于检索。

S(属)：意为广义词，指出本叙词的上位词，扩宽检索概念，该上位词也是叙词。

Z(族)：意为族首词，指出本叙词的最高上位词，它也是叙词。

C(参)：意为相关词，指出与本叙词概念相关的其他叙词。

(5) 叙词表

叙词语言规范化和相互之间的语义关系都体现在叙词表中，无论是标引者还是检索者都需要对叙词表有所了解才能使用叙词语言检索系统。下面以在我国使用最广泛的《汉语主题词表》为例简要地对叙词表进行介绍。

《汉语主题词表》是我国第一部全面反映自然科学和社会科学领域名词术语的大型综合性汉语叙词表。该词表分自然科学和社会科学两大系统编制，由主表、索引和附表组成，共分三卷10个分册。

《汉语主题词表》主表将主题词按字母顺序排列，每一主题款目包括汉语拼音、款目主题词、范畴分类号、以参照符号表示与款目主题词语义关系的关系词。

索引包括词族索引、范畴索引、英汉对照索引、轮排索引。

附表包括世界各国政区名称表、自然地理区划分表、组织机构名称表、人物名称表和英汉对照表。

2. 关键词语言

传统意义上关键词指出现在文献题名或是文摘、正文中，对表达文献内容特征具有实际意义、能够作为检索入口的语词。关键词语言就是将文献题名或是正文、文摘中能描述文献主题概念的具有检索意义的词汇抽出，并将抽出词汇按字顺轮排成索引的检索语言。

文献题名，尤其是科技文献的题名一般都能基本表达文献的主题，所以在文献题名中抽取关键词能够作为文献检索的标识，且在关键词检索系统中一般在款目中保留作为检索入口的关键词的上下文，有利于检索者判断检索到的款目和需要检索的主题的相关性。

关键词在标引阶段基本不受控制，基本上是自然语言，通常只是用禁用词表(Stop-list)剔除题名中一些不具有检索意义的词，如介词、冠词、连词和一些没有实际意义的词。关键词款目中不能有禁用词表中的词。

关键词索引的编制过程如下：

1）将文献题名输入编目系统。

2）编目系统抽取关键词，剔出禁用词表中的词。

3）将抽取出的关键词进行轮排，形成多个款目并在款目中保留关键词的上下文。

4）将款目进行排序最后形成关键词索引。

关键词语言作为一种自然语言，具有以下特点：

1）关键词语言不受限制，可随时输入新词，能容纳新学科、新类目，能跟踪学科最新发展。

2）关键词抽取于文献标题、文摘和正文，表达文献主题客观、准确，避免了标引人员对文献主题的误读和受控语言表达概念的偏差。

3）关键词语言专指度高，可以使用在标题、文摘、索引、正文中出现的任何一个具有实际意义、反映文献内容的词进行检索，检准率高。

4）关键词检索符合检索者语言习惯和使用习惯，无需更多的专业知识，使用简便。

5）关键词语言标引文献简便、易行，建立索引速度快，甚至在有些数据库和搜索系统中不进行标引。

使用关键词语言编制的关键词索引主要有普通关键词索引、题内关键词索引、题外关键词索引、词对式关键词索引、双重关键词索引等，其中最常使用的是单纯关键词索引和题内关键词索引，如美国《化学题录》(CT)中的“题内关键词索引”、《化学文摘》(CA)中的“关键词索引”。

(1) 单纯关键词索引

单纯关键词索引纯粹是由若干关键词组成的索引。其索引款目一般从题名、文摘或正文中抽出1~5个关键词，将每一个关键词依次轮流移至款目的左端作为标目，将其余关键词用作说明语，最左端的标目即为检索入口，最右端为文献编号或文献地址，依编号或地址即可找到文献。

如以《电力电子系统计算机仿真和辅助分析》为例，在单纯关键词索引中，抽取的两个关键词进行轮排形成以下两个款目：

电子电力	计算机仿真和辅助	000001
计算机仿真和辅助	电子电力	000001

检索者可以根据两个关键词中的任何一个检索到文献编号为000001的文献。

单纯关键词索引的编制较为简单，它具有标引深度较大而索引篇幅较小的优点，但由于它不带上下文，没有语法结构，难于判断索引款目的含义，查准率较低。

(2) 题内关键词索引

题内关键词索引(Keyword in Context Index, KWIC)，又称上下文关键词索引。文献题名通常具有揭示文献主题内容的作用，从题名中抽取的关键词能有效地将用户指向相关主题的文献，而保留题名中关键词前后的上下文，有助于说明关键词的含义，能更有效地说明文献的主题内容。题内关键词索引首先应用于1960年美国化学文摘社创办的《化学题录》。题内关键词索引的标目在款目的中部，左右均为该标目的上下文，索引款目按位于款目中部作为标目的关键词的字顺排列。格式如下：

上文	关键词	下文	文献编号(文献地址)
计算机仿真和辅助分析	/电力电子	系统	000001
/电子电力系统	计算机仿真和辅助	分析	000001

题内关键词索引在使用时先查到款目中部的关键词，再从“/”往右读起，读完“/”右侧部分再读“/”左侧部分，最终检索到切题文献。

(3) 题外关键词索引

题外关键词索引(Keyword out Context Index, KWOC)，是题内关键词索引的改进形式。与题内关键词索引相比，其标目的位置不在款目的中部而是在款目的左端，标目之后仍保留完整的文献题名，有时文献题名包含的关键词会用符号代替，易读性强且能明确表达文献主题概念。其款目格式一般为：

关键词	文献题名	文献编号
电力电子	电力电子系统计算机仿真和辅助分析	000001
计算机仿真和辅助	电力电子系统计算机仿真和辅助分析	000001

题外关键词索引因标目位置突出，款目形式与普通主题索引接近，可读性比题内关键词索引强，符合用户的阅读习惯。但所占篇幅比题内关键词大，并容易造成复合主题的文献在字母顺序列索引中被分散在多处。

随着计算机技术和信息技术的发展，关键词语言的优点得到发挥，关键词语言在全文检索、搜索引擎技术中广泛应用并得到进一步发展，自动标引、不受控或很少受控的趋势越来越明显，未来的检索语言发展方向将是较少受控的关键词语言。

3. 其他检索语言

在检索语言中除了上面介绍的分类法中的等级体系分类法外还有分面分类法，主题语言中还有标题词语言、单元词语言、另外还有代码语言等分类语言。

分面分类法(Facet Classification)是依据概念的分析与综合原理，将概括文献内容与事物的主题概念组成“分面-亚面-类目”的结构体系，通过各分面内类目之间的组配来表达文献主题的一种文献分类法。也称为组配分类法、分析-综合分类法，其中使用最广泛的是《冒号分类法》。

标题词语言是最早被应用的主题语言。标题词是从自然语言中选取并经过规范化处理，表示事物概念的词、词组或短语。标题词语言事先把主标题词和副标题词固定组配构成检索标示，标引和检索时只能使用组配好的标题词。标题词语言标引文献时往往不只需要一对主、副标题词才能准确表达文献主题，影响文献检索系统的标引、检索质量和效率，不适应时代发展，现已逐渐被叙词语言和关键词语言所代替。

单元词语言是在标题词语言基础上发展出来的一种后组式规范化检索语言。所谓单元词就是能够表达信息主题的最小的、最基本的、字面上不能再分的词汇单位。单元词具有相对对立性，词与词之间没有隶属关系和固定组配关系。单元词语言把规范后的单元词集合成单元词表，通过把单元词组配来标引或是检索文献。

代码语言是把事物某方面的特征用某种代码来标识事物主题并把这种代码有序化排列，从而提供检索入口的检索语言。如以化合物质的分子式编排成索引，以化学分子式为检索入口来检索涉及分子式所代表的化合物的检索系统。

2.4 信息检索技术

信息检索技术主要包括文本信息检索技术和非文本信息检索技术(图像检索、音频检索、视频检索等)，由于目前非文本检索技术尚不成熟，在实践中少有应用，因此本节将主要讨论文本信息检索技术。

2.4.1 布尔检索

布尔检索是最基本、最常用的一种检索技术，是指通过布尔逻辑运算符将检索词组配起来而形成检索式，进而在系统中进行匹配处理以获得查询结果的检索方法。这里布尔逻辑运算符是构造检索式的一组连接组配符号，主要包括以下三种：

1. 逻辑与

一般用符号“AND”或“*”表示。若有两个检索词A和B，用“逻辑与”组配，则可以表示成：

A AND B 或 A * B

在上式中，用“逻辑与”表示的含义为：数据库中同时含有检索词A和检索词B的记录被检出。其含义可直观的用文氏图(见图2-4)来表示。

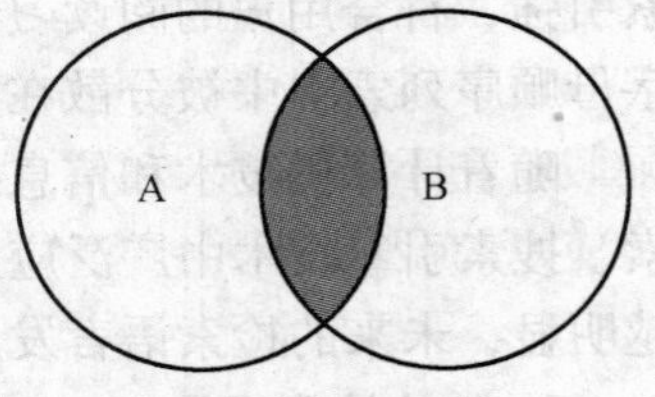

使用“逻辑与”操作可以缩小检索结果范围，增强检索的专指性，有助于查准率的提高。

图2-4 逻辑与

2. 逻辑或

一般用符号“OR”或“+”表示。若有两个检索词A和B，用“逻辑或”组配，则可以表示成

A OR B 或 A + B

在上式中，用“逻辑或”表示的含义为：数据库中含有检索词A或含有检索词B或两者都含有的记录被检出。其含义如图2-5所示。

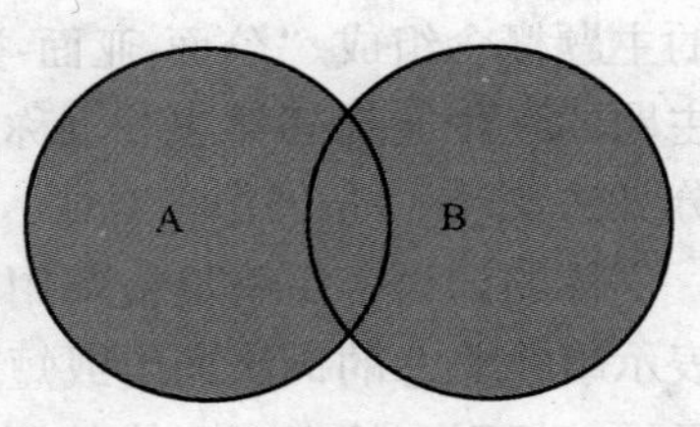

图2-5 逻辑或

使用“逻辑或”操作可以扩大检索结果范围，增加检索结果的数量，有助于查全率的提高。

3. 逻辑非

一般用符号“NOT”(有的检索系统用“ANDNOT”)或减号“-”表示。若有两个检索词A和B，用“逻辑非”组配，则可以表示成

A NOT B(A ANDNOT B) 或 A - B

在上式中，用“逻辑非”表示的含义为：数据库中凡含有检索词A而不含有检索词B的记录被检出。其含义如图2-6所示。

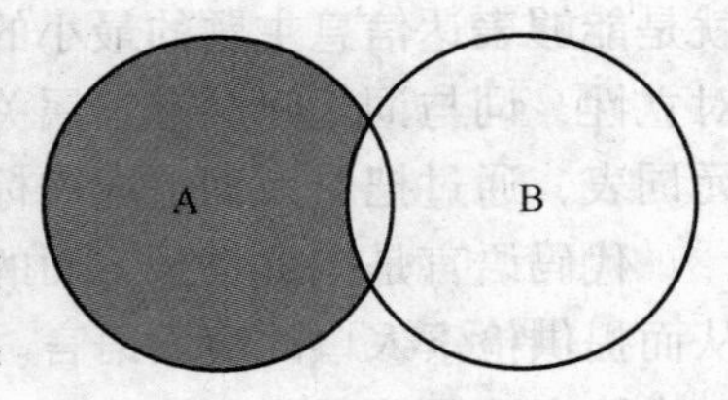

图2-6 逻辑非

可以看出，使用“逻辑非”操作屏蔽了某些检索词在结果中出现，其作用与“逻辑与”类似，也起到缩小检索结果范围、提高查准率的作用。

在检索时可能会遇到待检课题比较复杂的情况，因此构成的检索提问式也比较复杂，这就涉及到多种布尔逻辑运算符混合使用的情况。上述各种布尔逻辑运算符可以组合起来使用，当遇有这种情况时，应当注意各运算符之间的运算次序。一般大多数检索系统按如下规则进行运算：

1) 同级运算自左向右进行。

2) 遇有几种逻辑运算符混合使用，优先顺序为NOT、AND、OR。

3) 当检索式同时含有截词符、位置算符及字段限制符时，布尔运算最后执行。

4) 括号可以改变运算执行顺序：遇有括号时，先执行括号内，后执行括号外，有多层括号，按层次由内而外逐层进行。

当然，上述规则只是一般情况，在具体操作时，检索人员还应查看系统的具体规定，根据其规定再实施检索。

2.4.2 截词检索

截词检索是指在检索中使用专门的符号(称之为截词符)将检索词在合适的地方截断，

然后使用被截断的字符串在系统中进行匹配处理以获得查询结果的检索方法。这种检索技术在很大程度上避免了漏检，减少检索词的输入量，从而提高了检索效率。

截词技术有多种不同的方式，可以有前截断、中截断和后截断，其中后截断还可分为有限截断和无限截断。前面提到，截词检索需要使用专门的符号——截词符。目前，各检索系统使用的截词符号各不相同，也没有统一规定。在下面的介绍中，本节暂作统一规定：使用“*”表示无限截断，使用“?”表示有限截断。在几种截断方式中，前截断比较少见，较为常用的是后截断和中间截断，下边就着重介绍这两种截断方式。

1. 后截断

后截断是最常用的截断方式，是指将截词符置于一个字符串右侧形成检索表达式进行检索，从检索匹配性质上，属于满足“前方一致”的检索。后截断可分为有限后截断和无限后截断。

（1）有限后截断

主要用于词的单、复数，年代和词尾变化等。如构造检索式 book?，则表示至多截一个字符，可检索出 book、books；work??? 表示至多截三个字符，可检索出 work、works、worker、workers、working 等；用 19?? 表示 20 世纪，等等。

（2）无限后截断

主要用于同根词、作者等的检索。如构造检索式 comput *，则可检索出 compute、computed、computer、computers、computing、computable、computations、computerize、computerization 等同根词汇；Smith * 可检索出所有姓 Smith 的作者或人物。

这里需要注意，使用后截断时词干字符串长短的选择应该合适，过长则不能保证包含所有词尾变化的形式造成漏检；过短则会造成大量不相关的结果出现，或是发生溢出，从而导致检索失败，这一点在使用网络搜索引擎时更需注意。同时应注意各搜索引擎对于截词符使用的规定，如 Google 则不提供截词检索功能。

2. 中间截断

又称“屏蔽词”或“内嵌字符截断”，是把截词符置于一个检索词的中间进行检索，主要用于英、美拼写不同形式的词以及单、复数拼写不同的词。一般地，中间截断只允许检索词的有限截断。

例如用 analy?er 可检索出 analyzer 和 analyser；用 defen?e 可检索出 defense 和 defence 等。

使用中间截断，在遇到这类词的检索时，可以有效防止漏检的情况发生。

2.4.3 限制检索

限制检索是指通过限制检索范围，达到优化检索结果的方法。从本质上可以认为限制检索是一种受限的布尔检索，其主要目的是为了提高查准率。

限制检索的方式有很多，其中最常见的形式是字段限制检索和“二次检索”。

1. 字段限制检索

字段限制检索就是限制检索词出现在记录的不同字段位置，使用这种检索技术可以缩小检索的范围，提高检索的准确率。如在中国期刊全文数据库中分别使用“摘要”字段和“篇名”字段检索 2001 年有关“计算机”方面的文献，得到的检索结果分别是 18506 条和

6057条，显然，使用篇名字段检索获得了更精确的检索结果，提高了查准率。

字段的限制主要有两种方式：

（1）菜单选择方式

在检索系统的界面上设置的字段下拉菜单中进行选择，目前大多数检索系统都设置了此种检索方式。

如图2-7所示，在中国期刊全文数据库的检索界面中，可在其提供的字段下拉菜单中选择合适的字段名称进行检索。

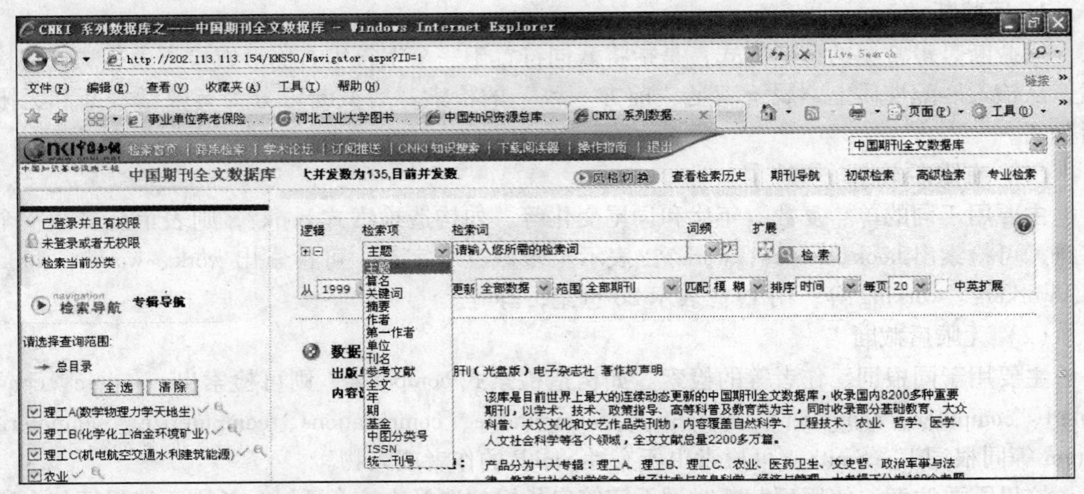

图2-7 中国期刊全文数据库检索界面的字段下拉菜单

（2）字段代码方式

此种方式使用检索系统规定的字段限制代码。例如，美国专利数据库的高级检索界面便提供了字段限制代码，用户需用这些字段限制代码构造检索提问式，在检索框中输入检索命令来进行检索，如图2-8所示。

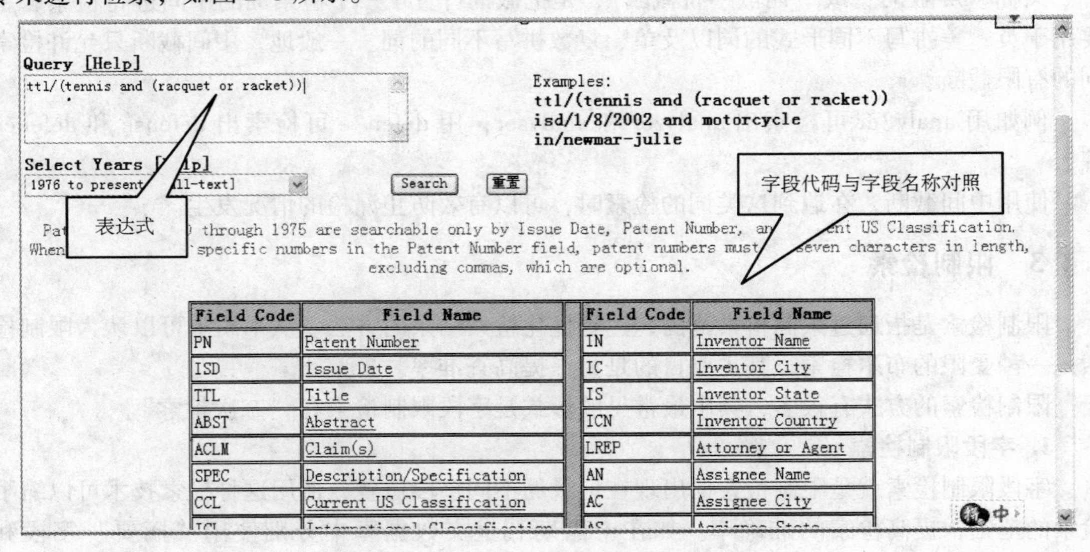

图2-8 字段代码在美国专利数据库的应用

这里需要注意，各检索系统规定的字段代码可能各不相同，语法格式也可能不一样，因此，在具体使用某检索系统的检索代码时，应首先参阅系统的使用说明，按照该系统的规定进行选择使用符号或代码。

2. 二次检索

“二次检索”又称在结果中检索，是目前各检索系统(包括搜索引擎)普遍提供的在检索结果中进行再次检索(Refine Search)的一种限制检索方式。二次检索是在初次检索已经获得的检索结果的基础上进行的检索，初次检索结果中可能已经包括有相当一部分命中纪录，但有时为了缩小检索结果，用户可以将新一轮检索操作限制在已检出的结果之内进行。使用二次检索可以使检索结果更加准确，专指度更高。

2.4.4 位置检索

位置检索是针对自然语言文本中检索词之间特定位置关系而进行的检索匹配技术。位置检索允许用户使用自然语言作为检索入口，并可深入到原文的全文范围内进行信息的查找与匹配，因此，这种检索技术可以显著提高文本信息的检索精度。

目前，各类信息检索系统提供的位置检索方法有多种，主要分为以下类型：

1. 邻位检索

邻位检索是指利用专门的位置运算符规定在其两侧的检索词在检索结果出现时应满足的相对位置要求。经常使用的位置运算符主要有以下两种(以DIALOG系统为例)：

(1) (W)与(nW)算符

W：是with的缩写，(W)算符表示其两侧的检索词必须按前后顺序出现在记录中，两词之间不允许插入其他词，只可能有空格、一个标点符号或一个连接号。

(nW)表示两侧的检索词中间允许插入最多n个词，且检索词的位置不能颠倒。通常，n可以在一定范围内取值，如1~10。

(2) (N)与(nN)算符

N：是near的缩写，(N)算符表示其两侧的检索词位置可以互换，在两词之间不能插入其他词，但允许有空格、一个标点符号或一个连接号。

(nN) 表示允许在此算符两侧的检索词之间最多插入n个词，且两个检索词的位置可颠倒。同样地，n可以取值1~10。

这里需要注意，不同的检索系统支持的邻位检索功能及规定使用的位置运算符会有所不同，具体检索时应参阅检索系统的使用说明。

2. 同句检索

邻位检索是对于检索词之间的相互位置关系要求最为严格的一种位置检索类型，使用邻位检索可使检索结果更加准确。但自然语言的使用往往比较灵活，对相同概念的表达可以有不同的描述，因此便会漏掉一些与检索课题相关但又不符合检索此位置关系的文献，这就造成查询不够全面的情况。如果在实际检索中要求较高的查全率，邻位检索显然要求较高，这时可以适当放松对检索词位置关系的检索要求，而改用同句检索。

所谓同句检索，是指检索式中同句检索运算符两侧所包含的检索词必须在同一自然句中出现，其先后顺序可以不受限制。以DIALOG系统为例，其同句检索运算符为(S)，“S”为“sentence”的首字母。

例如下面的检索式：

技术(S)经济(S)法律

该检索式中包含有三个检索词：技术、经济和法律，其含义为检索在同一个自然句中含有这三个检索词的结果，而不论这三个词在该句中出现的顺序如何。

3. 同字段检索

所谓同字段检索，是指检索式中同字段检索运算符两侧所包含的检索词必须在数据库记录的同一个字段中出现，其先后顺序可以不受限制。以DIALOG系统为例，其同字段检索运算符为(F)，“F”为“field”的首字母。由同字段检索的概念可以看出其与字段限制检索不同，即同字段检索是将同字段检索运算符两侧的检索词放在数据库记录的同一个字段中进行检索，而字段限制检索是将检索词置于不同的字段分别进行检索。

4. 同纪录检索

所谓同记录检索，是指检索式中同记录检索运算符两侧所包含的检索词必须出现在数据库的同一条记录中。以DIALOG系统为例，其同记录检索运算符为(C)，“C”为“citation”的首字母。

显然，同字段检索和同记录检索相对于同句检索进一步放宽了检索要求，提高了查全率。

2.5 信息检索策略与程序

检索策略是为了实现检索目标而制定的全盘计划和方案，是对整个检索过程的谋划和指导。对于一个具体的检索课题来说，检索策略就是研究考虑我们要达到什么检索目的、选取何种检索范围、选择什么检索系统、使用哪些检索方法和途径、检索式如何构造及调整和具体检索步骤如何进行科学安排等一系列问题。

2.5.1 信息检索方法和途径

1. 信息检索方法

所谓检索方法，就是根据现有的条件，能够省时、省力获取最佳检索效果而采取的方法。信息检索的方法有很多种，针对检索目的和检索要求的不同，主要分为以下三类：

(1) 追溯法

追溯法可分为向前追溯法和向后追溯法。

1) 向前追溯法是利用文献后所附的参考文献进行追溯查找相关文献的方法。用这种方法检索到的文献针对性较强，在缺乏检索工具或检索工具不齐全的情况下，可以通过该方法检索到一些相关文献。

2) 向后追溯法又称引文法，是利用文献之间的引用和被引用的关系，采用一种称之为“引文索引”的检索工具(如《科学引文索引》)进行文献的追溯查找的方法。“引文索引”按照文献后所附参考文献的作者姓名字母顺序编排，在被引用作者的姓名下，按年代列举了引用文献的作者和文献出处，而引用文献的标题在“来源索引”中。和向前追溯法找到的文献相反，在“来源索引”中的这些引用文献，其内容必然比被引用文献新。如果再根据这些引用文献去查找这些引用文献的被引文献，那么将会检索到内容更为新颖的并且与原始文献相关的一系列文献。这种方法使我们可以只知某领域文献的作者姓名也可以检索到相关文献，而并不一定要从分类或是主题的途径去检索，因为有时我们不清楚待检索的课题属于哪一类，或是对待检课题的主题分析不够准确等。另外，这种方法对于检索交叉学科、边缘学科的文献，也是十分有效的。

（2）工具法

工具法就是利用目录、索引、文摘等检索工具或计算机化的检索系统查找信息的方法，是最常用的一种方法，故又称常用法。它有顺查、倒查和抽查三种方式。

1）顺查方式就是以课题研究年代为起点，利用检索工具或检索系统，按年代由远及近地逐年查找的方式。使用这种检索方法查到的文献比较系统，有助于了解学科的产生、演变和发展情况，而且可以及时筛选查出的文献。因此其查全率和查准率都较高，适合于检索范围较大、时间较长的复杂课题。

2）倒查方式与顺查方式相反，倒查方式按年代由近及远查找。出于时效性的考虑，一些课题的检索并不要求年代久远的资料，而只需关注近期、新颖的信息，使用倒查法即可满足这种要求，一旦检索到的信息已经符合用户的期望，即可停止检索，因此，倒查法可以节约大量的时间和精力。

3）抽查方式就是针对相关学科的发展特点，抓住该学科发展迅速、文献发表数量较多的年代，从中抽出一段时间（几年或十几年）进行逐年检索的一种方法。使用这种方法可以用较少的时间获得较多的文献。

（3）综合法

综合法是一种综合追溯法和工具法的方法，即在检索时，既利用检索工具（系统）进行查找，又利用原始文献后所附的参考文献进行回溯检索，两种方法循环交替使用。具体操作可分为两种方式：

1）先利用检索工具（系统）查出一批有用的文献信息，然后利用这些文献后所附参考文献中提供的线索来追溯查找，以扩大检索线索（即先工具法，后追溯法）。如此反复查找，直到满意检索结果为止。

2）先掌握一批文献后所附的参考文献，分析查找这些文献适合的检索途径（分类、主题、著者途径等），然后利用相应的检索工具（系统）检索到这些文献以扩大线索（即先追溯法，后工具法）。如此反复查找，直到满意检索结果为止。

交替法综合了追溯法和工具法的优点，是一种“立体型”的检索方法，检索效率较高。

2. 信息检索途径

信息检索途径即是检索的入口。归纳起来，主要有两大类：一是反映信息内容特征（分类号、主题词）的途径；二是反映信息外部特征（题名、著者名、号码等）的途径。

（1）内容途径

内容途径是通过主题内容来进行检索的一种途径，即是按照课题内容要求来查找文献信息的方法，有分类途径和主题途径两种。

分类途径是按照检索课题所属学科类别进行检索的途径。该途径是大多数检索工具（系统）都具备的检索功能。它以分类号或类目名称作为检索点，主要利用学科分类表、分类目录、分类索引等学科体系编排的检索工具（系统）来查找相关领域的文献信息。这种途径能够较好地满足族性检索的要求。

主题途径是通过能表达文献信息内容的主题词来检索文献信息的一种途径。主要是利用标题词索引、关键词索引、单元词索引、叙词索引等主题索引。在不清楚检索工具(系统)分类的情况下，这种途径比较简单易用。在使用中只需按字母顺序找到所需的主题词，然后在该词下即可找到反映该主题内容的相关信息。

(2) 著者途径

著者途径是通过已知著者名称来查找文献信息的一种途径。主要是利用各种著者索引，包括个人著者索引、团体著者索引、机构索引以及专利权人索引等。由于检索者一般对本领域的专家、学者、同行或竞争对手较为熟悉，利用著者名称作为线索可以检索到这些著者和机构的研究成果以及本领域最新发展状况信息。

(3) 号码途径

号码途径是通过已知号码(包括序号、报告号、合同号、专利号、标准号等)来查找文献信息的一种检索方法。这种途径主要是利用号码索引。号码是某些信息类型或信息内容的特有标识，在已知号码的前提下，用该途径检索信息更为方便、快捷。如已知某中国专利的专利号为02144686.5，在中国国家知识产权局专利检索系统中的相应部分输入该号码，即可直接锁定该件专利的说明书信息。

(4) 题名途径

题名途径是根据已知书刊名称、论文篇名等来查找文献信息的一种检索方法。主要利用书名目录、篇名索引等，一般多用于查找图书、期刊或原始文献。

2.5.2 信息检索策略

如前所述，检索策略是为了实现检索目标而制定的全盘计划和方案，是对整个检索过程的谋划和指导。对于检索策略的研究，国外相关专家学者已有了比较系统的阐述。而我国对检索策略的研究起步较晚，且深受国外学者的影响，其中影响较大的主要有兰卡斯特、鲍纳等人。

1. 信息检索策略制定

由于信息检索可分为手工检索和计算机检索两种，相应地，检索策略也可以分为手工检索策略和计算机检索策略。由于手工检索策略相对比较简单，而随着计算机检索技术的快速发展，利用计算机进行检索变得越来越普遍，因此本书只介绍计算机检索策略。计算机检索策略有很多，其中美国学者鲍纳提出的联机检索策略影响较广，共有5种，本书在此扼要进行介绍。

(1) 积木型策略

积木型策略是指将用户的检索请求剖析成若干不同的概念面，先在每个概念面中尽可能全地列举出相关词、同义词、近义词，并用“逻辑或”连接成子检索式进行检索，然后再用“逻辑与”将所有子检索式连接起来构成一个总检索式。这种检索策略因类似于把积木块垒加起来而得名。

例如，检索课题“毒品成瘾的治疗”，则可以分成两个概念面：毒品成瘾和治疗。那么，这两个概念面可分别构成如下检索式：

子检索式1：毒品成瘾

“drug addict” OR “drug dependence” OR “smoking addict” OR “smoking dependence”……

子检索式2：治疗

treatment OR therapy OR cure OR healing……

总结索式＝子检索式1 AND 子检索式2

这种策略比较容易理解，适合应用于比较复杂的多概念的检索课题。不足之处在于：由于其针对每个概念面所构成的检索式较长，如果出现问题，不容易找出问题的原因所在，也就难以迅速有效地做出有很对性的改进。或者说，这种模式并未利用计算机检索的人机对话的交互特性。

（2）引文珠型增长策略

引文珠型增长策略是指从已知的关于检索课题的少数几个专指词开始检索，找出一批命中记录，然后再从这批命中记录中选取一些新的检索词，补充到原先的检索式中，然后用新构造的检索式，查找出其他新的命中记录。如此循环往复，直至找不到其他合适的检索词或得到的命中记录已经满足要求了为止。

显而易见，这种策略比积木型策略要灵活，对检索词的选择更为有效和具有针对性。或者说，这种策略能够发挥人机交互的优势，它对检索结果的检查以及检索词的增删都很有帮助，可以同时提高信息检索的查全率和查准率。

例如，要查找“文献作者分布规律的研究”方面的信息时，即可采用引文珠型增长策略，首先从美国统计学家“洛特卡”入手，找到其在《华盛顿科学院学报》上发表的著名论文《科学生产的频率分布》（这一研究成果后被誉为“洛特卡定律”），进而根据其论文内容，即可找到其他学者如戴维斯、齐夫、普赖斯、维拉齐、文商武等在“洛特卡定律”方面进行的验证和研究工作以及取得的成果。

（3）逐次分馏策略

逐次分馏策略是指先确定范围较大的信息集合，然后提高检索的专指度，获得一个范围较小的命中结果集合；然后继续提高检索的专指度，一步一步缩小命中结果集合，直到得到满意的结果为止。这种策略可以保证检索的全面性。

（4）最专指面优先策略

最专指面优先策略是指检索时先选择课题中最专指的概念面进行检索，如果检索结果已经比较专指，通常就不再用其他概念面检索了。如果检索结果不够专指，再选择其他概念面加入到检索式中并进行相应的逻辑组配，以获得更高的查准率。

（5）最低登录量面优先策略

所谓登录量，是指一个索引次在倒排文档中出现的次数。最低登录量面优先策略是指要首先在数据库的倒排文档中确定登录量的数值，然后以登录量最少的那个概念面为检索入口开始检索。若命中记录数量相当少，并符合检索要求，则不必再继续检索其他检索面。

在实际检索中，以上5种检索策略并不是互相独立的，而是可以综合起来使用，特别是对于复杂课题的检索，可以将这些检索策略融合在一起，以达到最佳的检索效果。

2. 检索式的构造

所谓检索式是指由检索词和各种布尔逻辑运算符、截词符、位置算符以及系统规定的其他符号组配连接而成的在计算机信息检索中用来表达用户检索提问的逻辑表达式。可以说，在计算机信息检索中，检索式是检索策略的具体体现，检索者是依靠检索式进行检索的。那么，检索式构造的好坏直接影响着检索结果质量的高低。一般地，构造检索式可分为以下两部分：

（1）选择合适的检索词

这一步是对检索课题进行分析，将分析得出的每个概念面用具体的检索词来表示。常用的检索词可以分为受控词（如 Ei Village 中使用的《工程叙词表》）和非受控词（即自然语言、自由词）两类。两种词汇各有优缺点，且各自的长处可以弥补对方的不足。目前，越来越多的检索系统都在尝试提供两种词汇的检索功能，在构造检索式时，应根据需要分别选取一定数量的受控词和非受控词，以达到最佳的检索效果。

（2）选择合适的连接符

构造检索式常用的连接符号主要有布尔逻辑算符（AND、OR、NOT、XOR 等）、截词符、位置算符、字段限制符以及括号等。这一点也很重要，在检索中应注意各种连接组配符号的正确运用。

检索式的构造应当准确地反映分析得出的主题内容，并且要符合检索系统对于用词和使用符号的规定。在构造检索式时应注意以下几点：

1）应正确分析课题，选取其核心概念，排除无关概念，合并重复概念。

2）注意检索式不要过繁也不要过简，过繁可能会造成大量漏检或检索结果为零，过简则可能导致大量无关结果的出现。

3）尽量使用通用词汇，少用生僻词。

4）注意缩写和全称，考虑同义词、近义词和上位词、下位词，注意西文的不同拼写形式等。

5）正确使用各种连接符号，注意它们的运算先后顺序，注意括号的使用。

3. 检索式的调整

通常，一次检索并不一定能够获得满意的检索结果。一方面是由于主题分析不准而导致检索式构造不正确；另一方面，检索系统本身在功能上以及收录范围上不能满足需要。这些原因都可能使检索结果不够理想，如出现误检或漏检的情况，这就需要对检索式进行反复的修改，在一次次的调整中达到或接近理想的结果。

检索式调整的目的是为了提高查全率或查准率：

对于需要提高查全率的检索课题，可以用以下方法来进行检索式的调整：

1）减少用“AND”或“NOT”连接的检索词数量。

2）增加用“OR”连接的相关检索词数量。

3）降低词的专指度，选择上位词、相关词，考虑同义词、近义词补充至检索式中。

4）采用截词检索法。

5）取消某些限制过严的检索条件，例如年代、语种、文献类型等方面的限制。

对于需要提高查准率的检索课题，可以用以下方法来进行检索式的调整：

1）增加用“AND”连接的检索词数量。

2）利用“NOT”进行限制。

3）将检索词向下位类收缩，提高专指性。

4）在检出记录中选取新的检索词对结果进行再次限制，即进行“二次检索”。

5）采用字段限制检索，或利用位置算符限制检索词的位置与顺序。

2.5.3 信息检索的一般程序

信息检索就是根据课题的要求，利用检索(工具)系统，按照一定的程序(步骤)查找信息的过程。其基本程序如下：

1. 课题分析

分析课题的目的是明确检索目标，确定检索范围，掌握检索线索。首先研究课题的内容、性质和特点，在此基础上形成检索的主题概念，明确课题主要解决什么问题，要找什么性质的内容信息。

2. 选择检索系统

根据课题分析所确定的学科性质和信息类型范围，选择合适的检索系统(工具)。一般选择文种熟练、存储全面、报道及时、使用方便的检索工具。应遵循以下几条原则：

1）应根据信息需求的内容、专业范围来选择检索系统。如检索专业性较强的课题，可选择专业数据库或某一数据库中的专业文档；如检索内容分布广泛或属交叉学科的课题，可同时检索多个不同的数据库。

2）根据检索任务确定所需检索系统的类型。如需要检索统计数据，应首先选择数值型数据库；需要某企业的信息，应选择指南类数据库；若需要获取原文，则可选择全文数据库。

3）当几个数据库所包含的内容重复率较高时，应首选自己熟悉的数据库。

4）尽量选择免费或费用较低的数据库，降低检索成本。

3. 确定检索途径

如已掌握某种特征和线索，可利用相应的索引。如果不知道线索，从具体情况和现有的检索工具(系统)实际情况出发，可按课题的主题概念或学科范围选择主题途径或分类途径，亦可选择其他辅助检索途径。

4. 选择检索方法

可根据实际情况选取不同的检索方法。详细内容请见本章信息检索方法一节。

5. 查找信息线索

在不提供文献原文的检索系统中需要首先查找信息线索，而全文类信息检索系统由于包含文献原文，不需要查找线索。查找信息线应先了解检索工具(系统)的结构，按照检索工具(系统)所提供的检索手段查找信息线索，记录所查找的信息线索，以便进一步索取文献原文。

6. 索取文献原文

信息检索的目的是索取文献原文。如果是检索系统提供文献全文，则可直接获取原文；如果检索系统只提供文献线索，则需到本地图书馆和图书馆提供的馆际互借、原文传递等方式，或利用网络信息检索系统来获取原文。获取原文常用的方式有：

1）利用馆藏目录，获取所需信息的索引号，借阅或复制原文。

2）利用网络信息检索系统，在网上订购获取原文。

采用何种方式索取原文，可根据当时当地的具体条件而定。

思 考 题

1. 简述信息检索的基本原理。
2. 简述信息检索工具(系统)的类型。
3. 列举检索语言的种类并说出关键词语言的特点。
4. 简述布尔检索、截词检索、位置检索、限制检索的含义。
5. 简述信息检索的途径。
6. 简述信息检索的一般程序。

第3章　网络信息资源检索

3.1　网络信息资源概述

3.1.1　网络信息资源的概念

网络信息资源是电子信息资源的一种，通常也被称为虚拟信息资源。它是以数字化形式记录的，以多媒体形式表达的，存储在网络计算机磁介质、光介质以及各类通信介质上的，通过网络通信手段，在计算机等终端上再现的信息总和。目前网络信息资源以因特网信息资源为主，同时也包括其他没有联入因特网的信息资源。

3.1.2　网络信息资源的特点

随着互联网技术的飞速发展，信息资源网络化已成为发展趋势，与传统的信息资源相比，网络信息资源在数量、结构、分布和传播的范围、载体形态、内涵、传递手段等方面都显示出新的特点。

1. 信息存储数字化，并以网络为传播媒介

信息资源由纸张上的文字变为磁性介质上的电磁信号或者光介质上的光信息，使得信息的存储密度高、容量大，可以被重复使用；而且网络信息资源以网络为载体，进行远距离传送，使得信息的传递以及查询也更加方便。

2. 信息表现形式多种多样

网络信息资源表现形式多种多样，可以是文本、图像、音频、视频、软件、数据库等多种形式存在。包含的文献类型有电子图书、电子报刊、商业信息、新闻报道、图表、电子地图以及各类数据库等，内容丰富多样。

3. 信息数量巨大，增长迅速，良莠不齐

网络共享性与开放性使得人人都可以在互联网上索取和存放信息，这就使得信息数量巨大，而且增长迅速，加之目前没有统一的管理机制和质量控制，有些信息没有经过严格编辑和整理，使得信息良莠不齐，形成了一个纷繁复杂的信息世界。在给用户带来海量信息的同时，也为用户选择、利用网络信息带来了障碍。

4. 信息传递具有动态性与实时性

网络环境下，信息的传递和反馈快速灵敏，信息在网络中的流动性非常迅速，上传到网上的任何信息资源，都只需要短短的数秒钟就能传递到世界各地的每一个角落，这使得信息传递更具有了动态性和实时性等特点。

3.1.3　网络信息资源的类型

网络信息资源的类型极其丰富，根据不同的分类标准，可以将网络信息资源分为不同的类型。

1. 按信息内容的表现形式和内容划分

按信息内容的表现形式和内容划分，可分为：

（1）全文型信息

指直接在网上发行的电子图书、电子期刊、网上报纸、专利及标准全文、印刷型期刊及报纸的电子版等。

（2）事实型信息

如天气预报、飞机航班、火车车次、节目预告、城市或景点介绍等。

（3）数值型信息

主要是指国家、地区、行业的各种调查数据，年鉴等专业统计数据以及其他各种统计数据。

（4）声像型信息

如图片、动画、声音、影视广告等。

（5）数据库类信息

如SCI数据库、EI Village、Dialog、中知网、维普数据库、万方数据资源等，大多是传统数据库的网络化。

2. 按照互联网所提供的服务来进行划分

按照互联网所提供的服务来划分，网络信息资源包括：

（1）万维网信息资源

它是一个基于超级文本(HyperText)方式的信息查询工具，利用http传输协议，通过浏览器(Browser)提供一个友好的查询界面，而且使用简单，功能强大。

（2）FTP信息资源

它使用FTP传输协议，在两台位于互联网上的计算机之间传输文件。FTP是互联网上广泛使用的一种服务，是一种实时的联机服务，使用时，用户登录到对方的主机上，登录成功后便可以进行文件搜索和文件传送的操作。通过此项服务，用户可免费从网上获取别人的资源，达到信息共享的目的。

（3）Telnet信息资源

Telnet是远程登录协议，采用客户机/服务器工作模式。远程登录是把用户正在使用的终端或计算机变成互联网上某一远程主机的一台仿真终端，在授予的权限内分享该主机的数据、文件等信息资源。

（4）用户服务组资源

包括新闻组、电子邮件组等。新闻组(Usenet或Netnews)是一个包含成千上万讨论组(Newsgroup)的全球系统，其讨论内容几乎覆盖了当今社会生活的各个方面，包括了人们所能想像的任何专题；电子邮件组(Mailing list)又称为通信讨论组、邮件目录服务、邮件群等，是指一组成员的E-mail地址列表。邮件列表的主要功能是为有共同兴趣的一组用户建立一种关联，使用户彼此拥有一个网上交流的空间，其实质是一种“一对多”式的电子邮件通信服务。这些用户服务组所传递和交流的信息资源是网络上最自由、最具开放性的资源。

总之，网络信息资源作为迅速发展的网络的产物，已经深入到人们学习、工作以及生活中的方方面面，并成为人们进行科学研究、生产研发以及学习与交流的平台。下面就介绍这些资源的检索与利用。

3.2 搜索引擎

近年来，Internet 发展迅速，网络信息资源所涉及的范围越来越广，数量成几何级数般增长，这使得如何迅速、准确地获取所需要的信息成为一大难题。20 世纪 90 年代初期为满足用户信息查询需求的专业搜索引擎便应运而生，并很快成为人们网上冲浪不可或缺的得力助手。

3.2.1 搜索引擎的概念

所谓搜索引擎是指对网络资源进行标引和检索的一类检索系统机制和工具，其工作原理简单地讲包括抓取网页、处理网页、提供检索服务三个步骤。每个独立的搜索引擎都有自己的网页抓取程序(Spider)，Spider 顺着网页中的超链接，连续地抓取网页，被抓取的网页被称之为网页快照。搜索引擎抓到网页后，还要做提取关键词、建立索引文件、去除重复网页、分析超链接、计算网页的重要度等大量的预处理工作，最后才能为用户提供检索服务。

目前搜索引擎发展迅速，数量激增。国内较为知名的搜索引擎主要有：百度、天网、搜狐、网易、搜狗等；国外主要有：Google、Yahoo!、Excite、AltaVista 等。

3.2.2 搜索引擎的类型

1. 按照检索方式分类

按照检索方式，目前搜索引擎的形式主要有：

（1）全文搜索引擎

全文式搜索引擎是由检索程序(如 Spider)以某种策略自动地在互联网中搜集和发现信息，如果找到与用户要求内容相符的网站，便采用特殊的算法计算出各网页的信息关联程度，然后根据关联程度高低，按顺序将这些网页链接制成索引返回给用户。这类搜索引擎的优点是信息量大、更新及时、不需要人工干预；缺点是返回信息过多，有很多无关信息，用户必须从结果中进行筛选。全文搜索引擎国外代表有 Google，国内则有著名的百度搜索。

（2）目录搜索引擎

目录搜索引擎，也称目录索引，依靠标引人员对信息进行分析和分类，建立目录分类体系。分类目录的好处是：用户可以根据目录有针对性地逐级查询自己需要的信息，而不是像技术性搜索引擎一样同时反馈大量的信息。当用户不能详细确定查询的关键词或者用户只想全面了解某一方面的信息，使用目录搜索引擎的效果比较理想。目录索引中最具代表性的莫过于大名鼎鼎的 Yahoo!、新浪分类目录搜索。

需要指出的是，随着技术的发展，全文搜索引擎与目录索引有相互融合渗透的趋势，原来一些纯粹的全文搜索引擎现在也提供目录搜索，如 Google 就借用 Open Directory 目录提供分类查询。而像 Yahoo！这些老牌目录索引则通过与 Google 等搜索引擎合作扩大搜索范围。

（3）元搜索引擎

元搜索引擎是通过一个统一用户界面帮助用户在多个搜索引擎中选择和利用合适的若干

个搜索引擎来实现检索操作，是对分布于网络的多种检索工具的全局控制机制。这类搜索引擎没有自己的数据，而是将用户的查询请求同时向多个搜索引擎递交，将返回的结果进行重复排除、重新排序等处理后，作为自己的结果返回给用户。现在元搜索引擎做得较好的有马虎聚搜、北斗搜索、万纬搜索等。

2. 按照内容划分

可分为综合类搜索引擎和专业类搜索引擎。

（1）综合类搜索引擎

综合类搜索引擎规模通常比较大，涵盖了各学科各专业的各种各样的信息，涉及的内容极其广泛。目前Internet上使用的搜索引擎大多数是综合类搜索引擎，适合于各个主题的信息查询，尤其是对于查询跨学科主题有较好的查全率。但是，在检索某一特定领域、特定专业的信息时，效率比较低，查准率不太理想。这类搜索引擎国外主要有著名的Google、Yahoo!、Excite、InfoSeek，国内主要有百度、Sohu、天网、新浪等。

（2）专业类搜索引擎

专业类搜索引擎只涉及本领域、本学科专业的信息，因此规模通常比较小。在查询特定领域的信息时，使用专业类搜索引擎不但可以提高检索速度，还可以提高专指度，加大检索的深度和力度，最终提高查全率和查准率。例如，近年来各种专门搜索引擎，如图片搜索引擎、MP3搜索引擎、软件搜索引擎、游戏搜索引擎等应运而生，为搜索专门信息提供了强大工具。

3.2.3　搜索引擎基本检索技术

搜索引擎是查找和利用因特网信息资源最重要的工具，了解搜索引擎的功能、熟练掌握搜索引擎技术，是在网络信息的海洋里遨游的最基本技能。搜索引擎发展至今虽然数量种类繁多，但一些基本的检索技术为它们共用，下面我们就首先对目前搜索引擎中常用的基本搜索技术进行介绍。

1. 简单搜索

通常搜索引擎在其主页为用户提供简单搜索框，如图3-1所示为google主页，也即其简单检索界面。用户搜索时只需要在查询框中输入想要查询的关键字信息，单击相应的执行按钮，瞬间就可以获得想要查询的资料。

2. 高级搜索

高级搜索功能相当于一个多条件的组合搜索，是供用户进行复杂精确查找使用，它可以根据用户的需要，更加灵活地组合不同条件来进行搜索。例如，google高级搜索界面功能就非常强大，如图3-2所示。

可以看到，利用google高级搜索可以进行限定的条件包括：

1）包含您键入的“全部”搜索字词（意即所有检索词之间的逻辑关系为“并且”）。

2）包含您键入的完整词组（意即进行精确短语检索）。

3）至少包含您所键入的其中一个字词（意即所有检索词之间的逻辑关系为“或者”）。

4）“不”包含您所键入的任何字词（意即在检索结果中排除输入的检索词，相当于逻辑关系“否”）。

5）以特定语言编写（可以搜索包括世界上50种语言的网页）。

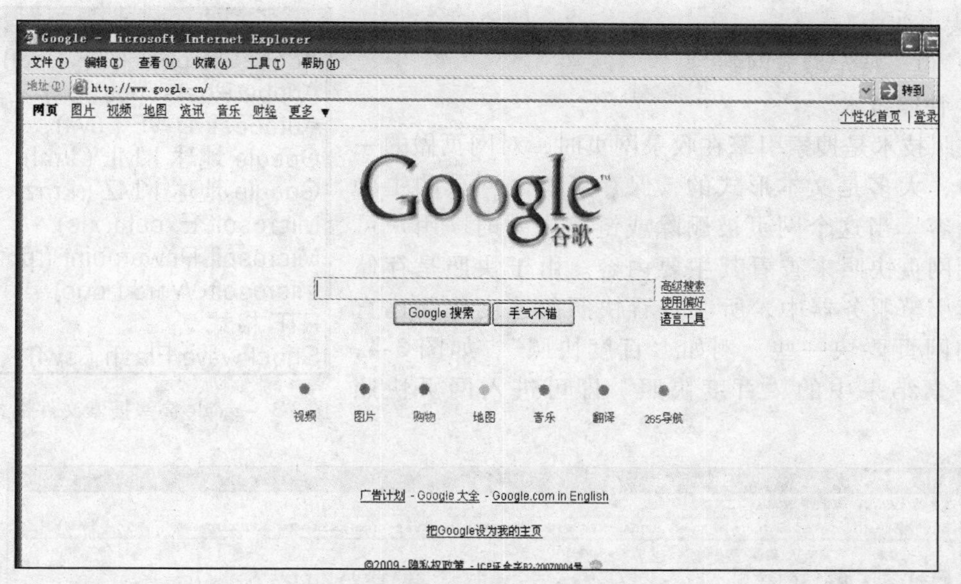

图 3-1 google 主页

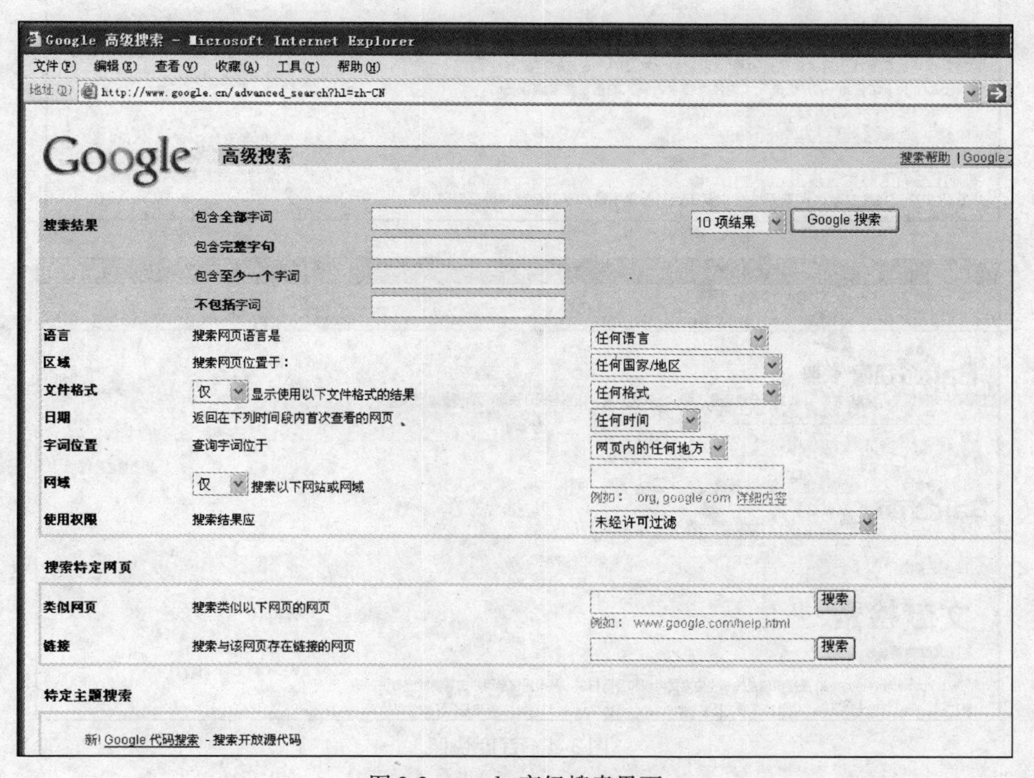

图 3-2 google 高级搜索界面

6）特定区域限定（可具体限定网页所处的国家地理位置）。

7）以特定文件格式创建（可限定搜索的文件类型如图 3-3 所示）。

8）在特定时间段内更新过（限定时间条件包括：过去一天内、过去一周内、过去一个月内、过去一年内）。

9）位于特定域或网站内。

3. 快照技术

快照技术是搜索引擎在收录网页时，对网页做的一个备份，大多是文本形式的，保存了这个网页的主要文字内容。当这个网页被删除或链接失效时，用户可以使用网页快照来查看其主要内容。由于快照是存储在搜索引擎服务器中，所以查看快照的速度往往比直接访问网页要快一些。例如“百度快照”，如图3-4，单击搜索结果中的“百度快照”即可进入网页快照界面。

任何格式
Adobe Acrobat PDF (.pdf)
Adobe Postscript (.ps)
Autodesk DWF (.dwf)
Google 地球 KML (.kml)
Google 地球 KMZ (.kmz)
Microsoft Excel (.xls)
Microsoft Powerpoint (.ppt)
Microsoft Word (.doc)
RTF 格式
Shockwave Flash (.swf)

图3-3 google高级搜索文件格式限定

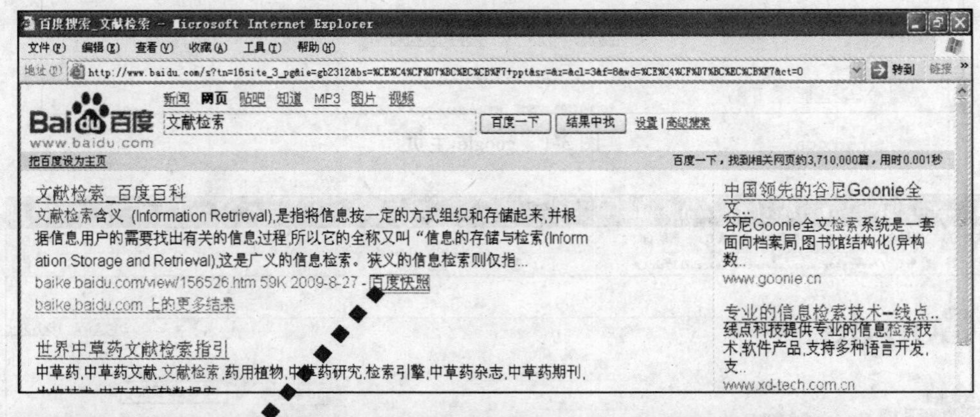

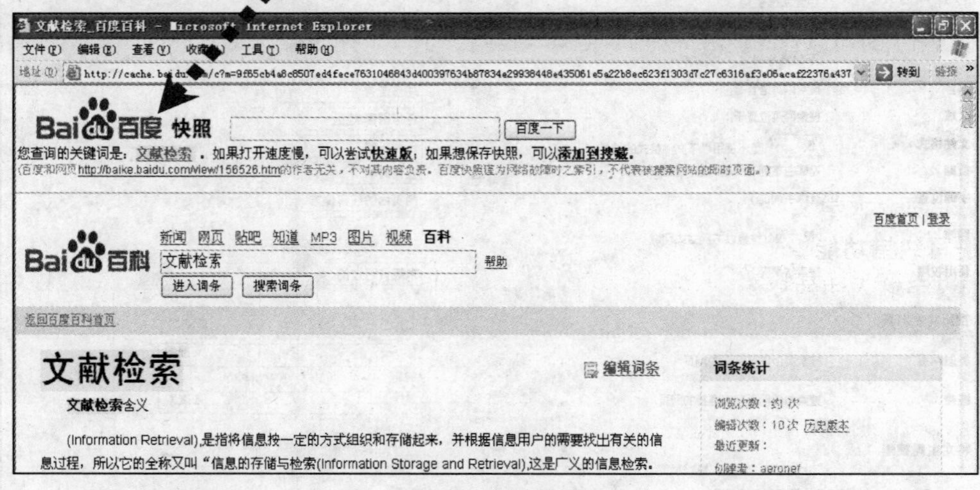

图3-4 百度快照

4. 相关搜索

搜索时，由于选择的查询词不恰当或不够精准，往往搜索结果不佳。这时可以利用“相关搜索”改进你的检索策略。相关搜索是其他和检索者有相似搜索需求的用户所选择的查询词，根据这些查询词被搜索的热门程度以及与检索者所选择的查询词之间的相关性，由系统自动判断后产生的。这些检索词一般排布在搜索结果页的左侧和下方，单击某一相关搜索词可以直接获得这个词的搜索结果。如图 3-5 为百度检索结果界面的“相关搜索”。

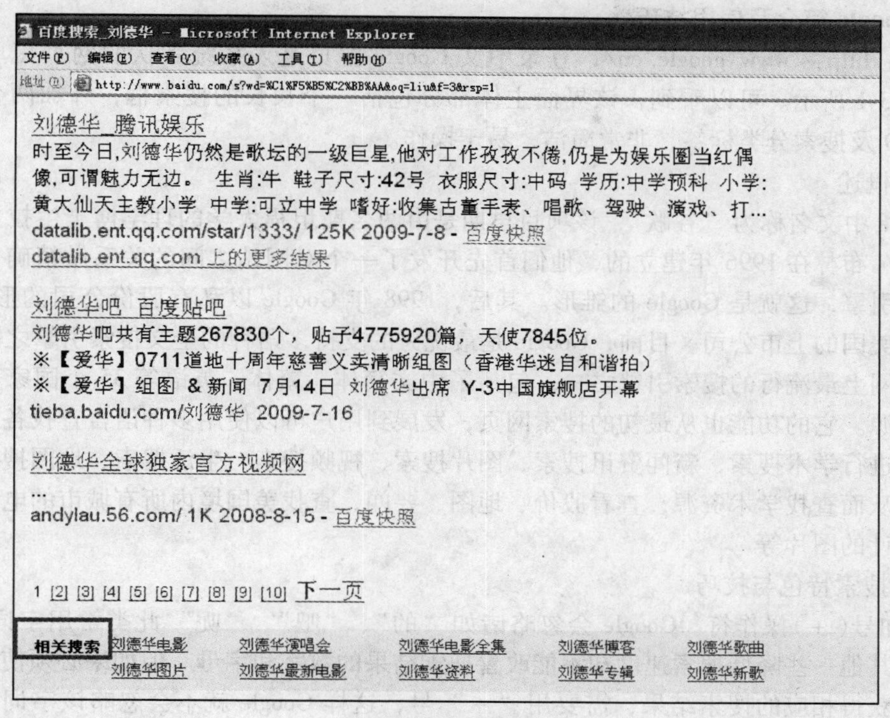

图 3-5 百度相关搜索

5. 添加空格

虽然搜索引擎可以自动将查询词语拆分后搜索，但如果查询词比较复杂或使用某个查询词进行搜索无法找到准确的结果，在查询词适当的位置加个空格，可以帮助您找到更精确的结果。

例如：想查询北京地区所有大学的信息，如果搜索“北京　大学”，就只能得到北京大学的结果，很难找到其他学校，这是因为“北京大学”这个词本身就是一所的大学的名字。而搜索“北京　大学”，就可以得到北京地区所有大学的信息了。

6. 拼写纠错功能

由于汉字输入法的局限性，我们在搜索时经常会输入一些错别字，导致搜索结果不佳。针对于这种情况搜索引擎提供了拼写纠错功能。

例如，搜索“成德”，搜索结果页上方会出现提示：您要找的是不是“承德”（见图 3-6）。

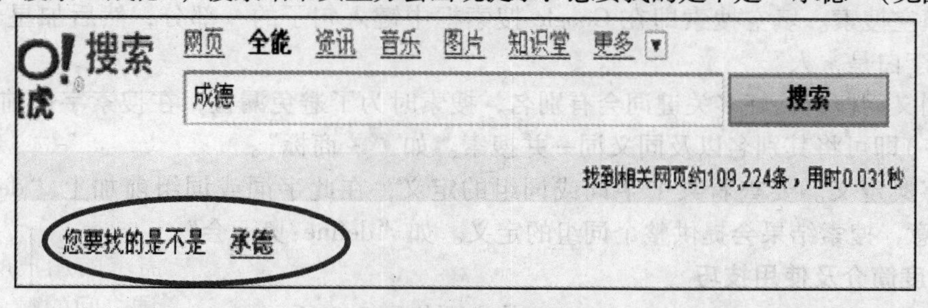

图 3-6 拼写纠错功能

3.2.4 重要搜索引擎简介及其使用技巧

1. Google 简介及使用技巧

网址：http://www.google.cn/，登录中文 Google 主页进入系统默认的网页简单搜索界面，如图 3-1 所示。可以看到，该界面主体部分包括一个长长的搜索框，外加两个搜索按钮、LOGO 及搜索分类标签，非常简洁，易于操作。

（1）概述

Google 中文名称为“谷歌”，该项目早期是由两名斯坦福大学的理学博士生拉里·佩奇和谢尔盖·布林在 1996 年建立的，他们首先开发了一个对网站之间的关系做精确分析为基础的搜寻引擎，这就是 Google 的雏形。其后，1998 年 Google 以私有股份公司的形式创立，并成为了美国的上市公司。目前，Google 是最优秀的支持多语种的全文搜索引擎之一，也是当今互联网上最流行的搜索引擎之一，包括了中文简体、繁体、英语等 35 个国家和地区的语言的资源。它的功能也从最初的搜索网页，发展到用户可以使用多种语言查找各种类型的信息。可进行学术搜索、新闻资讯搜索、图片搜索、视频搜索、生活搜索、地图搜索、博客搜索等，从而查找学术资源，查看股价、地图、要闻，查找美国境内所有城市的电话簿、搜索数十亿计的图片等。

（2）搜索特色与技巧

1）加号(+)操作符。Google 会忽略诸如“的”、“吧”、“呢”此类常用字词和字符，还会忽略其他一些降低搜索速度却不能改善搜索结果的数字和字母。但如果必须使用某个常用字词来获得相应的搜索结果，需要用“+”号，这样 Google 就不会忽略该字词。如检索词“我+大学”，检索结果如图 3-7 所示。

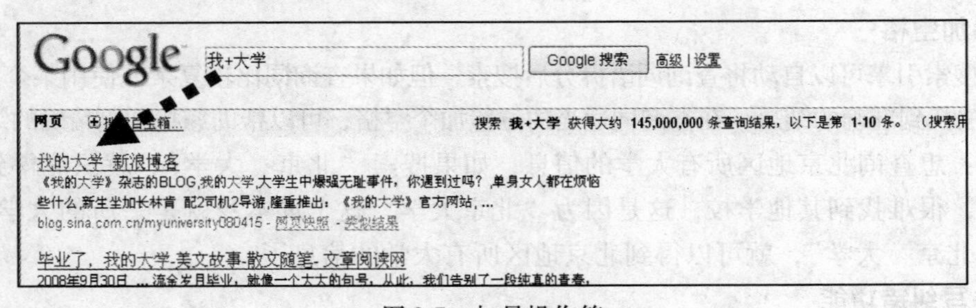

图 3-7 加号操作符

2）相似网页搜索。要搜索与指定网站有相似内容的网页，请在 Google 搜索框中键入“related:”，并在其后键入相应的网址。如“related:www.cctv.com”。

3）填空搜索。填空搜索即在 Google 搜索框中键入句子的一部分，然后加星号(*)即可。如“李白是*人”。

4）同义词搜索。好多关键词会有别名，搜索时为了避免漏检，在搜索字词前加上一个代字符(~)即可将其别名以及同义词一并搜索。如“~商标”。

5）字典定义。要查看某个字词或词组的定义，在此字词或词组前加上“define:”即可。请注意，搜索结果会提供整个词组的定义。如“define:奥运会”。

2. 百度简介及使用技巧

百度网址：http://www.baidu.com/，其主页如图 3-8 所示。

图 3-8　百度主页

（1）概述

2000 年 1 月百度由李彦宏、徐勇两人创立于北京中关村，并拥有一个响亮的口号“百度一下，你就知道”。截至今天，百度已经发展成为全球最大的基于关键词的中文搜索引擎。和 google 一样，目前百度为用户提供的服务除了网页搜索外，还有新闻搜索、图片搜索、视频搜索等强大搜索功能。

（2）搜索特色与技巧

1）“intitle:”网页标题中搜索。网页标题通常是对网页内容提纲挈领式的归纳，把查询内容范围限定在网页标题中，通常能获得良好的效果。百度用“intitle:”引领的检索式，将查询内容中特别关键的部分标示出来，可在网页标题中搜索特定内容。

例如，找巩俐的写真，其检索式为：“写真 intitle:巩俐”。

• 注意：“intitle:”和后面的关键词之间不要有空格。

2）“site:”在特定站点中搜索。有时如果知道某个站点中有自己需要找的东西，就可以把搜索范围限定在这个站点中，提高查询效率。百度检索方式为：“site:站点域名”。

如：在天空网下载有关 msn 软件，其检索式为：“msn site:skycn. com”。

• 注意：“site:”后面跟的站点域名，不要带 http://，而且 site:和站点名之间不要带空格。

3）“inurl:”把搜索范围限定在 url 链接中。网页 url 中的某些信息，常常有某种有价值的含义。于是，您如果对搜索结果的 url 做某种限定，就可以获得良好的效果。百度实现的方式为：“inurl:需要在 url 中出现的关键词”。

例如，找关于 photoshop 的使用技巧，可以这样查询：“photoshop inurl:jiqiao”。这个检索式中的“photoshop”，是可以出现在网页的任何位置，而“jiqiao”则必须出现在网页 url 中。

• 注意：“inurl:”和后面所跟的关键词，不要有空格。

4）“”精确匹配检索。检索时，如想对某短语进行精确匹配检索，需给该检索词加上双引号，就可以达到这种效果。

例如，输入检索词“河北工业大学”，就可获得关于河北工业大学的相关信息。但如果没有加双引号，百度在经过分析后，给出的搜索结果中的查询词，有一部分结果是对原检索词进行拆分的结果，这样搜索效果不是很好，会出现很多不相关的信息。

5）“-”去除无关资料。百度利用“-”来去除某些无关资料，从而排除含有某些词语的资料，有利于缩小查询范围进行精确检索。但需要注意，减号之前必须留一空格。

例如，要搜寻关于“武侠小说”，但不含“金庸”的资料，其检索式为：“武侠小说　-金庸”。

6）二次检索。在搜索结果页下方的搜索框中，重新输入一个查询词，然后单击“在结果中找”来缩小搜索范围，进行二次搜索。

3. YAHOO！简介及使用技巧

Yahoo！有英、中、日、韩、法、德、意、西班牙、丹麦等10余种语言版本，各版本的内容互不相同。其英文网址：http://www.yahoo.com，中国雅虎网址：http://cn.yahoo.com/，其主页如图3-9所示。

图3-9　中国雅虎主页

（1）概述

1994年斯坦福大学的两位电子工程学博士生David Filot和Jerry Yang开始编制一个自己感兴趣的Internet上的站点目录，这就是最原始的Yahoo！。1995年Yahoo！公司成立，同年Netscape Navigator直接引用Yahoo！作为浏览器的搜索引擎，从此Yahoo！声名鹊起。目前Yahoo！是最流行的搜索引擎之一，其最大的特点在于采用分类方式来组织网络资源。网站收录丰富，提供类目、网站及全文检索功能。

（2）搜索特色与技巧

雅虎的“在站点中搜索”、“精确匹配搜索”、“去除无关资料”以及“二次检索”搜索技术与百度相一致，这里不再赘述。下面重点介绍雅虎的其他搜索特色。

1）翻译网页。雅虎搜索引擎可以整页翻译搜索结果中的英文网页。当搜索结果的标题右侧出现“英译汉”链接时，单击便可查看翻译成中文的网页。如图3-10为一雅虎英文网页搜索结果，单击快照旁边的“英译汉”按钮，对该搜索结果页进行翻译。翻译前的页面如图3-11所示，翻译后的页面如图3-12所示。

Yahoo
Sports' Dan Wetzel preps you for the Tourney. " Don't pick 'Cinderellas' Bracket
Printable copy Snubs East breakdown West Midwest South...
www.yahoo.com 7小时前 快照 英译汉

图3-10 雅虎英文网页搜索结果

图3-11 英文原网页

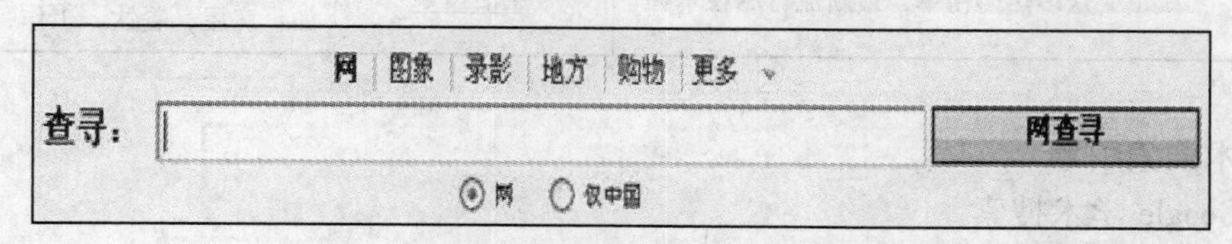

图3-12 翻译后的网页

2）“title:”页面标题搜索。页面标题即超文本窗口标题的开始和结束，它被显示在浏览器顶端的标题栏中。由于网页的标题通常会准确的描述网页的内容，所以使用“title:”进行搜索的效果可能更精确。

例如：搜索框内输入“title:张学友”，会搜索到所有网页标题中包含“张学友”的网页。

3）“link:”查找所有链接到某个网址的网页。

例如：搜索“姚明 link:http://www.yahoo.com.cn/”或者“link:http://www.yahoo.com.cn/姚明”，会搜索到所有链接到“www.yahoo.com.cn”的网页中，包含“姚明”一词的网页。注意：搜索时不能缺少“http://”。

3.2.5 特色搜索引擎

当要查找一类信息时，使用综合搜索引擎会找到很多无用的信息，特色搜索引擎即是用来专门搜索某类信息的搜索引擎。特色搜索引擎一部分是在大型搜索引擎的基础上开发各类实用好用的特色搜索功能（表3-1列出了谷歌的特色搜索功能），有的则为独立建设的特色搜索引擎网站。由于特色搜索引擎搜索结果精准，针对性强，受到广大用户的青睐。

表3-1 谷歌特色搜索功能

特色搜索功能	功能简介	特色搜索功能	功能简介
博客搜索	从博客文章中查找您感兴趣的主题	视频	搜索网络视频
财经	商业信息、财经新闻、实时股价和动态图表	图片搜索	搜索超过几十亿张图片

（续）

特色搜索功能	功能简介	特色搜索功能	功能简介
265 导航	实用网址大全，便捷直达常用网站	图书搜索	搜索图书全文，并发现新书
大学搜索	搜索特定大学的网站	网页目录	按分类主题浏览互联网
地图	查询地址、搜索周边和规划路线	网页搜索	搜索全球上百亿网页资料库
工具栏	为您的浏览器配置搜索框，随时Google 一下	网页搜索特色	计算器、天气查询、股票查询等搜索小窍门
购物搜索	搜索商品和购物信息	学术搜索	搜索学术文章
谷歌浏览器	更快速、稳定、安全的浏览器	音乐	搜索并发现音乐
iGoogle 个性化首页	自订新闻、财经、天气以及更多常用小工具到你的谷歌个性化首页	字典	在线查找多种语言词典、网络新词
快讯	定制实时新闻，直接发至邮箱	资讯	阅读、搜索新闻资讯
热榜	众多热门榜单，最新流行尽在掌握	生活搜索	搜索您身边的分类生活信息，例如：房屋，餐饮，工作，车票…

1. 学术搜索引擎

（1）Google 学术搜索

Google 学术搜索 http://scholar. google. com 是一项免费服务，可以帮助快速寻找学术资料，如专家评审文献、论文、书籍、预印本、摘要以及技术报告。Google 学术搜索信息来源包括万方数据资源系统、维普资讯，主要大学发表的学术期刊、公开的学术期刊、中国大学的论文以及网上可以搜索到的各类文章。Google Scholar 同时提供了中文版界面，如图 3-13 所示，供中国用户更方便地搜索全球的学术科研信息。

图 3-13 Google 学术搜索

（2）Scirus 搜索

Scirus 搜索（http://www. scirus. com，见图 3-14）是目前互联网上最全面、综合性最强的科技文献搜索引擎之一，由 Elsevier 科学出版社开发，用于搜索期刊和专利，效果很不错。

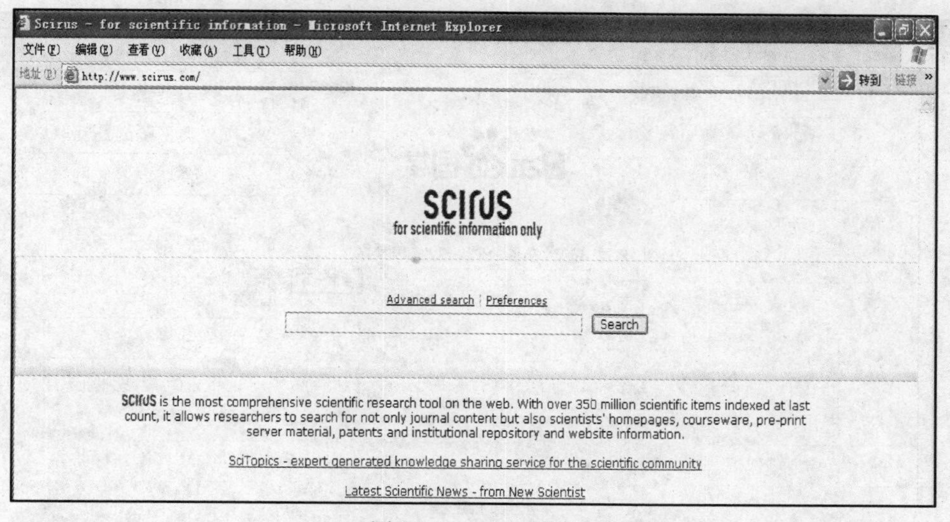

图 3-14 Scirus 搜索

（3）FindArticles

FindArticles 搜索(http://www.findarticles.com/,如图 3-15 所示)是一个检索免费论文的好工具，进入网页以后，可以看到网页上方简洁的搜索栏，网站资源以目录分类形式列于中间。

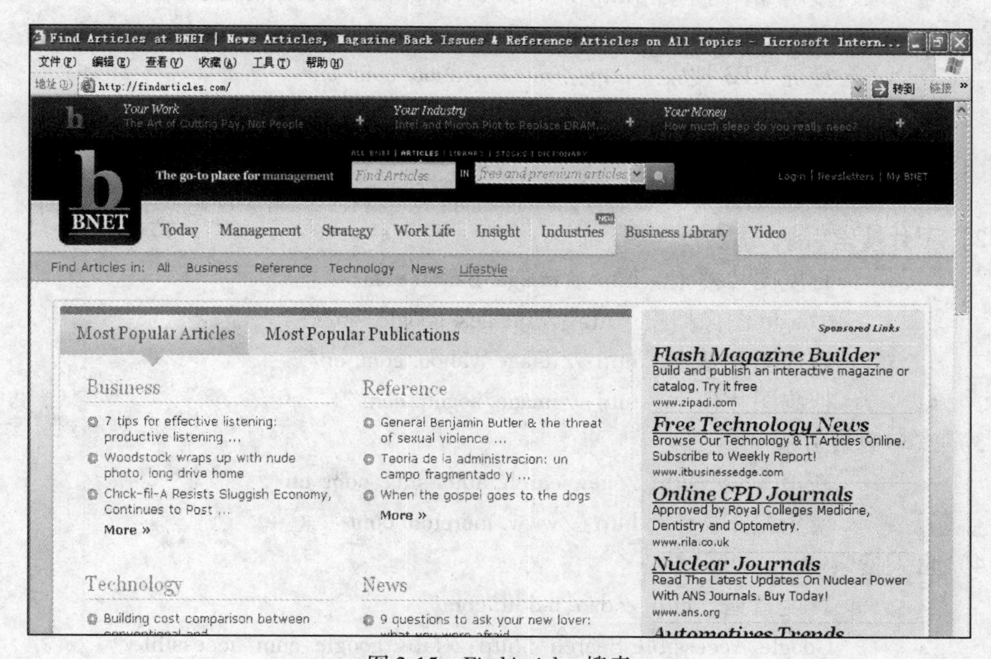

图 3-15 FindArticles 搜索

（4）百度国学搜索

百度国学搜索(http://guoxue.baidu.com/,如图 3-16 所示)是百度与国学公司合作推出的针对中国传统文化方面的专业搜索，提供了大量的丰富的古典名著、历史资料、人名书名等，为传播中华古代文化和国学研究提供使用的便利。

图 3-16　百度国学搜索

2. 其他特色搜索引擎

（1）音乐搜索引擎

搜网 MP3 搜索　http://www.sowang.com/mp3search.htm
百度 MP3 搜索　http://mp3.baidu.com/
雅虎 MP3 搜索　http://music.yahoo.com.cn/
SOSO 音乐搜索　http://music.soso.com/
搜狗音乐搜索　http://d.sogou.com/
谷歌音乐搜索　http://www.google.cn/music/homepage

（2）图片搜索引擎

百度图片搜索　http://image.baidu.com/
Google 图像搜索　http://images.google.cn/
雅虎图片搜索　http://image.yahoo.com.cn/
搜狗图片搜索　http://image.sogou.com/

（3）汽车搜索引擎

新浪车魔　http://newsearch.auto.sina.com.cn/
魔兔汽车搜索　http://www.moretoo.com/

（4）盲人搜索

百度盲道　http://dao.baidu.com/
Google Accessible Search　http://labs.google.com/accessible/

（5）寻人搜索

Yahoo 寻人搜索引擎　http://people.yahoo.com/
Who where　http://www.whowhere.lycos.com/

3.3 OA学术资源的获取和利用

3.3.1 OA学术资源的概念

学术资源的开放存取(Open Access,OA)是指数字化信息资源的免费共享和利用。指通过互联网可免费获取，允许任何用户对其全文进行阅读、下载、复制、传播，同时用户可以将作品传递给文献信息平台，并允许对文献进行自动采集并建立索引，或者进行任何其他合法使用。

开放存取是20世纪90年代在国外发展起来的一种新的出版模式，是在网络环境中发展起来的新型学术交流理念和交流机制，旨在促进学术交流，扫除学术障碍，实现真正的信息资源自由共享而创造的全新的学术出版模式。

作为一种新型的学术交流和出版模式，开放存取受到学术界、出版界、图书馆界的共同关注，到目前取得了阶段性的进展。截止到2007年底，很多国家已经制定了关于开放存取的强制性政策，开放存取期刊和知识库增长显著，资源类型由最初的期刊扩展为图书、学位论文以及科研教育领域的课件、视频等。可以看到，开放存取一方面有势不可挡的发展势头，另一方面也存在着不成熟性，比如在运作费用、质量保证、知识产权、质量评价、社会认同度、元数据标准与互操作协议及跨平台检索系统等问题，这些都是未来要解决的。

3.3.2 OA学术资源的特征

开放存取的本质特征在于:

1）开放存取是由作者或著作权人支付出版费用，允许公众免费获取的一种出版方式。它改变了在传统出版方式下，使用者必须支付一定费用才能获得相关资源，而作者或著作权人依著作权法享受相关的经济收益的方式。

2）开放存取的文献是经过数字化处理的、通过互联网存取和传播的、免费获取、没有版权或者许可方面障碍的科研成果或学术作品。

3）开放存取是一种全新的理念和思想，它的核心目标和价值在于用户能够免费获取信息资源，人人平等，人人共享，从而使人类向实现信息资源共享又迈进了一大步。免费与自由正是开放存取最大的魅力所在。

3.3.3 重要OA学术资源介绍

从目前来看，OA资源主要有开放获取期刊(OA Journals)、开放获取仓储(OA Repository)、电子预印本、开放存取课程、开放获取搜索引擎(OA Search Engine)等。

1. 开放获取期刊

开放获取期刊是开放存取资源的重要形式之一，是一种其中的论文经过同行评审的、网络化的期刊。其中论文由作者付费，用于支持论文的评审、稿件编辑加工和电子出版等，读者则可以免费获取这些论文。

网络开放获取期刊有两种发布形式，一种是单一期刊平台，即一个网站上只有一种期刊；另外一种是期刊集合平台，即一个网站上集成了多种期刊。表3-2为几个著名的期刊集合平台简介，图3-17为DOAJ开放存取期刊目录主页。

表3-2　著名的期刊集合平台简介

OA期刊集合平台	简　介
OAJS开放阅读期刊联盟 (http://www. oajs. org/)	国内几家重点大学学报发起的，开放阅读项目。包括西安交通大学学报、西安电子科技大学学报、东南大学学报等数十家学报期刊。这些大学学报网站上提供全文免费供读者阅读，或者应读者要求，在3个工作日之内免费提供各自期刊发表过的论文全文(一般为PDF格式)。读者可以登录各会员期刊的网站，免费阅读或索取论文全文
DOAJ开放存取期刊目录 (http://www. doaj. org/)	是由瑞典的隆德大学图书馆设立于2003年5月，是互联网上可供任何人自由访问使用(可下载全文)的电子期刊目录。目前收录了1946种期刊，文章7万多篇。收录主题包括：农业及食品科学、生物及生命科学、化学、健康科学、语言及文学、数学及统计学、物理及天文学、工程学、美学及建筑学、经济学、地球及环境科学、历史及考古学、法律及政治学、哲学及宗教学、社会科学等15种学科主题。该系统收录的均为学术性、研究性期刊，具有免费、全文、高质量的特点，对学术研究有很高的参考价值。DOAJ检索：可以通过两种方式查询，通过期刊名称浏览查询，通过期刊的主题分类查询
Open J-Gate (http://www. openj-gate. com)	由Informatics(India)Ltd公司于2006年创建，系统地收集了全球约3720种期刊，包含学校、研究机构和行业期刊。其中超过1500种学术期刊经过同行评议，每年有超过30万篇新发表的文章被收录，并提供全文检索。其检索功能强大，使用便捷。Open J-Gate提供三种检索方式，分别是快速检索(Quick Search)，高级检索(Advanced Search)和期刊浏览(Browse by journals)。在不同的检索方式下，用户可通过刊名、作者、摘要、关键字、地址/机构等进行检索。检索结果按相关度排列
HighWire Press (http://highwire. stanford. edu/)	HighWire Press是世界上最大的提供生物医学免费全文的网站之一，目前提供954种生物医学期刊中的约137万篇全文文献以及MEDLINE数据库的4500种期刊中的1300万篇文献的题录或摘要 HighWire Press还为用户提供了许多特色服务。如My Favorite Journal：免费注册后，用户可定制自己感兴趣的期刊列表，在以后的检索中可以进行选择浏览；For Institutions：是HighWire为用户提供的服务窗口等

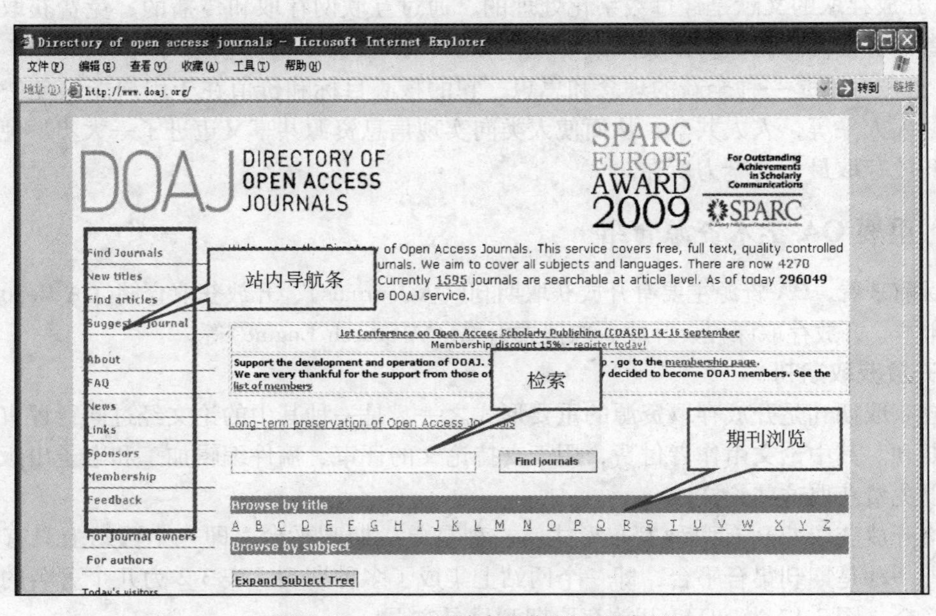

图3-17　DOAJ开放存取期刊目录主页

2. 开放获取仓储

开放获取仓储一般由一个机构(特别是大学)或者学科组织建立的网络资源库。作者将文档的基本信息(如题名、作者、日期等)粘贴在一个简单网络界面上，并附上文档的全文，提交到库中。开放仓储中的文档种类多种多样，包括：电子文档(eprint)、论文、课程资料、数据文件、声像文件、机构记录等。用户可以免费检索和下载开放存储仓储中的文献。表3-3是几个著名的开放存取仓储简介，图3-18为麻省理工学院机构库主页。

表3-3 著名的开放存取仓储简介

开放存取仓储名称	简　介
香港科技大学机构库 (http://repository.ust.hk/dspace/)	是由香港科技大学图书馆用Dspace软件开发的一个数字化学术成果存储与交流知识库，目前收有由该校教学科研人员和博士生提交的论文(包括已发表和待发表)、会议论文、预印本、博士学位论文、研究与技术报告、工作论文和演示稿全文共1754条 浏览方式有按院、系、机构、题名、作者、和提交时间等方式；检索途径有任意字段、作者、题名、关键词、文摘、标识符等
麻省理工学院机构库 (http://dspace.mit.edu/)	使用Dspace软件开发的一个数字化成果存储与交流知识库。收录该校教学科研人员和研究生提交的论文(包括已发表和待发表)、会议论文、预印本、学位论文、研究与技术报告、工作论文和演示稿全文等 可以按院系机构、题名、作者和提交时间浏览内容；也可以对收藏的内容进行检索，检索字段有任意字段、作者、题名、关键词、文摘、标识符等；可在线看到全文
剑桥大学机构知识库 (http://www.dspace.cam.ac.uk/)	英国剑桥大学图书馆与该校的计算机服务中心合作，加入MIT的Dspace联盟项目，建立Dspace@Cambridge存储库。该项目于2002年底启动，2005年建成。此系统用于存储剑桥大学图书馆自己数字化的资料和本校其他机构产生的数字资源，如学术交流资料(论文和预印本)、学位论文、技术报告、各个学部和大学档案等，以不同的格式如多媒体、交互式课件、数据集、数据库等形式存储。使用方法同麻省理工学院机构库
加利福尼亚大学国际和区域数字馆藏 (http://repositories.cdlib.org/escholarship/)	是美国加利福尼亚大学研究成果的一个收藏库。1999年启动，是其数字图书馆电子学术(eScholarship)项目的一部分，所采用的管理系统来自Berkeley。可按不同学校浏览和检索资源

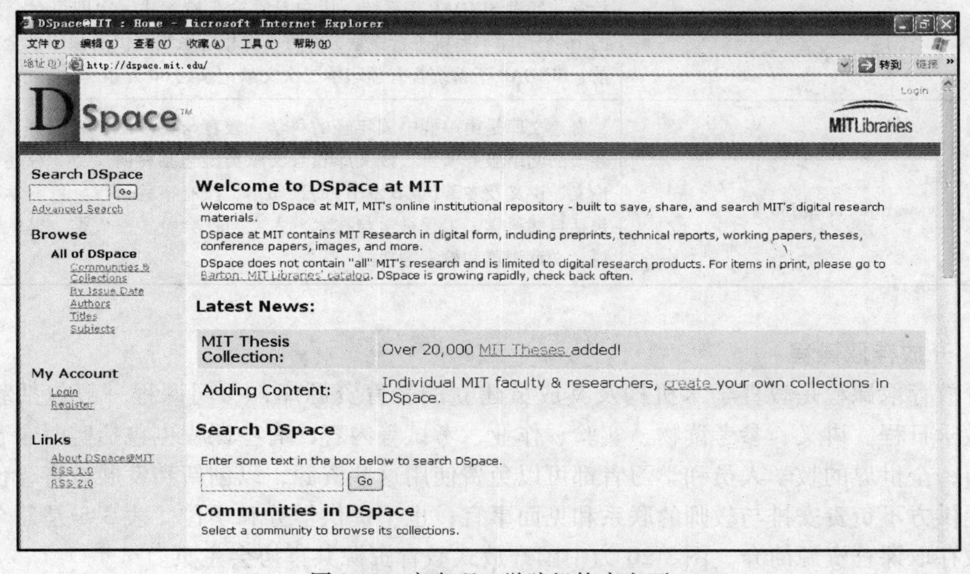

图3-18 麻省理工学院机构库主页

3. 电子预印本

电子预印本是指科研工作者的研究成果还未在正式刊物上发表，出于和同行交流的目的自愿通过邮寄或网络等方式传播的科研论文、科技报告等文献。与刊物发表的论文相比，预印本具有交流速度快、利于学术争鸣的特点。表3-4为几个著名的电子预印本资源简介，图3-19为e-print arXiv预印本文献库主页。

表3-4 著名的电子预印本资源简介

电子预印本资源	简介
e-print arXiv 预印本文献库 (http://arxiv.org/)	是由美国国家科学基金会和美国能源部资助，在美国洛斯阿拉莫斯(Los Alamos)国家实验室建立的电子预印本文献库，始建于1991年8月。目前包含物理学、数学、非线性科学、计算机科学4个学科共计28万篇预印本文献。研究者按照一定的格式将论文进行排版后，通过网络、E-mail等方式，按学科类别上传至相应的库中。需要注意的是：该站点的全文文献有多种格式(例如PS、PDF、DVI等)，需要安装相应的全文浏览器才能阅读
中国科技论文在线 (http://www.paper.edu.cn/)	中国科技论文在线是经教育部批准，由教育部科技发展中心主办。该网站提供国内优秀学者论文、在线发表论文、各种科技期刊论文(各种大学学报与科技期刊)全文，此外还提供对国外免费数据库的链接，对论文检索提供基本检索、高级检索和模糊检索三种检索方式
中国预印本服务系统 (http://prep.istic.ac.cn/eprint/index.jsp)	中国预印本服务系统是由中国科学技术信息研究所与国家科技图书文献中心联合建设的以提供预印本文献资源服务为主要目的的实时学术交流系统，是国家科学技术部科技条件基础平台面上项目的研究成果。该系统由国内预印本服务子系统和国外预印本门户(SINDAP)子系统构成 国内预印本服务子系统主要收藏的是国内科技工作者自由提交的预印本文章，可以实现二次文献检索、浏览全文、发表评论等功能 国外预印本门户(SINDAP)子系统是由中国科学技术信息研究所与丹麦技术知识中心合作开发完成的，它实现了全球预印本文献资源的一站式检索。通过SINDAP子系统，用户只需输入检索式一次即可对全球知名的16个预印本系统进行检索，并可获得相应系统提供的预印本全文。目前，SINDAP子系统含有预印本二次文献记录约80万条
奇迹文库 (http://www.qiji.cn/eprint/)	奇迹文库是由一群中国年轻的科学、教育与技术工作者创办，非盈利性质的网络服务项目。该文库收录文献类型包括科研文章、综述、学位论文、讲义及专著(或其章节)的预印本，没有审稿过程。目前学科范围包括自然科学、工程科学与技术、人文与社会科学三大类。提供上载资料，文章浏览和检索等功能

4. 开放存取课程

开放存取课程是教育学术机构及其成员建立的教育资源库，一门课程一般包括教学大纲、教学日程、讲义、参考读物、实验、作业、考试等内容，有些课程也包括实时录音和视频资料，全世界的教学人员和学习者都可以免费使用这些资源，以创新和发展教育，但课程资源提供方不负责安排与教师的联系和见面事宜，也不提供学分和学位。表3-5是几个著名的开放存取课程资源简介，图3-20为中国开放式教育资源共享协会主页。

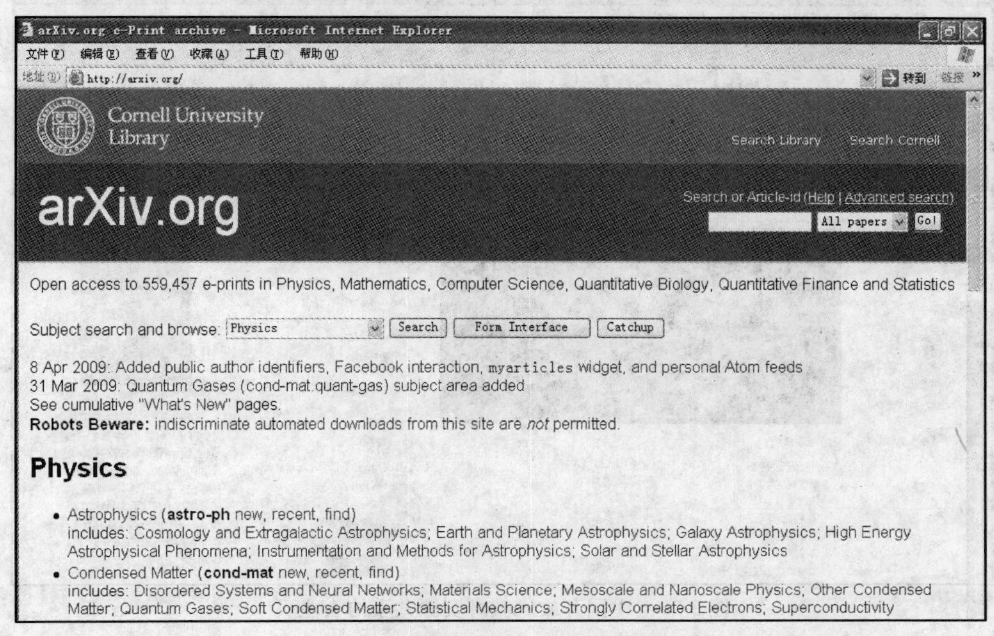

图 3-19 e-print arXiv 预印本文献库主页

表 3-5 著名的开放存取课程资源简介

开放存取课程资源	简 介
中国开放式教育资源共享协会 （http://www.core.org.cn/core/default.aspx）	China Open Resources for Education 简称 CORE，是一个以 26 所 IET 基金会会员学校及 44 所省级广播电视大学为基本成员的联合体。该平台上主要包括两部分的内容：国外开放课程和中国精品课程 国外开放课程主要是 CORE 选择性地引进美国麻省理工学院为代表的国外大学的优秀课件，并组织专家或志愿者进行课件的汉语翻译 中国精品课程主要是 CORE 组织整理了我国教育部评选的国家精品课程资料，并组织专家将部分课程资料翻译成英文。此外该平台上还提供视频课程及与教学有关的开源工具等
开放式课程计划 （http://www.myoops.org/）	Opensource Opencourseware Prototype System 开放课程计划主要致力于将世界上优秀的开放式课程翻译成中文，内容包括：教学大纲、教学日程、讲义、参考读物、实验、作业、考试等 目前主要是将英文、日文的开放课程翻译成繁体中文和简体中文。英文课程来源有麻省理工学院、约翰霍普金斯大学、犹他州立大学等的开放式课程，日文课程来源有大阪大学、京都大学、庆应大学、东京工业大学、东京大学、早稻田大学等的开放式课程
开放课件联盟 （http://www.ocwconsortium.org/）	OCW Consortium 发布开放式课程的大学组成的协会，加盟机构使用统一的模板发布课程资料。截至 2008 年，有 250 所大学加入联盟，以十种文种发布了 6200 门课程

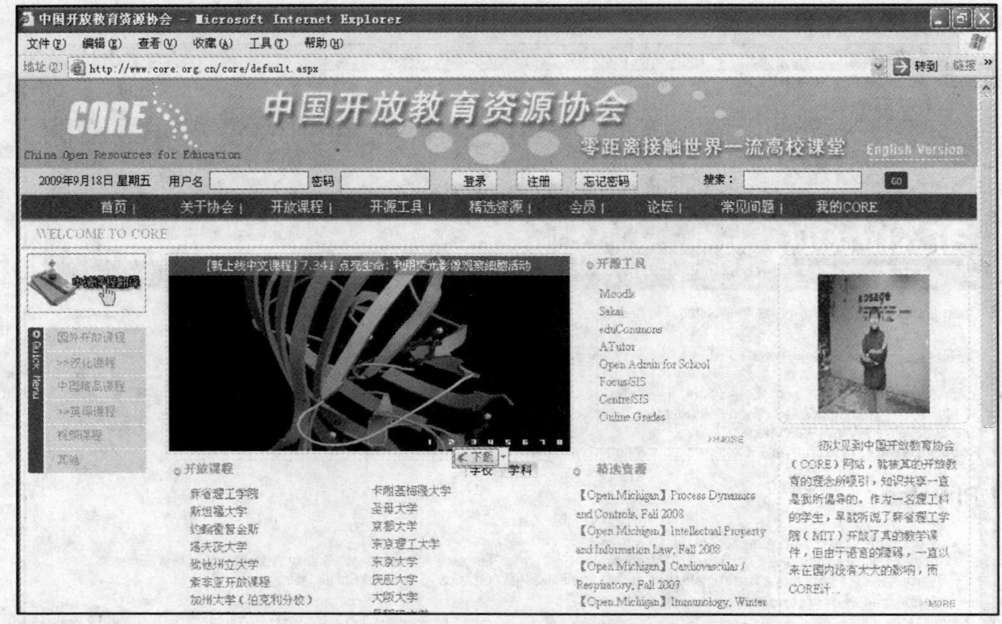

图 3-20　中国开放式教育资源共享协会主页

5. 开放获取搜索引擎

为了解决 OA 期刊和 OA 仓储的分散性，开放获取搜索引擎也相继出现，这些检索平台为检索开放获取资源提供了极大的便利。表 3-6 是几个著名的开放获取搜索引擎简介，图 3-21 为Socolar 服务平台主页。

表 3-6　著名的开放获取搜索引擎简介

开放获取搜索引擎	简　介
OA 资源一站式检索服务平台 (http://www. socolar. com/)	Socolar 是由中国教育图书进出口公司对世界上重要的 OA 期刊和 OA 仓储资源进行全面的收集、整理并提供统一检索的集成服务平台，是目前最大的开放存取资源集成检索平台之一。通过 Socolar，可以检索到来自世界各地、各种语种的重要 OA 资源，并提供 OA 资源的全文链接服务。用户可以通过该平台，了解 OA 的基本知识和发展动态，也可以与他人进行互动交流，并为学者提供学术文章和预印本的 OA 出版和仓储服务 Socolar 不仅资源丰富，而且提供了文章检索、期刊检索、期刊浏览 3 种检索方式，同时每种检索方式下又设立了快速检索和高级检索两种方法供用户使用
中图链接服务 (http://cnplinker. cnpeak. com/index. jsp)	cnpLINKer(cnpiec LINK service)，即中图链接服务，是由中国图书进出口(集团)总公司开发并提供的国外期刊网络检索系统，于 2002 年底开通运行。目前本系统共收录了国外 1000 多家出版社的 25500 多种期刊的目次和文摘数据，可供用户免费下载全文，并保持实时更新。同时，该网站提供了刊名浏览查找、出版社查找以及期刊检索途径，并提供简洁的快速检索方式和精确复杂查找的高级检索方式
Oaister 开放存取搜索引擎 (http://www. oaister. org/)	密歇根大学图书馆开发维护的一个优秀的开放存取搜索引擎，提供了各种学术数字资源的一站式检索。目前，收集了来自 960 多家学术机构的数字资源，包括图书、期刊、音频、图像、电影、数据集等。这些资源通常是其他搜索引擎无法找到的隐性资源，OAIster 依靠 OAI-PMH(the Open Archives Initiative Protocol for Metadata Harvesting)来搜索这些资源

图 3-21 Socolar 服务平台

3.4 学科导航

目前从网上查找学术信息资源已经成为科研人员获取信息资源的重要途经，由于缺少对网上资源的学术质量评价和规范描述，利用搜索引擎获取某一学科有价值的信息就较为困难。学科导航即是一种网上学术信息资源组织和开发的新模式，它把有价值的学术类的网络资源按照学科分类进行搜集归类，帮助用户按照学科、主题或知识门类来浏览各类学术资源，提供简洁、方便、与学科直接相关的检索。

国外学科资源导航的研究起步较早，从 20 世纪 90 年代中期开始从事这方面的专门研究和建设，早期的学科资源导航建设大多由一些大型科研项目开发并资助，之后逐渐发展为高校图书馆、科研机构的大规模建设，已建立了基于各种学科的上百个学科资源导航。代表性的有：英国的 INTUTE（前身是 RDN）、欧洲的 DESIRE、德国的 SSG—FI、美国的 INFOMINE、LII 等。

国内学科资源导航建设始于 2000 年 CALIS 重点学科资源导航项目，随后，中科院国家科学数字图书馆和北京雷速科技有限公司陆续启动了 CSDL 学科信息门户和方略学科导航系统建设。

3.4.1 CALIS 重点学科网络资源导航门户

CALIS 重点学科网络资源导航门户（http://navigation.calis.edu.cn/cm/）是“211 工程”立项高校图书馆共建项目。其目的是建立在 Internet 网上的导航库，收集整理有关重点学科的网络资源，使用户以较快的速度了解本领域科技前沿研究动向和国际发展趋势。该数据库由华东南地区中心负责，全国文理中心协助。共有包括清华大学、北京大学等 54 个高校图书馆参加该项目共建，目前已完成213个重点学科导航库建设。共收录了6万多个较重要的学术网站。其主页如图3-22所示。

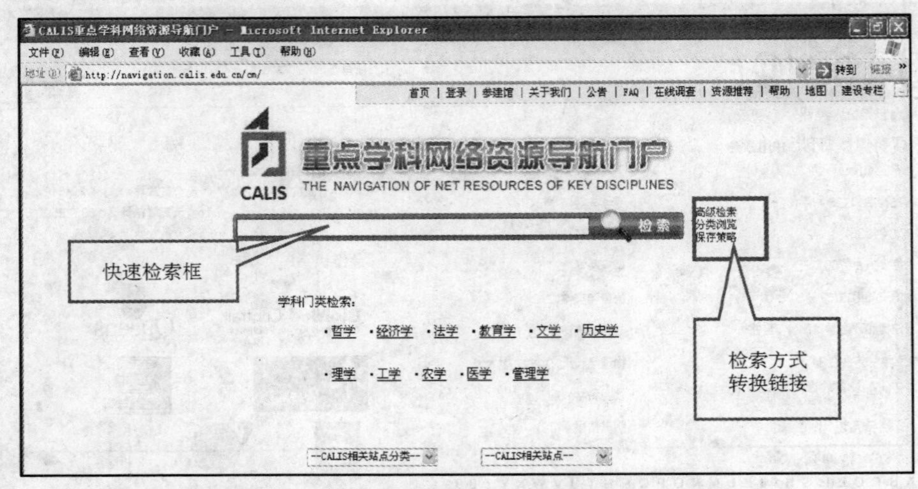

图3-22　CALIS重点学科网络资源导航门户主页

CALIS导航库的学科分类体系使用教育部颁布的《授予博士、硕士学位和培养研究生的学科、专业目录》作为构建导航库分类体系的依据。该分类体系由12个学科门类构成，囊括社会科学和自然科学所有学科领域，导航库使用除“军事学”之外的11个学科门类，包括：哲学、经济学、法学、教育学、文学、历史学、理学、工学、农学、医学、管理学，每个学科门类下包含若干一级学科，一级学科下又根据需要分为不同数量的二级学科。

导航库设有：快速检索、高级检索、分类浏览、分类检索4种检索功能。登录主页数据库默认为快速检索界面，在该界面检索框旁边设有其他检索方式链接按钮。快速检索：用户直接在检索框中输入检索词，进行快捷检索；高级检索：用户根据检索系统提供的多个检索点任意组配进行检索，可以最多选择3个检索点进行组合检索；分类浏览：用户根据系统提供的分类体系进行浏览；分类检索：先选定学科，然后输入检索词在特定学科内检索。

3.4.2　方略学科导航系统

方略学科导航系统主页(http://www.firstlight.cn)如图3-23所示，该系统是雷速公司创办的一个包括哲学、经济学、法学、教育学、语言学、文学、历史学、旅游学、文化学、理学、工学、农学、医学、军事学、管理学等15大门类，108个一级学科，600多个二级学科在内的新型、综合性的学科网站集群，每个学科网站以收录各个学科灰色文献为主。

该系统可通过单击学科类目名称进行浏览查找，也可利用检索框进行检索查找。检索查找又分为精确查找和模糊查找两种方式。精确检索是指搜索完成后，搜索结果中包含输入条件的记录，并且这个条件没有被拆分或者截断。而模糊检索是指搜索完成后，搜索结果中只要含有输入条件的记录，不管条件是否被拆分或者被截断都可以被检索出来。

得到检索结果后，界面搜索栏后面有“核心站点”、“核心学者”两个栏目链接。这两

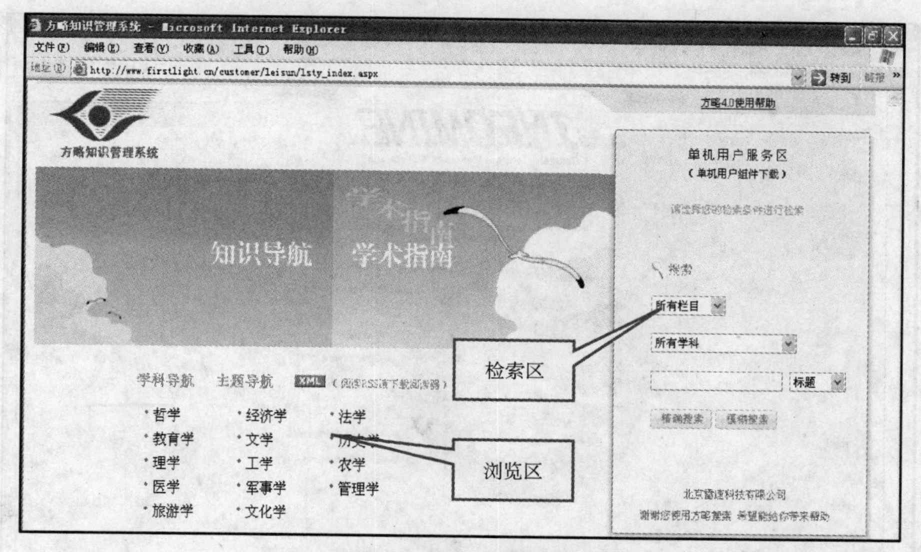

图 3-23　方略学科导航系统主页

个栏目下的记录是通过星级评判得出来的结果，比如核心学者，只有 5 星级的学术人物才能够被显示出来，单击后可以看到某一学科门类下的核心站点或核心学者的记录列表。

在检索结果中，每条记录都包括文章的标题、关键词、日期、摘要或者简介，在这里可以通过单击每条记录的标题或者“详细信息”进入原网站查看记录的详细信息，还可以通过“存档文本”来查看方略整理的原生态文本。如果单击“存档文本”的同时弹出了提示安装雷速 SDF 文件阅读器，这时候您只需按照窗口上的提示进行下载安装，安装成功后刷新一下窗口，就可以正常浏览了。需要注意的是该系统阅读原文需要下载安装 SDF 文件阅读器，才能阅读全文。如果原网站因为各种原因打不开了，这时候“存档文本”就起到了关键作用，如果某条记录带有附件，在详细信息那一行将出现“存档附件”，这时候直接单击即可浏览或者下载。

3.4.3　美国 INFOMINE 学科导航系统

INFOMINE 项目是为大学教师、学生和研究人员建立的网络学术资源虚拟图书馆。它始建于 1994 年，由加利弗尼亚大学、威克福斯特大学、加利弗尼亚州立大学、底特律—麦西大学等多家大学或学院的图书馆联合建立，其主页（http://infomine.ucr.edu）如图 3-24。INFOMINE 对所有用户免费开放，但是它提供的资源站点并不都是免费的，能否免费使用，取决于用户所在的图书馆是否拥有该资源的使用权。

INFOMINE 拥有电子期刊、电子图书、公告栏、邮件列表、图书馆在线目录、研究人员人名录，以及其他类型的信息资源 40000 多个，共包括生物、农业和医学数据库、商业和经济数据库、多样性文化及种族资源数据库、电子期刊、政府信息数据库、教育资源数据库等 12 个数据库。

INFOMINE 著录内容包括：资源名称、简介、URL、相关资源链接、人工选择或专家选择、收费情况，并为用户提供了对资源发表评论的平台。

INFOMINE 的检索界面友好，检索功能包括基本检索、高级检索和浏览三种方式。

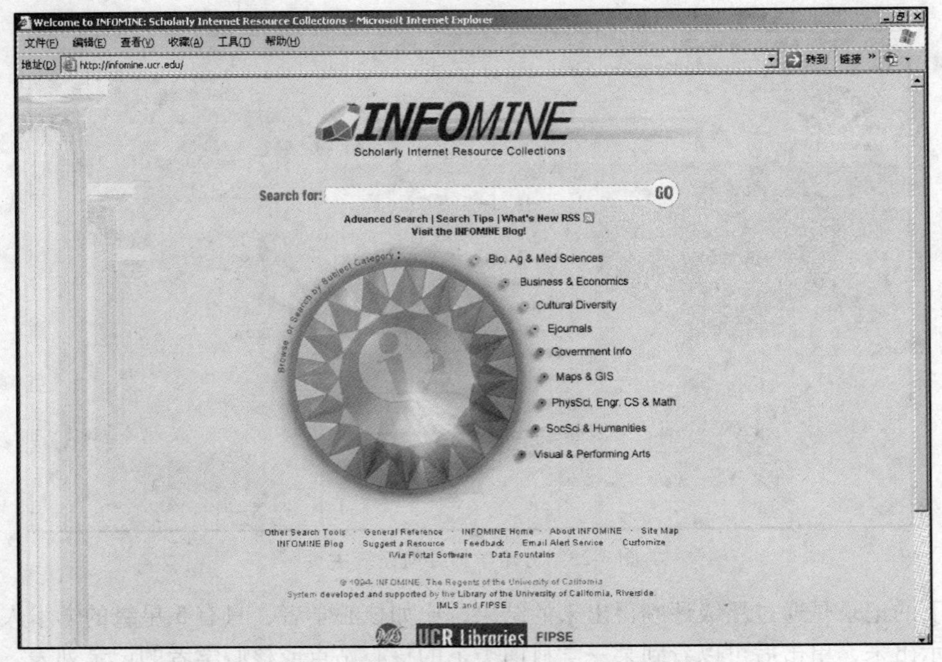

图3-24　美国INFOMINE学科导航系统主页

1. 基本检索

在INFOMINE首页的检索框中直接输入检索词(主题词、作者、关键词等)，单击"Search"或回车键就可以检索出相关资料。

2. 高级检索

在高级检索界面通过点选菜单和下拉菜单的组合使用，可以限定检索字段范围，如关键词、主题词、资源描述、作者、标题等，限定检索的数据库范围，限定资源的类型和路径，以及检索结果的显示方式，每页显示的检索结果数和检索结果的排序方式。另外还可在输入检索词时，使用逻辑检索(AND、OR、AND NOT)或特定符号(*、()、" "等)来扩大、缩小检索范围。

3. 浏览

INFOMINE在基本检索、高级检索和每个数据库的页面下，都提供了浏览功能，可以从目次表、美国国会主题词表、标题、关键词和作者等途径进行浏览，查找所需的资料。

3.4.4　英国INTUTE学科导航系统

INTUTE是英国最大的学科信息门户网站(http://www.intute.ac.uk/)，始建于1994年。INTUTE最初名为——网络资源发现门户RDN(Resource Discovery Network)，由英国7所大学合作构建，2006年7月，RDN更名为INTUTE(其主页如图3-25所示)。

该网站整合了英国社会科学信息门户(SOGIG)、生命科学资源导航(BIOME)、物理科学信息门户(PSIgate)、工程数学计算机信息门户(EEVL)、地理学与环境科学信息门户(GEsource)、人文科学信息门户(Humbul)、艺术与人文信息门户(Artifact)及社会科学门户(Altis)等8个非常有名的学科信息资源门户，分为科学技术、人文艺术、社会科学、健康与生命科学4个服务模块。

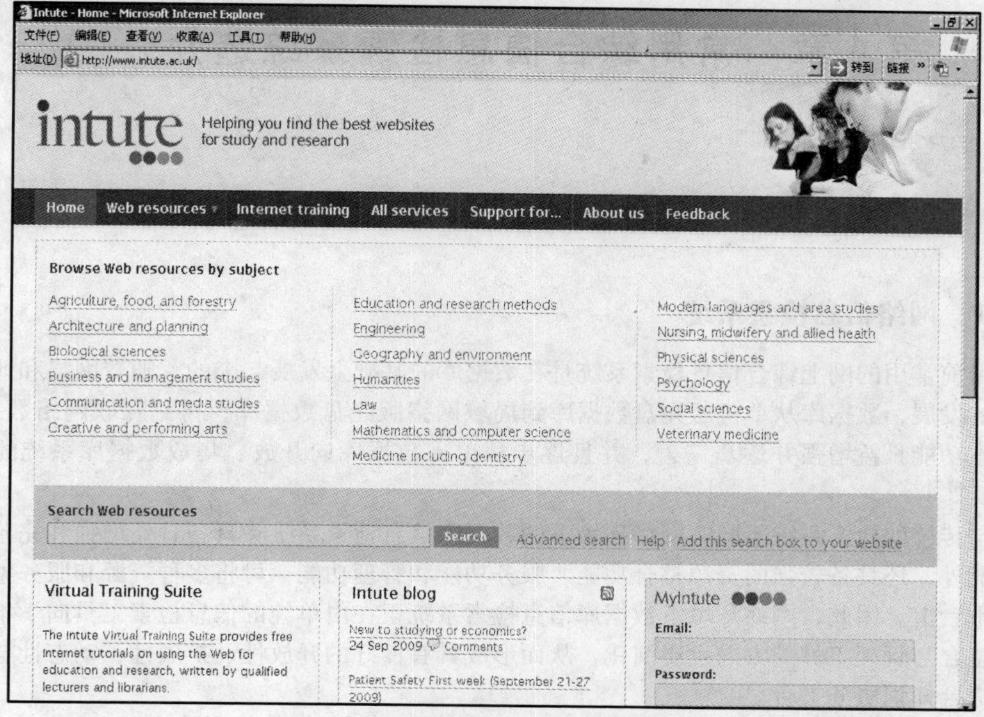

图3-25 英国INTUTE学科导航系统主页

Intute的检索功能包括基本检索、高级检索和分学科浏览3种方式。Intute支持布尔逻辑语言，可以用“and”、“or”、“not”进行组配，检索词可以是题名、关键词或领域描述。

思 考 题

1. 简述网络信息资源的概念、特点及其类型。
2. 简述搜索引擎原理、类型及其基本检索技术。
3. Google及其百度搜索技巧有哪些?
4. 你知道的特色搜索引擎有哪些?
5. 简述OA学术资源的概念及特征，搜集对你学习、研究有帮助的OA学术资源。
6. 简述学科导航，搜集对你学习、研究有帮助的学科导航学术资源。

第 4 章　常用综合信息检索系统选介(一)

4.1　常用综合信息检索系统概述

4.1.1　网络信息检索系统

目前常用的网上综合信息检索系统是在数据库的基础上发展起来的。随着网络和计算机技术的发展，数据库从单机版光盘数据库到局域网络版光盘数据库，再到互联网络数据库，其检索功能日益增强并逐步完善，并且逐步从单一数据库向开放、集成数据库系统的方向发展。

与传统的检索系统不同，网络环境下的数据库信息检索系统除具备日益增强和完善的检索功能外，还具备较强的资源整合功能、服务功能和管理功能，可将多种资源和服务整合在同一平台上。因此，网络环境下数据库信息检索系统正在由单纯的信息检索工具向学术信息资源整合与管理工具的方向发展演化，从而形成具有良好的开放性、扩展性、动态性与整合性的综合知识服务平台。

4.1.2　网络信息检索系统服务方式

目前，国内的信息检索系统对于用户利用数据库检索以及浏览文献的题录、摘要等信息都是免费的，同时为了方便用户获取和利用数据，还为用户免费地提供定题通告、最新目次通告等个性化服务。用户若想获取文献全文，可通过包库、镜像服务以及流量计费方式获得下载全文的权限，高校等大型文献需求机构多采用包库、镜像服务的订购方式，订购机构的合法用户可通过本地图书馆主页链接进入系统，系统自动限制机构 IP 地址范围和登录并发人数。而对于国外的信息检索系统，多为镜像服务的模式。

本书第 4 章、第 5 章即介绍目前国内外常用的网络综合信息检索系统，其中重点介绍系统的检索功能，并对各个系统中重要的数据库检索方法与技巧进行讲解。

4.2　中国知识基础设施工程

4.2.1　系统简介

1998 年世界银行提出了“国家知识基础设施”（National Knowledge Infrastructure）的概念，“中国知识基础设施工程”（China National Knowledge Infrastructure，CNKI）由清华大学、清华同方发起，始建于 1999 年 6 月，其中文简称为“中国知网”，CNKI 为它的英文简称。该系统网址为：http://www. cnki. net/或 http://www. edu. cnki. net ，主页如图 4-1 所示。

经过十几年的建设发展，尤其是近几年通过与期刊界、出版界等内容提供商达成合

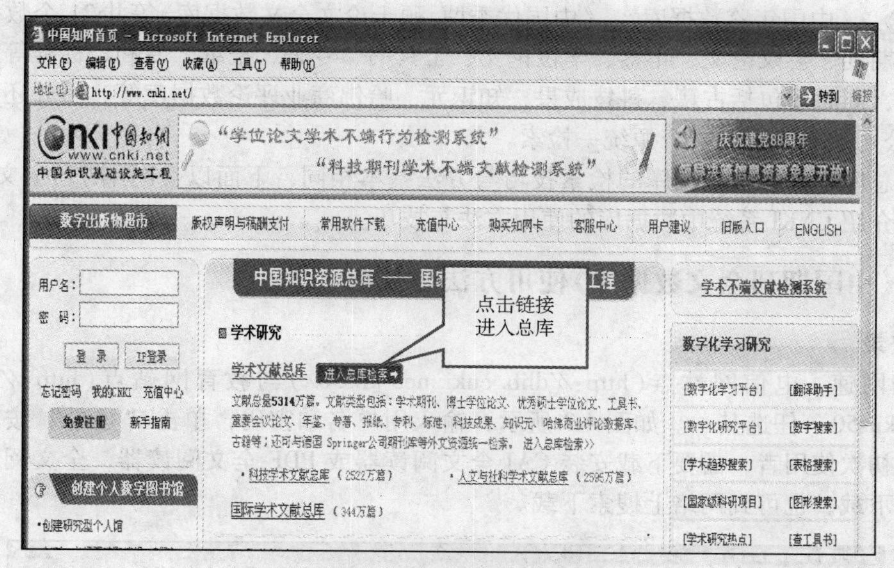

图 4-1　中国知识基础设施工程(CNKI)主页

作，“中国知网”现在已经不仅仅是一个检索平台，还是人们出版、投稿、研究、学习与评价的平台，同时它还为用户提供了有关学术趋势、学术导航、文献搜索、新概念搜索等信息增值服务，从而成为了具有对知识整合、集散、出版和传播功能的综合性知识门户网站。

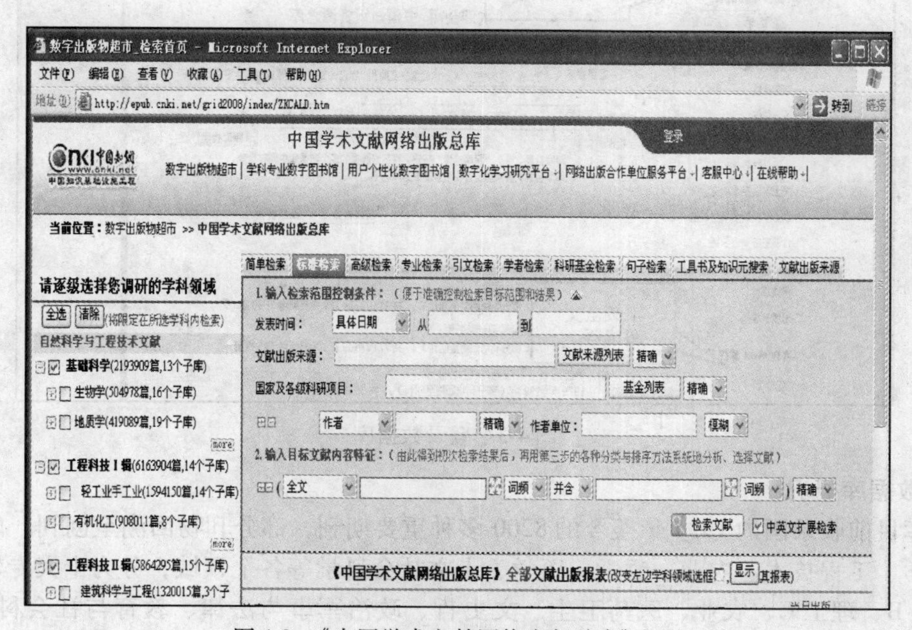

图 4-2　《中国学术文献网络出版总库》主页

“中国知网”的核心检索资源是《中国学术文献网络出版总库》(原《中国知识资源总库》,下简称为“总库”)。总库可由“中国知网”的主页链接登录(如图 4-1 所示)，其主页如图 4-2 所示。截至目前，总库可为用户提供《中国期刊全文数据库》、《中国重要会议论文全文数据库》、《中国年鉴数据库》、《中国优秀博、硕士论文全文数据库》等共21个数据库，包括了学术期刊、会议论文、年鉴、学位论文、工具书、专著、报纸、专利、标准等文献类型的数据库，同时还包括古籍、科技成果、知识元、哈佛商业评论数据库等，另外还可与德国Springer公司期刊库等外文资源统一检索。

由于总库中大多数数据库的检索技巧与方法基本相同，下面以《中国期刊全文数据库》为例，来介绍CNKI系统中数据库的使用方法与技巧。

4.2.2 《中国期刊全文数据库》使用方法与技巧

1. 登录

根据网速，电信网站点（http://dlib. cnki. net/kns50/）与教育网站点（http://dlib. edu. cnki. net/kns50/）任选其一。如图4-3所示，输入用户名和密码，单击“登录”按钮即可登录。对于初次使用者，需要下载安装CAJ全文阅读器或PDF全文阅读器，全文阅读器可在登录界面下载，也可到网络上搜索下载。

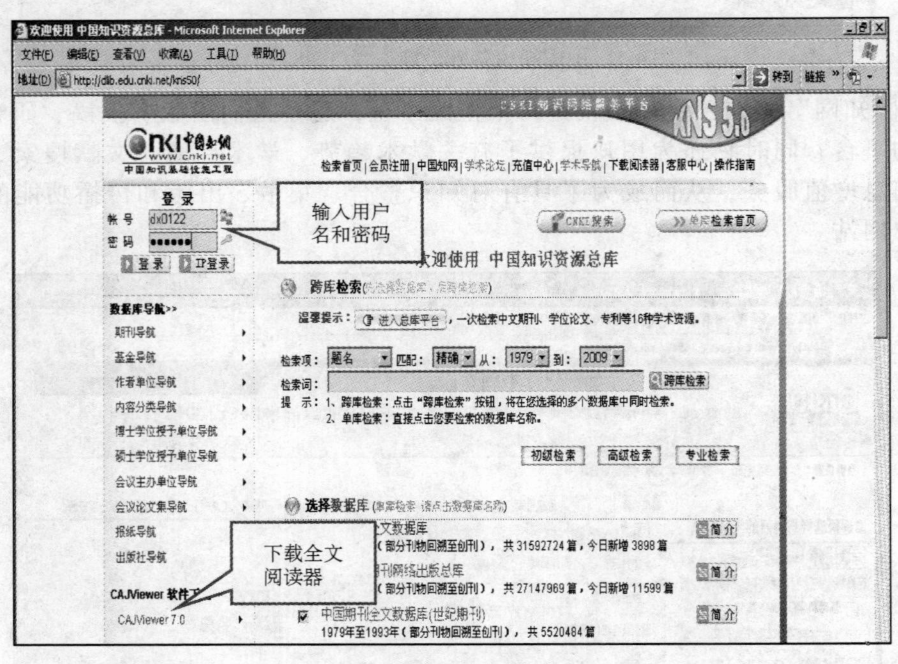

图4-3　登录数据库

2. 数据库概况

该库目前收录国内1994年至今的8200多种重要期刊，部分刊物回溯至创刊。内容覆盖自然科学、工程技术、农业、哲学、医学、人文社会科学等各个领域，分为十大专辑：理工A、理工B、理工C、农业、医药卫生、文史哲、政治军事与法律、教育与社会科学综合、电子技术与信息科学、经济与管理，十个专辑下又细分为168个专题。目前该数据库为用户提供网上包库服务、镜像站点服务、光盘检索服务、流量计费服务方式，CNKI中心网站及数据库交换服务中心每日更新5000~7000篇，各镜像站点通过互联网或卫星传送数据可实现每日更新，专辑光盘每月更新，专题光盘年度更新。

3. 检索方法

CNKI 检索平台有两种检索方式，即跨库检索和单库检索。在每种检索方式下又分别有：初级检索、高级检索和专业检索三种检索方法。跨库检索即在登录界面选择多个数据库进行多库同时查找，可实现 CNKI 检索平台多个数据库间的一站式检索；单库检索即直接单击要检索的数据库名称，进入单个数据库进行检索。图 4-4 和图 4-5 分别为跨库检索首页和单库检索首页。

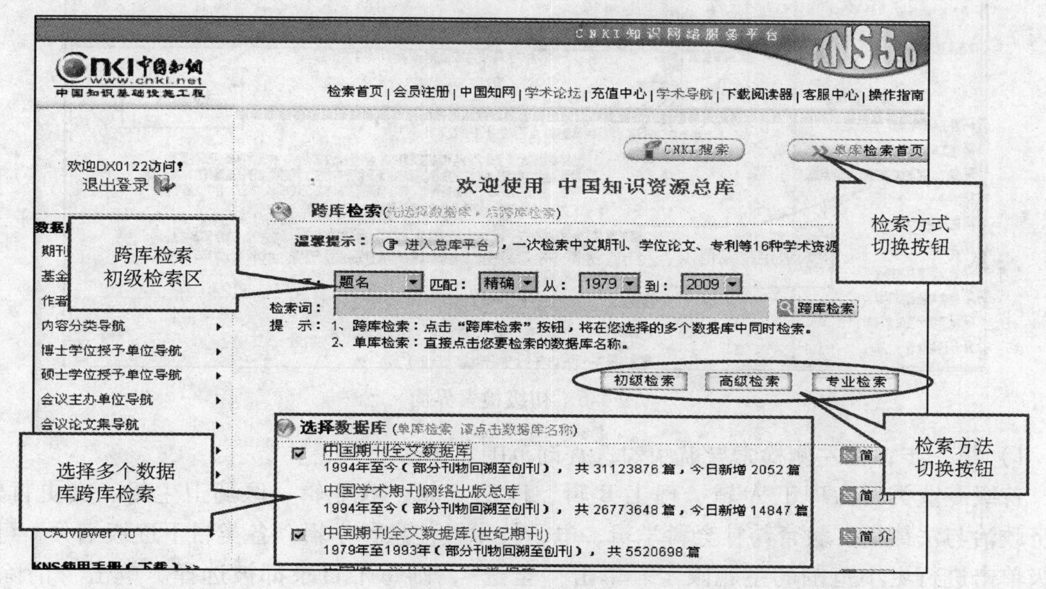

图 4-4 跨库检索首页

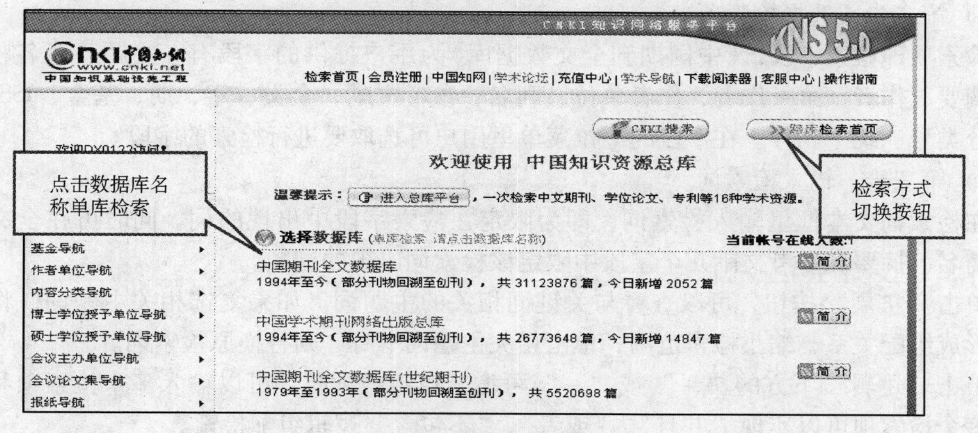

图 4-5 单库检索首页

跨库检索和单库检索的检索方法大致相同，二者的区别在于查找的数据库范围不一样。下面以单库《中国期刊全文数据库》为例介绍初级、高级和专业检索三种检索方法。

（1）初级检索

在跨库检索首页或单库检索首页单击《中国期刊全文数据库》名称进入数据库。进入后的界面即为数据库默认的初级检索界面（如图 4-6 所示）。初级检索是一种简单检索，其基本步骤如下：

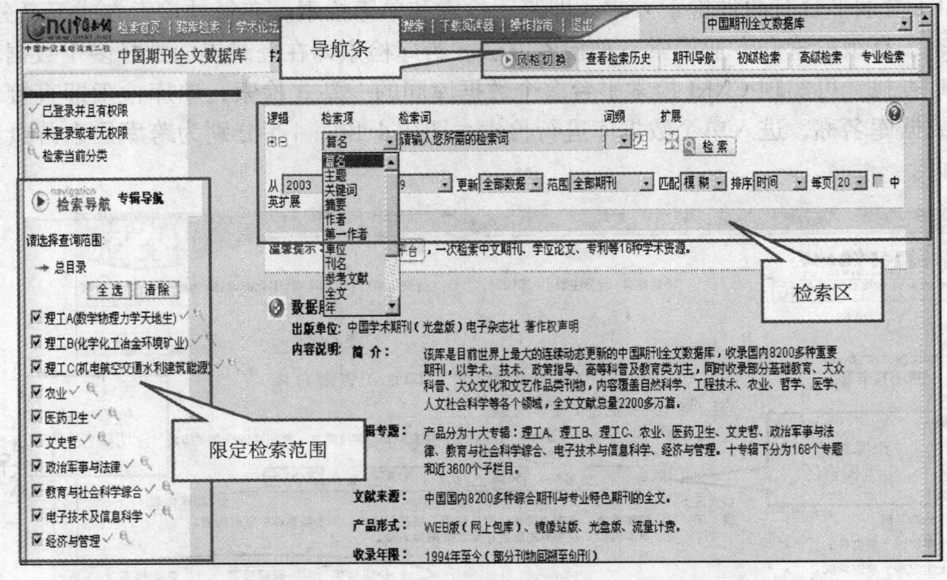

图 4-6 初级检索界面

1）第一步，在左侧检索导航中勾选查询范围。

首级专业类目为理工 A 辑、理工 B 辑、理工 C 辑、农业辑、医药卫生辑、文史哲辑、经济政治与法律辑、教育与社会科学辑、电子技术及信息科学辑。各类目下逐级细分，可以逐级单击进行更小范围的主题限定。单击“全选”，则每个目录都被选择。单击“清除”，清空所选。

2）第二步，选择检索项。

检索项即检索字段，《中国期刊全文数据库》为用户提供的字段有：主题、篇名、关键词、摘要、作者、第一作者、作者单位、刊名、参考文献、全文、年、期、基金、ISSN 号、中图分类号、统一刊号。在字段的下拉菜单里用户可选取要进行检索的字段。

3）第三步，输入检索词。

在检索词文本框里输入检索词，即为限定在检索字段中出现的词。同时可在全文、主题、篇名、摘要和参考文献几个字段中限定该检索词出现的词频。

单击“扩展”按钮，可以查看与关键词相关的主题词。如果复选相关主题词，将与检索词形成组配关系，缩小检索范围；单击相关主题词本身，则替换原检索词。

单击“逻辑”下方的“+”或“-”可增减逻辑检索行，可以输入多个检索项和检索词。多个检索项可以实现“并且”、“或者”、“不包含”逻辑组配检索。

4）第四步，检索条件的限定。

日期限定：目前，全文数据可检索 1994 年至今的刊物，部分刊物回溯至创刊。

期刊类型限定：可将检索范围限定在全部期刊、EI 来源期刊、SCI 来源期刊或核心期刊。

匹配方式限定：数据库提供模糊匹配与精确匹配两种方式。模糊匹配是指无论词的位置怎样，只要出现该词即可，例如：“智能设计”与“设计”是模糊匹配，但不是精确匹配；

精确匹配则要求字段的取值与检索词完全相同。

排序方式限定：检索结果的排列方式有无序、相关性、时间三个选项。相关度是指以检索词在检索字段内容里出现的命中次数排序。次数越多越靠前。时间是以更新数据日期排列。最新更新的记录优先显示。

5）最后选择每页显示的记录数：10～50 条，单击“检索”按钮，查看检索结果。

（2）高级检索

单击数据库导航条中“高级检索”按钮，进入高级检索界面(如图 4-7 所示)。利用高级检索系统能进行快速有效的组合查询，优点是查询结果冗余少，命中率高，提高检索效率。其检索步骤基本同于初级检索，不同的是，高级检索可以实现单项双词逻辑组合检索和双词频控制。

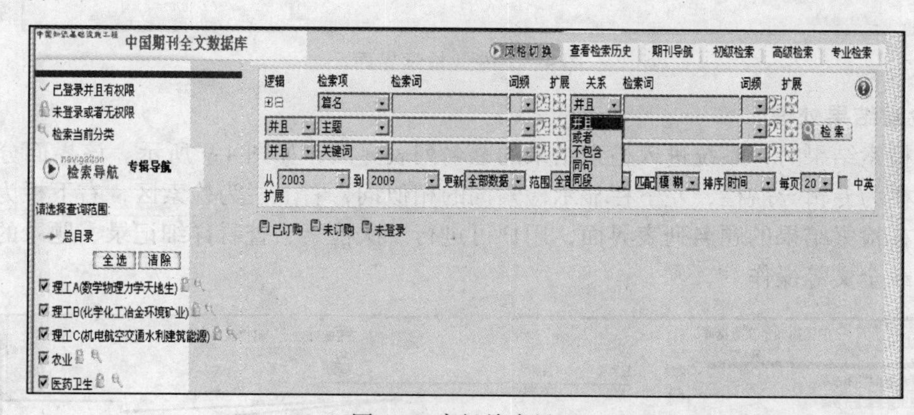

图 4-7　高级检索界面

所谓单项双词组合检索，单项是指选择一个检索项，双词是指针对所选定的一个检索项可分别(两个输入框)输入两个检索词，组合是指这两个检索词之间可进行 5 种(并且、或者、不包含、同句、同段)组合。

双词频控制检索是指对一个检索项中的两检索词分别实行词频控制，也就是一个检索项使用了两次词频控制，这是针对单项双词组合检索而设置的。

（3）专业检索

单击数据库导航条中“专业检索”按钮，进入专业检索界面(如图 4-8 所示)。专业检索比高级检索功能更强大，但需要检索人员根据系统的检索语法编制检索式进行检索，适用于熟练掌握检索技术的专业检索人员。

专业检索基本表达式由“检索字段 = 检索词”组成。专业检索中可以使用的检索项名称见检索框上方的“可检索字段”，构造检索式时需要采用“( )”前的检索项名称，用“( )”括起来的名称是在初级检索、高级检索的下拉检索框中出现的检索项，不适用于专业检索。另外，检索表达式中可使用“and”、“or”、“not”进行多个检索式组合，从而完成复杂的逻辑组配检索。复杂检索式中三种逻辑运算符的优先级相同，如要改变组合的顺序，可使用英文半角圆括号“( )”将条件括起。例如：在“中国期刊全文数据库”中检索清华大学的师生发表的摘要中包含“力学”文章，其检索式可表达为：摘要 = 力学 and(机构 = 清华大学)。

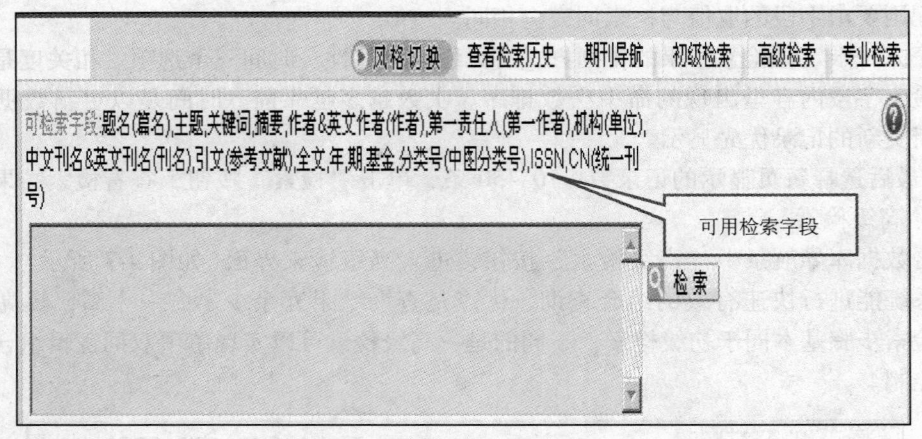

图 4-8　专业检索界面

4. 检索结果处理

得到检索结果时，系统进入检索结果的题名列表界面，如图 4-9 所示。该界面分为四部分：左上栏为专辑导航栏，左下栏显示检索词的相似词，右上栏为检索区，右下栏为检索结果列表。在检索结果的题名列表界面，用户可进行二次检索、查看详细记录、题录的浏览与保存、下载全文等操作。

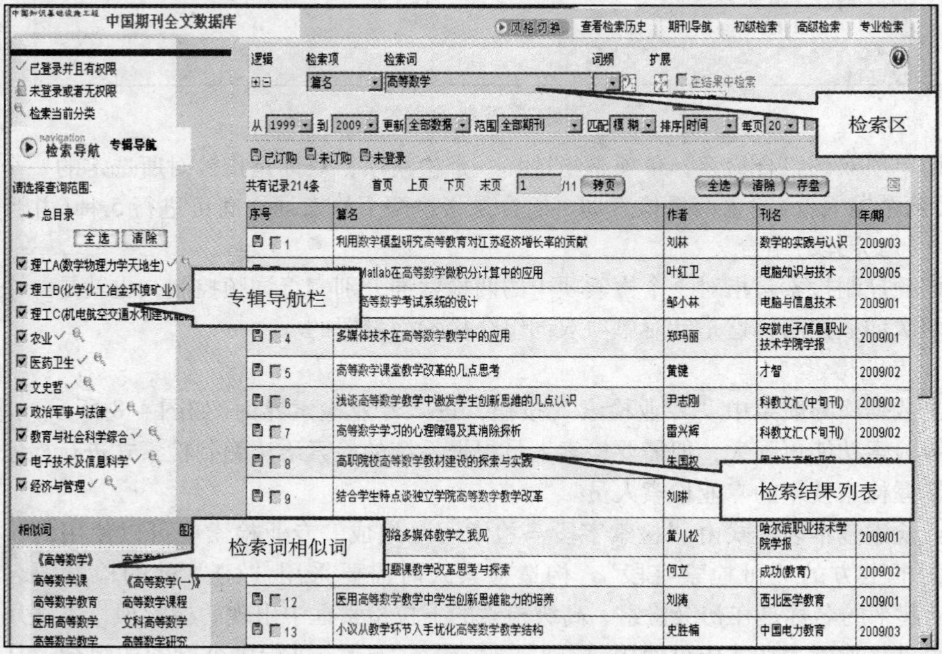

中国期刊全文数据库

检索区　专辑导航栏　检索词相似词　检索结果列表

共有记录214条

序号	篇名	作者	刊名	年期
1	利用数学模型研究高等教育对江苏经济增长率的贡献	刘林	数学的实践与认识	2009/03
	…Matlab在高等数学微积分计算中的应用	叶红卫	电脑知识与技术	2009/05
	…高等数学考试系统的设计	邹小林	电脑与信息技术	2009/01
4	多媒体技术在高等数学教学中的应用	郑玛丽	安徽电子信息职业技术学院学报	2009/01
5	高等数学课堂教学改革的几点思考	黄键	才智	2009/02
6	浅谈高等数学教学中激发学生创新思维的几点认识	尹志刚	科教文汇(中旬刊)	2009/02
7	高等数学学习的心理障碍及其消除探析	雷兴辉	科教文汇(下旬刊)	2009/02
8	高职院校高等数学教材建设的探索与实践	朱国权		
9	结合学生特点谈独立学院高等数学教学改革	刘琳		
	…络多媒体教学之我见	黄儿松	哈尔滨职业技术学院学报	2009/01
	…题课教学改革思考与探索	何立	成功(教育)	2009/02
12	医用高等数学教学中学生创新思维能力的培养	刘涛	西北医学教育	2009/01
13	小议从数学环节入手优化高等数学教学结构	史胜楠	中国电力教育	2009/03

图 4-9　检索结果题录界面

（1）二次检索

如果执行一次检索后命中文献数量过多，可使用二次检索在检索结果范围内进行重新查找。操作时在检索框“扩展”图标后面的“在结果中检索”复选框里打上对勾，重新设置检索字段及检索词即可进行二次检索。

(2) 题录的浏览与保存

勾选一条或多条记录再单击检索结果列表上方的“存盘”，在跳出的对话框中选择输出的记录项、格式等，可预览或打印一条或多条记录的题录或文摘信息。

(3) 查看详细记录

单击检索结果列表中题名，可查看该条记录的详细内容，如图 4-10 所示。在详细记录界面，可查看该条记录的作者、刊名、摘要、相似文献、相关研究机构、相关文献作者等。在该界面中单击蓝色的字段，可以进行相关检索，如单击蓝色显示的作者姓名，可浏览该作者被数据库所收录的所有文献。

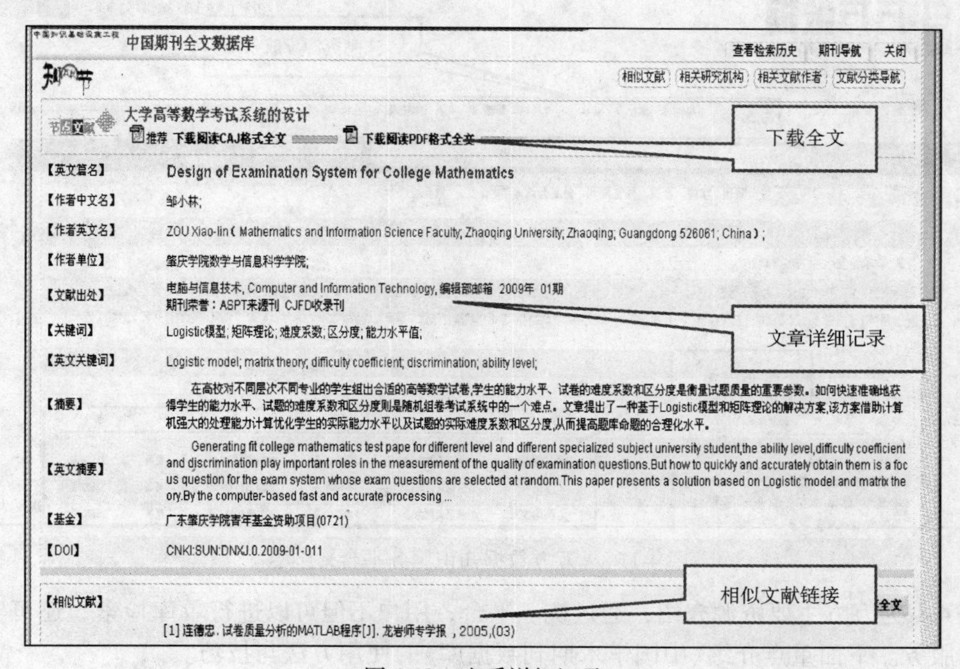

图 4-10　查看详细记录

(4) 全文下载

下载全文有两种方法。方法一是单击题名列表界面中记录前面的“磁盘”图标，方法二为在检索结果详细记录界面单击“CAJ 下载”或“PDF 下载”，在出现的对话框内选择“将文件保存到磁盘”，可将原文文献下载到本机硬盘。

4.3 万方数据知识服务平台

4.3.1 系统简介

万方数据知识服务平台网址为：http://www.wanfangdata.com.cn/，主页如图 4-11 所示。该平台是由中国科学技术信息研究所与万方数据集团公司共同开发的大型中文网络信息资源系统，于1997 年 8 月正式面向社会各界开放。该平台是以中国科技信息所(万方数据集团公司)全部信息服务资源为依托建立起来的，是一个以科技信息为主，集经济、金融、社会、人文信息为一体，以 Internet 为网络平台的大型科技、商务信息服务系统。目前，按照资源类型来分，万方数据知识服务平台可以分为全文类信息资源、文摘题录类信息资源及事实型动态信息资源。全文资源包括会议论文全文、学位论文全文、法律法规全文、期刊论文全文。

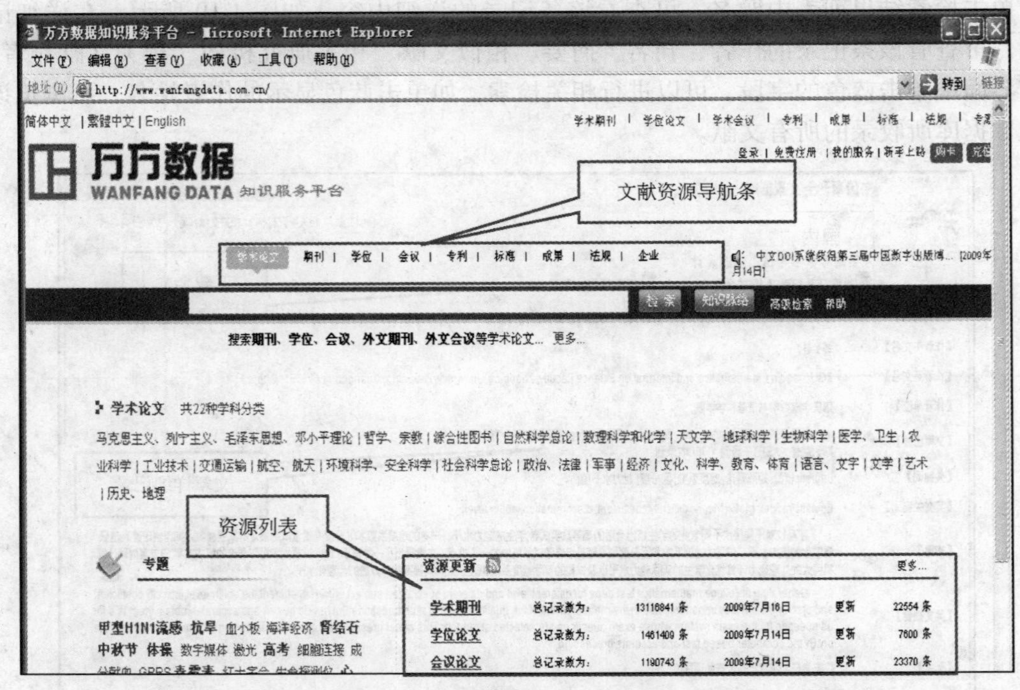

图 4-11 《万方数据知识服务平台》主页

表 4-1 为万方主要资源介绍，通过统一平台，用户不但可以进行单库检索，还可实现跨库检索服务。下面重点介绍《中国学术期刊数据库》的使用方法与技巧。

表 4-1 万方主要资源介绍

名　称	简　介
中国学位论文数据库	包括《中国学位论文文摘数据库》和《中国学位论文全文数据库》。由国家法定学位论文收藏机构之一——中国科技信息研究所提供相关数据，收录自 1977 年以来我国自然科学和社会科学领域的硕士、博士及博士后论文
中国学术期刊数据库	收录理、工、农、医、哲学、人文、社会科学、经济管理与教科文艺等 8 大类 100 多个类目近 5000 种期刊
中国学术会议论文数据库	包含《中国学术会议论文文摘数据库》、《中国学术会议论文全文数据库》、《西文会议论文全文数据库》、《中文会议名录数据库》、《西文会议名录数据库》以及《SPIE 会议文献数据库》等数据库。收录 1998 ~ 2004 年国家一级学会在国内组织召开的全国性学术会议近 4000 个，数据范围覆盖自然科学、工程技术、农林、医学等 27 个大类，所收中英文论文累计 25 万篇，是掌握国内学术会议动态必不可少的权威资源
中国标准全文数据库	该库收录国内外大量标准，包括中国国家标准、某些行业的行业标准以及电气和电子工程师技术标准；收录国际标准数据库、美英德等的国家标准，以及国际电工标准；某些国家的行业标准，如美国保险商实验所数据库、美国专业协会标准数据库、美国材料实验协会数据库、日本工业标准数据库等

(续)

名　称	简　介
中国法律法规全文库	该库包括自1949年建国以来全国人大及其常委会颁布的法律、条例及其他法律性文件；国务院制定的各项行政法规，各地地方性法规和地方政府规章；最高人民法院和最高人民检察院颁布的案例及相关机构依据判案实例做出的案例分析，司法解释，各种法律文书，各级人民法院的裁判文书；国务院各机构，中央及其机构制定的各项规章、制度等；工商行政管理局和有关单位提供的示范合同式样和非官方合同范本；外国与其他地区所发布的法律全文内容，国际条约与国际惯例等全文内容
中国专利全文数据库	收录从1985年至今授理的全部发明专利、实用新型专利、外观设计专利数据信息，包含专利公开(公告)日、公开(公告)号、主分类号、分类号、申请(专利)号、申请日、优先权等数据项
科技信息子系统	国内较为完整全面的科技信息群。汇集中国学位论文文摘、会议论文文摘、科技成果、专利技术、标准法规、各类科技文献、科技机构、科技名人、工具数据库等近百个数据库
商务信息子系统	主要是面向企业用户推出工商资讯、经贸信息、咨询服务、商贸活动等项服务内容；其主要产品《中国企业、公司及产品数据库》，至今已收录96个行业16万家企业的详尽信息

4.3.2 《学术期刊论文》数据库使用方法与技巧

在系统首页中单击导航条中的“学术期刊”链接，进入学术期刊首页，如图4-12所示。《学术期刊论文》数据库为用户提供4种检索方式：简单检索、高级检索、经典检索、专业检索。

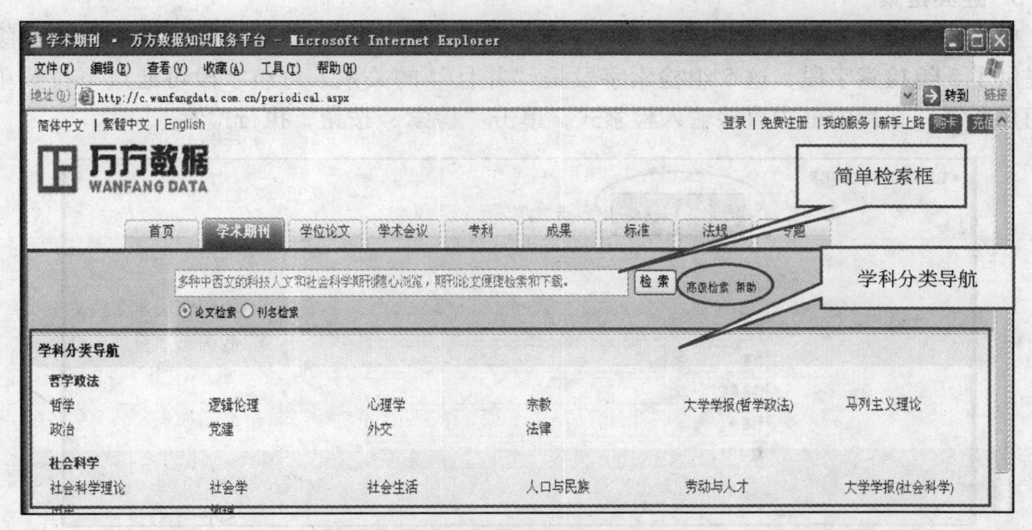

图4-12 《学术期刊论文》首页

1. 简单检索

进入《学术期刊论文》首页即是简单检索界面(见图4-12)，界面默认检索途径为“论文检索”，还可选择“刊名检索”对数据库收录期刊进行浏览查找。用户在检索框内输入检索表达式，单击“检索”，系统自动检索文献。此外，用户可利用“学科分类导航”对期刊进行浏览。

2. 高级检索

单击简单检索界面检索框旁边的“高级检索”即进入高级检索界面，如图4-13所示。高级检索界面列出了标题、作者、刊名、关键词、摘要等检索字段供用户选择，这些字段的逻辑关系系统默认为“并且”，当所有的检索信息都填写完毕后，单击“检索”按钮，执行检索。

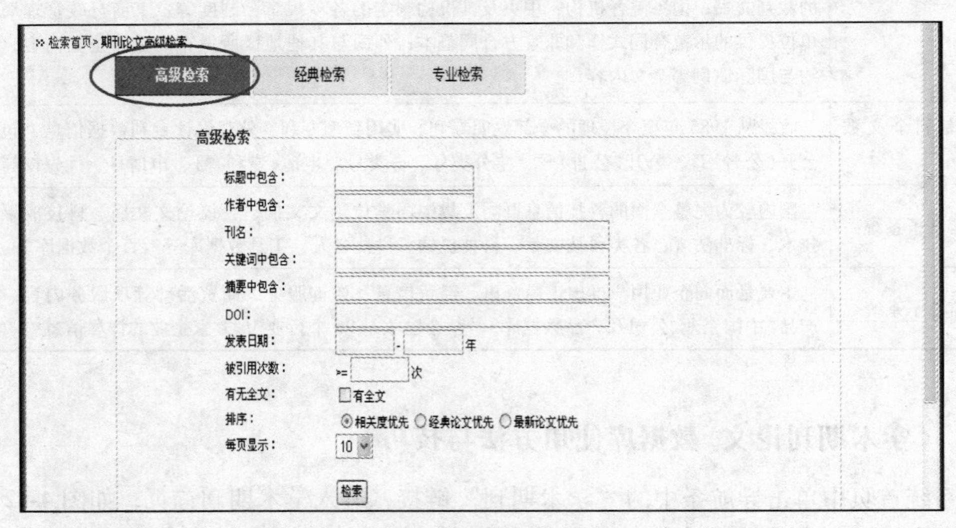

图4-13 高级检索界面

3. 经典检索

单击高级检索界面中“经典检索”即进入经典检索界面，如图4-14所示。经典高级检索提供了5组检索字段，这5组检索字段是“并且”的关系，每组字段可通过下拉菜单选择用户所需，在检索框中直接输入检索式，单击“检索”按钮，执行检索。

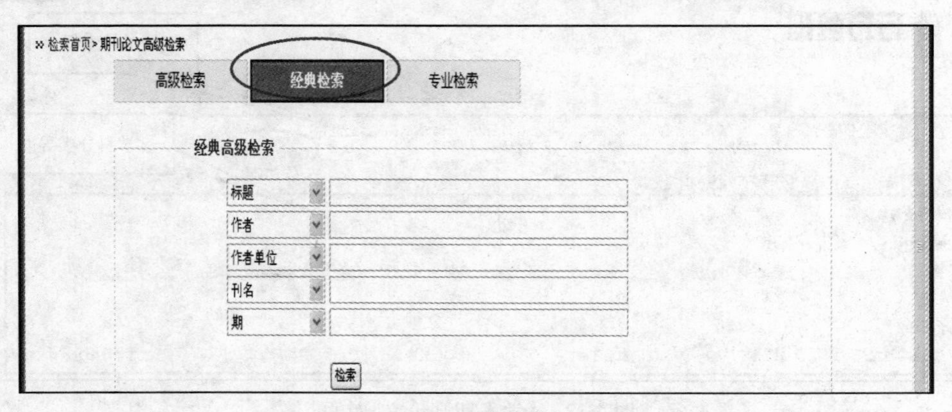

图4-14 经典检索界面

4. 专业检索

专业检索比其他检索功能更强大，但需要根据系统的检索语法编制检索式进行检索，其检索界面如图4-15所示。检索式编写方法如下：

1）直接输入检索词进行检索。例如：计算机。检索词可使用无限截词符“*”编写。

2）运用关系运算符编写检索式，常用关系算符见表4-2。

3）可利用布尔逻辑算符编写复杂检索式。

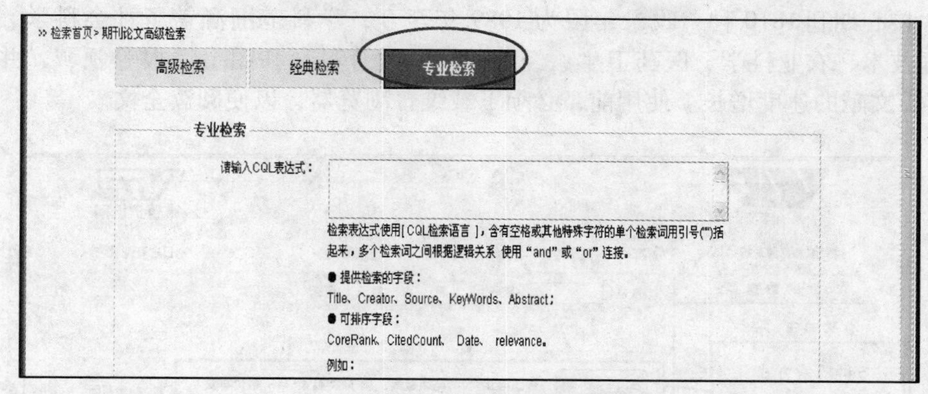

图 4-15　专业检索界面

表 4-2　万方检索式常用关系算符及其用法

关系算符	用法及举例
=	相当于模糊匹配，用于查找匹配一定条件的记录。例如：论文题名 = "计算机辅助设计"，表示查找论文题名是"计算机辅助设计"这个字符串或是包括"计算机辅助设计"的结果
exact	能精确匹配一串字符串。例如：作者 exact"王明"，是指查找作者是王明的记录
all	当检索词中包含有多重分类时，它们分别可以被扩展成布尔运算符"and"的表达式。例如：论文题名 all "北京　上海　广州"，可扩展为：论文题名 = "北京" and 论文题名 = "上海" and 论文题名 = "广州"
any	当检索词中包含有多重分类时，它们分别可以被扩展成布尔运算符"or"的表达式。例如：论文题名 any "北京　上海　广州" 可扩展为：论文题名 = "北京" or 论文题名 = "上海" or 论文题名 = "广州"

4.4　维普资讯

4.4.1　系统简介

维普资讯是科学技术部西南信息中心下属的一家大型的专业化数据公司，公司全称重庆维普资讯有限公司。维普资讯网建立于2000年，经过近十年的商业建设，维普资讯网已经成为著名的中文信息服务网站之一，成为了大型的综合性文献服务网，并成为GOOGLE搜索的重量级合作伙伴。其网址为：http://www.cqvip.com。

《中文科技期刊数据库》，是目前国内较为权威的数字期刊数据库之一，是我国网络数字图书馆建设的核心资源之一，广泛被我国高等院校、公共图书馆、科研机构所采用，是高校图书馆文献保障系统的重要组成部分，也是科研工作者进行科技查证和科技查新的必备数据库。下面就介绍该数据库的使用方法和技巧。

4.4.2　维普《中文科技期刊数据库》使用方法与技巧

1. 数据库概况

《中文科技期刊数据库》首页如图4-16所示，授权用户可单击相应镜像地址链接直接登录即可。该数据库是目前我国最大的数字期刊数据库之一，目前共收录期刊总数12000余种，其中核心期刊1810种，收录年限为1989年至今，学科范围涵盖了社会科学、自然科学、工程技术、农业科学、医药卫生、经济管理、教育科学和图书情报等领域，并以每年260多万篇文献的速度增长。使用前，必须下载维普浏览器，以便阅读全文。

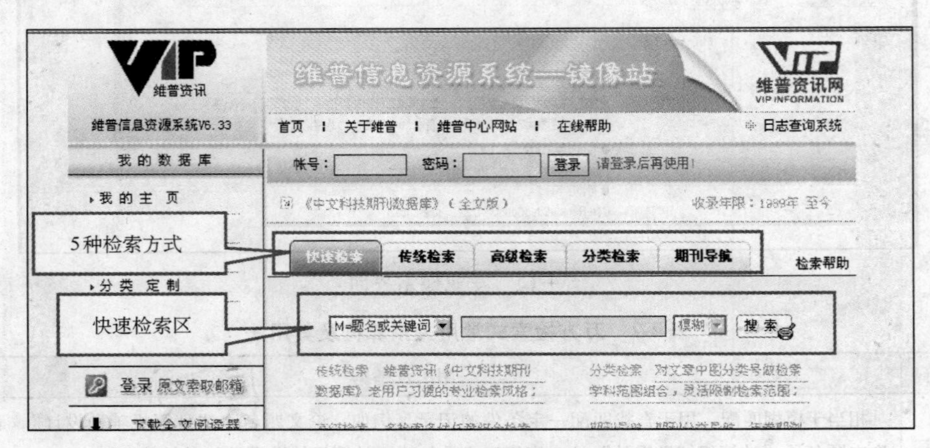

图4-16 《中文科技期刊数据库》首页

2. 检索方法

《中文科技期刊数据库》为用户提供了五种检索方式，即快速检索，传统检索，高级检索，分类检索以及期刊导航。

(1) 快速检索

在首页的检索框中直接输入检索式(或检索词)进行检索的方式即为快速检索(界面见图4-16)。快速检索功能相对简单，使用快捷方便。能帮助快速寻找新的研究课题，追踪课题研究动态，写论文查找参考文献等。快速检索默认在“题名或关键词”字段进行检索，通过下拉菜单，用户可选择所需字段，输入关键词即可进行检索。

(2) 传统检索

传统检索(界面见图4-17)比快速检索提供了更多的检索条件限定。首先，传统检索提供了10种检索入口：关键词、作者、第一作者、刊名、任意字段、机构、题名、文摘、分类号、题名或关键词，用户可根据自己的实际需求选择检索入口、输入检索式进行检索；还可进行学科类别限制和数据年限限制。学科类别限制通过分类导航系统参考《中国图书馆分类法》(第四版)进行分类，每一个学科分类都可以按树形结构展开，利用导航缩小检索范围，进而提高查准率和查询速度；年代限定可从1989年至今选择所需的时间段。该界面还提供了期刊范围限制，包括：全部期刊、核心期刊和重要期刊三种。

此外，传统检索还可进行同义词与同名作者检索。

同义词检索：勾选页面左上角的同义词，输入检索式“土豆”，再单击“检索”，即可找到和土豆同义或近似的词，用户可以选择同义词以获得更多的检索结果。

同名作者：勾选页面左上角的同名作者，选择检索入口为作者，输入检索式“张三”，单击搜索，即可找到以张三为作者名的作者单位列表，用户可以查找需要的信息以做进一步选择。

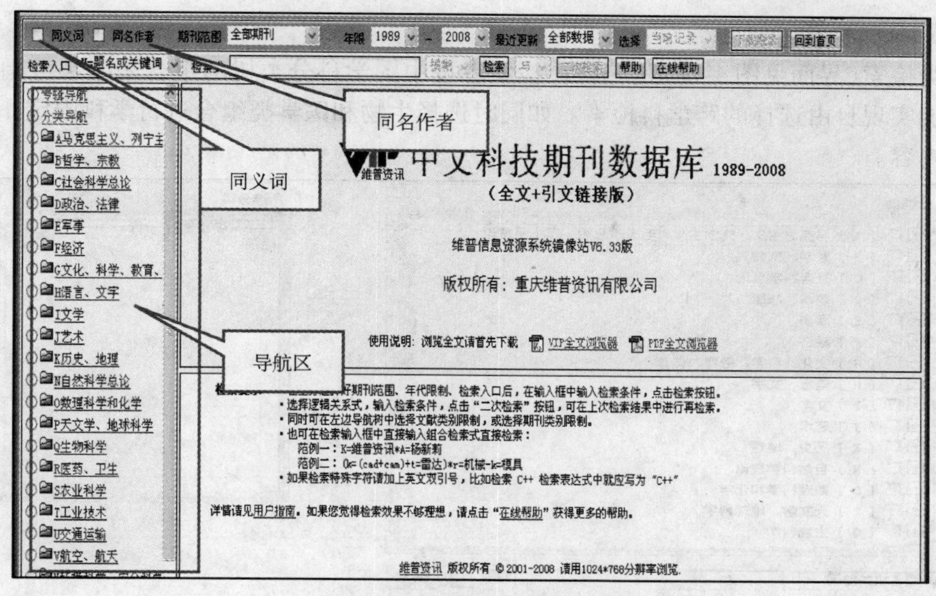

图 4-17　传统检索界面

（3）高级检索

高级检索（界面见图 4-18）可以将多个检索词组合起来，从多途径联合检索。检索时先在检索项的下拉框选择检索入口（检索入口的备选项同传统检索），然后在对应的输入框输入检索词，多个检索词组配后执行检索。

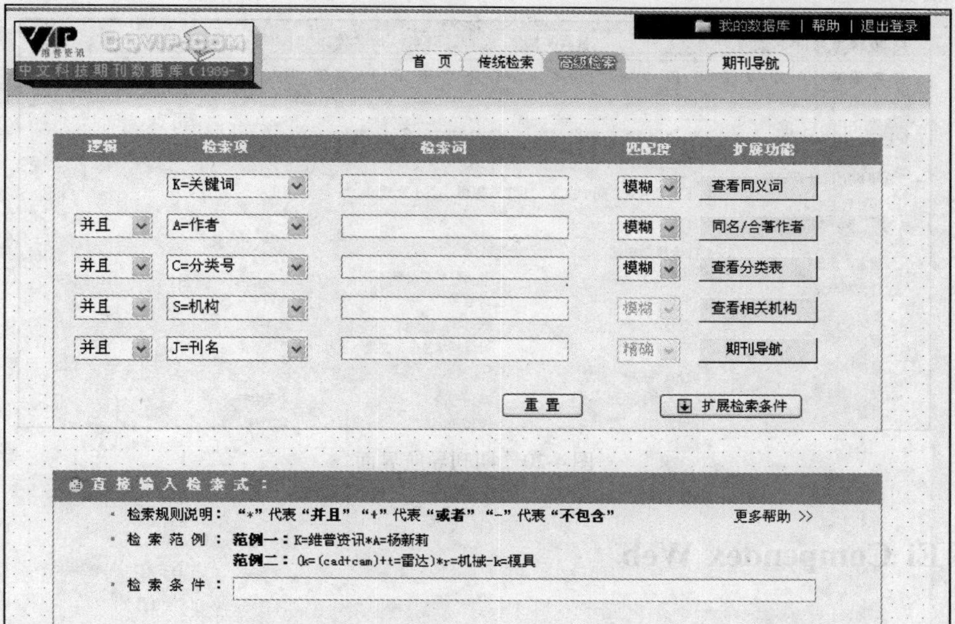

维普资讯　中文科技期刊数据库（1989-）
我的数据库 | 帮助 | 退出登录
首 页　传统检索　高级检索　期刊导航

逻辑	检索项	检索词	匹配度	扩展功能
	K=关键词		模糊	查看同义词
并且	A=作者		模糊	同名/合著作者
并且	C=分类号		模糊	查看分类表
并且	S=机构		模糊	查看相关机构
并且	J=刊名		精确	期刊导航

重 置　扩展检索条件

直接输入检索式：

· 检索规则说明：“*”代表“并且”“+”代表“或者”“-”代表“不包含”　更多帮助 >>

· 检索范例：范例一：K=维普资讯*A=杨新莉
范例二：(k=(cad+cam)+t=雷达)*r=机械-k=模具

· 检索条件：

重 置　扩展检索条件

图 4-18　高级检索界面

（4）分类检索

分类检索(界面见图4-19)是一种让检索者按中图学科分类树的组合来缩小范围的检索方式，能实现自由选择的跨学科检索。如同时选择生物和医学类组合进行学科限定，排除无关学科内容。

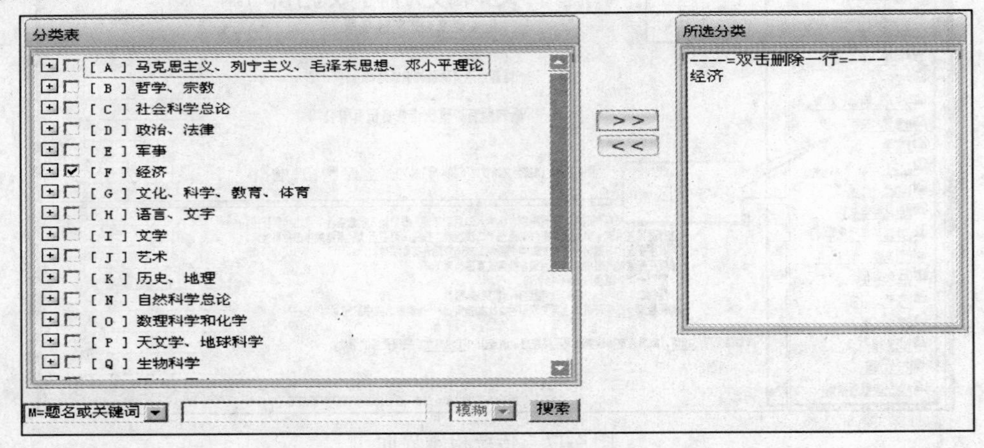

图4-19 分类检索界面

（5）期刊导航

期刊导航(界面见图4-20)是一种按期刊类别和字母顺序进行导航浏览的检索，或通过刊名或ISSN号查找某一特定刊，并可按期查看该刊的收录文章，同时可实现题录文摘或全文的下载功能。

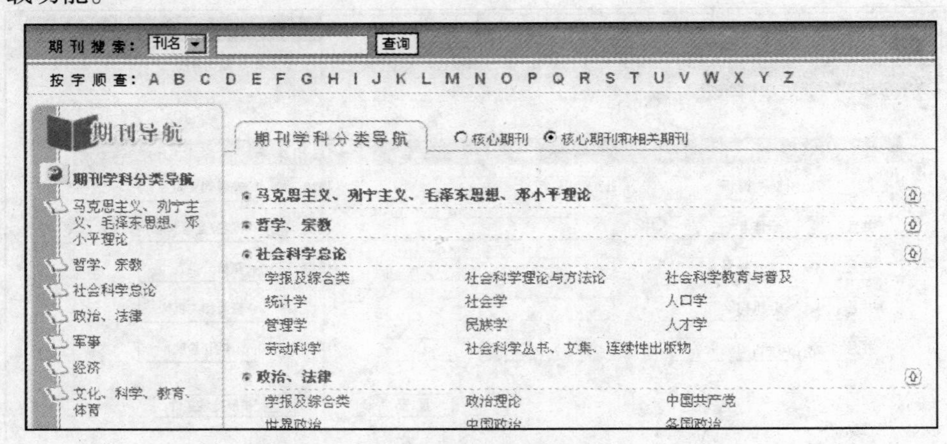

图4-20 期刊导航界面

4.5 Ei Compendex Web

4.5.1 数据库简介

Ei公司始建于1884年，作为世界领先的应用科学和工程学在线信息服务提供者，一直致力于为科学研究者和工程技术人员提供专业化、实用化的在线数据信息服务。1995年以来Ei公司开发了名为“Village”的一系列产品，Ei Compendex Web就是Engineering Village 2的主要产品之一。

Ei Compendex Web是EI(《工程索引》)的网络版，是目前全球最全面的工程领域二次文献数据库，侧重提供应用科学和工程领域的文摘索引信息，涉及核技术、生物工程、交通运输、化学和工艺工程、照明和光学技术、农业工程和食品技术、计算机和数据处理、应用物理、电子和通信、控制工程、土木工程、机械工程、材料工程、石油、宇航、汽车工程以及这些领域的子学科。其数据来源于5100种工程类期刊、会议论文集和技术报告，含700多万条记录，每年新增约25万条记录，每周更新，可检索1884年至今的文献。

4.5.2　登录

Ei Compendex Web国内用户登录地址有两个：

国内镜像(http://www.engineeringvillage2.org.cn/)。

主站点(http://www.engineeringvillage2.org)，其主页如图4-21所示。

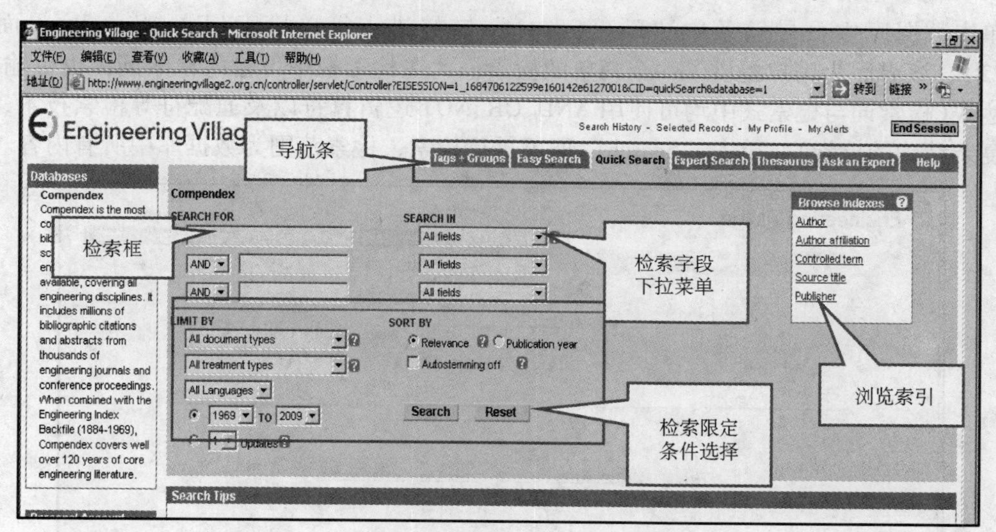

图4-21　Ei Compendex Web主页

4.5.3　检索方法

1. 检索基础

(1) 逻辑算符

可使用AND(与)、OR(或)、NOT(非)连接检索词或检索式，进行精确复杂的逻辑检索。逻辑运算符大小写均可，运算优先级别相同，多个逻辑运算时逻辑运算顺序为自左向右。逻辑运算顺序可以用括号来改变，当有括号时系统首先算括号内的逻辑运算。当逻辑运算和字段限制运算同时存在时，先进行字段限制运算。

(2) 精确检索

使用“ ”(或{})可进行词组精确匹配检索，检索结果仅包含此词组。

(3) 截词符

Compendex Web数据库为用户提供无限截词符“*”和有限截词符“?”。在检索词中使用“*”代表零个或若干个字符，使用“?”代表一个字符。

(4) 自动取词根

自动取词根(Autostemming)功能是指数据库自动对输入词的词根为基础的所有派生词进行检索。快速检索界面将自动取所输入词的词根，但在作者字段的检索词除外。

例：输入 management，数据库自动将 managing、managed、manage、managers 等单词作为检索词。

单击关闭自动取词根(Autostemming off)，可禁用此功能。此时可用运算符“$”对检索词取词根。如“$manage”将检出 managers，managerial 和 management 等词。

2. 检索方式

Compendex Web 数据库提供 3 种主要检索方式：简单检索(Easy Search)、快速检索(Quick Search 是系统默认选择的检索方式)和专家检索(Expert Search)。另外还提供浏览索引(Browse Indexes)以及检索历史(Search History)界面组配检索等其他辅助检索功能。

(1) 简单检索

单击数据库主页导航条中“Easy Search”链接进入简单检索(Easy Search)界面(见图 4-22)，该界面为用户提供了一个简单的检索框，在检索框中可输入检索词，也可输入检索表达式(检索词与检索式中均可使用 AND、OR、NOT 逻辑算符以及通配符等检索技术，从而完成复杂精确的检索)，单击“Search”即可进行检索，检索范围为数据库中所有内容。

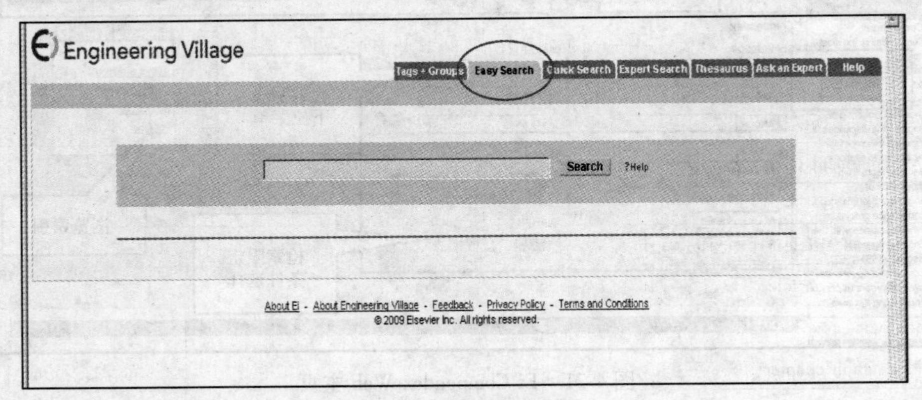

图 4-22 简单检索界面

(2) 快速检索

快速检索(Quick Search)界面是数据库默认的登录界面(见图 4-21)。由图可见，该界面为用户提供了三个检索框，可通过下拉菜单选择“AND、OR、NOT”进行逻辑组配，检索过程中总是先合并检索前两个文本框中的词，然后再检索第三个文本框中的词；同时每个输入框后面的下拉菜单可选择检索字段，快速检索界面共提供 16 个检索字段，见表 4-3。

另外，快速检索界面还设有多项检索限定条件选择，包括：文件类型限定(Document type)、处理类型限定(Treatment Type)、语种限定(Language)、时间限定(Time)以及检索结果排序限定(Sort By)。

其中，文件类型限定指的是所检索的文献源自出版物的类型；处理类型限定用于说明文献的研究方法及所探讨主题的类型。具体限定内容分别见表 4-4 和表 4-5。

表 4-3 快速检索使用的检索字段

检索字段	中文含意	字段说明
All fields	所有字段	对全部记录进行检索
Subject/Title/Abstract	主题/标题/文摘	主要针对文献内容进行检索
Abstract	文摘	在摘要字段中进行检索
Author	作者	对作者字段进行检索
Author Affiliation	作者机构	对作者所属机构和地址进行检索
EI Classification code	EI 分类码	检索 Ei 对文献分类后赋予的分类码
CODEN	期刊编码	用来检索期刊，该编码为 6 位字符，即期刊简写
Conference Information	会议信息	包括会议名称、举办日期、举办地点、会议编码
Conference code	会议编码	
ISSN	国际标准刊号	
Ei main heading	EI 主标题词	是标引用的受控词，用其标引和排列文献
Publisher	出版单位	
Serial title	出版物题名	刊名，会议录名，专著名
Title	标题	文献标题
Ei controlled term	EI 受控词	Ei 词典包括 1.8 万受控词
Country of Origin	原始文献国别	

表 4-4 快速检索界面文件类型限定条件

下拉菜单中供选择的限定条件	中文含意	说明
All document types	所有文献类型	
CORE	核心期刊	
Journal article	期刊论文	
Conference article	会议论文	
Conference proceeding	会议录	
Monograph chapter	专论章节	独立章节的专论
Monograph review	专论综述	系统的专论，单卷或多卷连续出版
Dissertation	学位论文	
Unpublished paper	未出版论文	从未出版的文献，收录时尚未出版的文献
Patents(before 1970)	专利(1970 年前)	Ei 1970 年后不再收专利文献

表 4-5 快速检索界面处理类型限定条件

下拉菜单中供选择的限定条件	中文含意	说明
All treatment type	所有类型	
Application	应用类	介绍材料、设备、概念、计算机程序、仪器、系统、技术等的应用或潜在应用的文献
Biographic	传记类	人物传记

（续）

下拉菜单中供选择的限定条件	中 文 含 意	说　明
Economic	经济类	涉及经济、消费数据、市场预测、市场研究的文献
Experimental	实验类	实验方法、实验仪器、实验结果的相关文献
General review	综述评论	关于某学科的综述，介绍进展、研究现状等的文献
Historical	历史性	关于某学科的起源、后来发展的文献
Literature review	文献回顾	关于某课题的很多参考文献、书目信息等的文献
Management aspects	管理类	关于管理方法、管理科学、管理技术及其应用等文献
Numerical	数字类	数字数据和统计方面的文献，不包括数字方法
Theoretical	理论类	理论文献，包括数学法、演绎和逻辑方法、数字方法

语种限制是对原始文献的语言进行限制，可以选择的语言包括英语、汉语、法语、德语、意大利语、日语、俄语、西班牙语。如果检索不属于这些语言的文献，可以在专家检索中用语言字段(language——LA)进行精确的限制。

时间条件限定可选择年代范围限定，也可选择“1~4次更新(Update)限定”。选择“更新(Update)限定”即将检索范围限定在数据库最近1~4次更新的文献范围之内，也就是说要检索最新文献。

检索结果排序限定(Sort By)在检索界面提供两种，即：相关度(Relevance)和出版时间(Publication Years)。在检索结果界面，用户除了可选择相关度与出版时间排序方式之外，还可选择作者(Author)、文献来源(Source)以及出版商(Publisher)排序方式。

（3）专家检索

专家检索(Expert Search)界面如图4-23所示，专家检索需要手工编写检索表达式，进行任意多字段和任意多个检索词之间的逻辑组配，因此更增加了检索的灵活性。在专家检索方式下，系统提供了出版时间选择、输出结果排序选择的功能，其他条件限定需要通过编写检索式来完成。

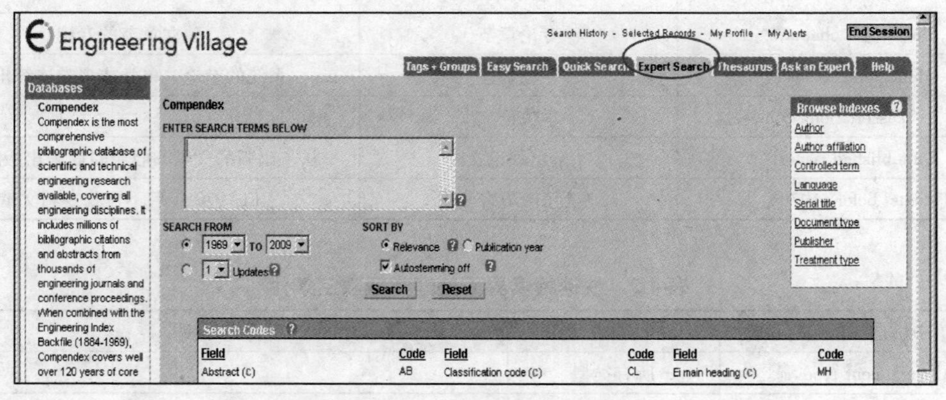

图4-23　专家检索界面

检索式具体格式为：X wn Y。其中X为检索词，Y为字段码(一般为两个字母,字段与字段代码见图4-24)，wn为within字段限制符的缩写。检索表达式可由逻辑运算符、截词运

算符、词根检索符等构成。例“oil and gas” wn TI and comput * wn AB

Search Codes

Field	Code	Field	Code	Field	Code
All fields	All	Abstract	AB	Accession number	AN
Assignee	PE	Author	AU	Author affiliation	AF
Ei classification code	CL	CODEN	CN	Conference code	CC
Conference information	CF	Ei controlled term	CV	Country of application	PU
Document type	DT	Filing date	PA	ISBN	BN
ISSN	SN	Language	LA	Ei main heading	MH
Patent issue date	PI	Patent number	PM	Publisher	PN
Serial title	ST	Subject/Title/Abstract	KY	Title	TI
Treatment Type	TR	Uncontrolled term	FL		

图 4-24 Ei 字段与字段代码

（4）浏览索引

浏览索引(Browse Indexes)为用户提供了字典式的查询功能。快速检索界面提供 5 个索引字典：作者索引(Author)、作者机构索引(Author Affiliation)、Ei 受控词索引(Ei controlled terms)、出版物标题索引(Source title)和出版单位索引(Publisher)。专家检索界面除了上述 5 个索引字典外，还提供文献分类索引(Treatment type)、文献类型索引(Document type)、语言索引(Language)，共 8 个索引字典。

单击浏览索引框(Browse Indexes)里面的某一索引链接，相应的索引字典则会弹出，图 4-25 为作者索引字典。由图 4-25 可见，用户可选择所要检索词语的第一个字母进行浏览查找，也可在“SEARCH FOR”栏中输入词语的前几个字母，然后单击 Find 按钮进行浏览。

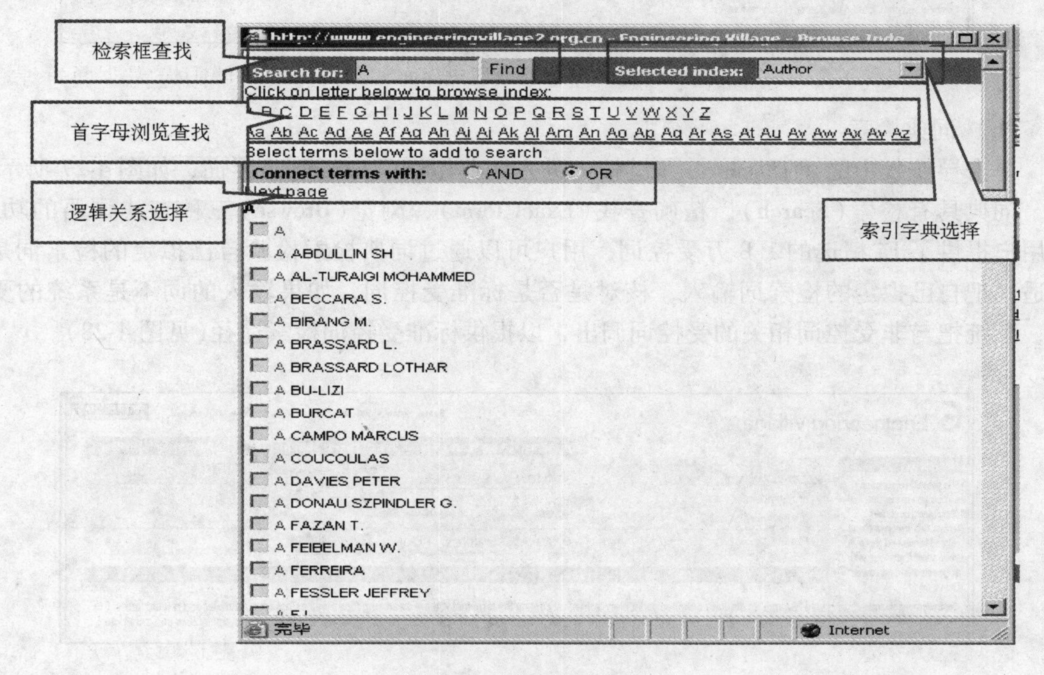

图 4-25 作者索引字典

找到并勾选了合适的检索词后，数据库自动将该检索词粘贴到检索框内，无需用户输入检索词，同时“SEARCH IN”栏也将自动切换到相应的字段。在索引中删除一个词语，此词语将从相应的检索框中删除。用户如果选择了超过三个词语，第四个词语将覆盖第三个检索框中的词语。若选择多个检索词，用户可在字典中选择布尔运算符 AND 或 OR 连接，选择后布尔运算符自动粘贴到检索框中。

（5）检索历史

单击导航条中的“Search History”进入检索历史界面，如图 4-26 所示。检索历史是指数据库使用过程中，系统为每次检索保存检索表达式和命中文献信息。在该界面单击保存的检索式，系统会自动重新运行，并得到检索结果。另外，在界面下方组配检索框中可组合保存的检索表达式进行逻辑组配检索。合并时每个检索式序号前须加#号，可以用逻辑运算符 AND、OR、NOT 合并过去的检索，用圆括号标明操作的顺序。例如：（#1 or #2）and #4。

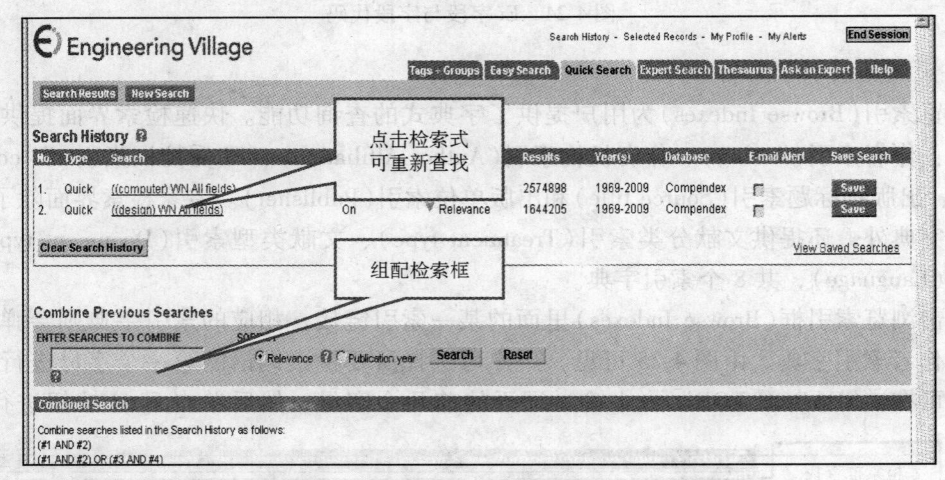

图 4-26 检索历史界面

（6）词典检索

单击导航条中的“Thesaurus”链接，进入词典检索（Thesaurus）界面，如图 4-27 所示。

词典具有检索（Search）、精确查找（Exact term）、浏览（Browse）三种查找词语的功能。为用户提供了 Ei 精选的 1.8 万受控词，用户可以通过词典检索检验自己拟定的检索词是否合适，把自己拟定的检索词输入，核对是否是标准受控词，如果输入的词不是系统的受控词，系统把与非受控词相关的受控词调出，以提供标准受控词检索途径（见图 4-28）。

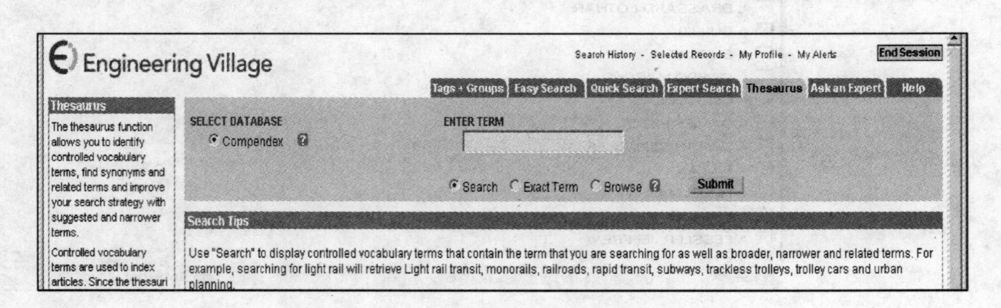

图 4-27 词典检索界面

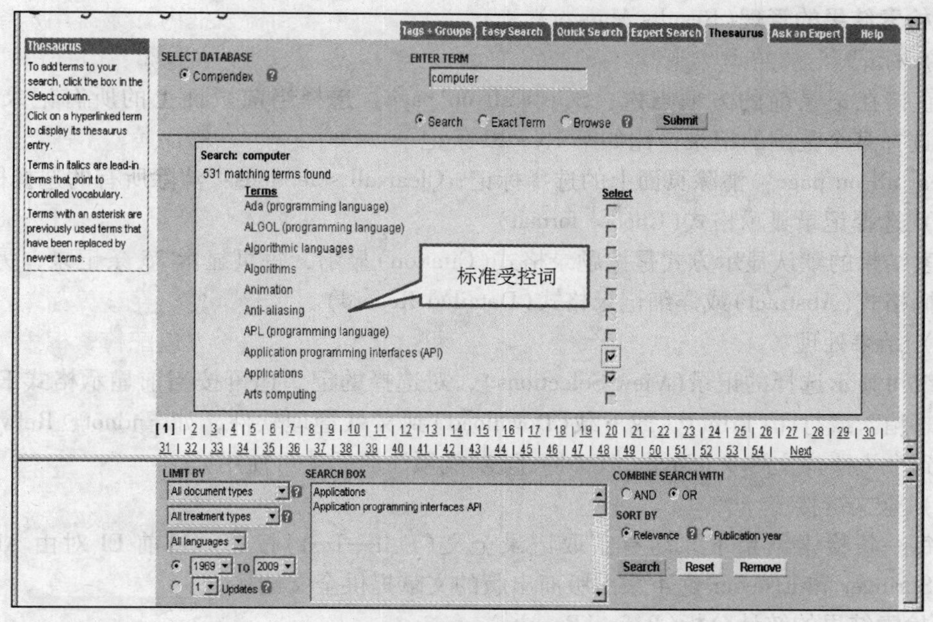

图 4-28 词典检索结果界面

在词典检索的结果中勾选了合适的检索词后，系统自动将其粘贴到界面下方的“Search Box”中，设定好检索限定条件后，可直接进行检索。

4.5.4 检索结果处理

检索结果界面如图 4-29 所示。

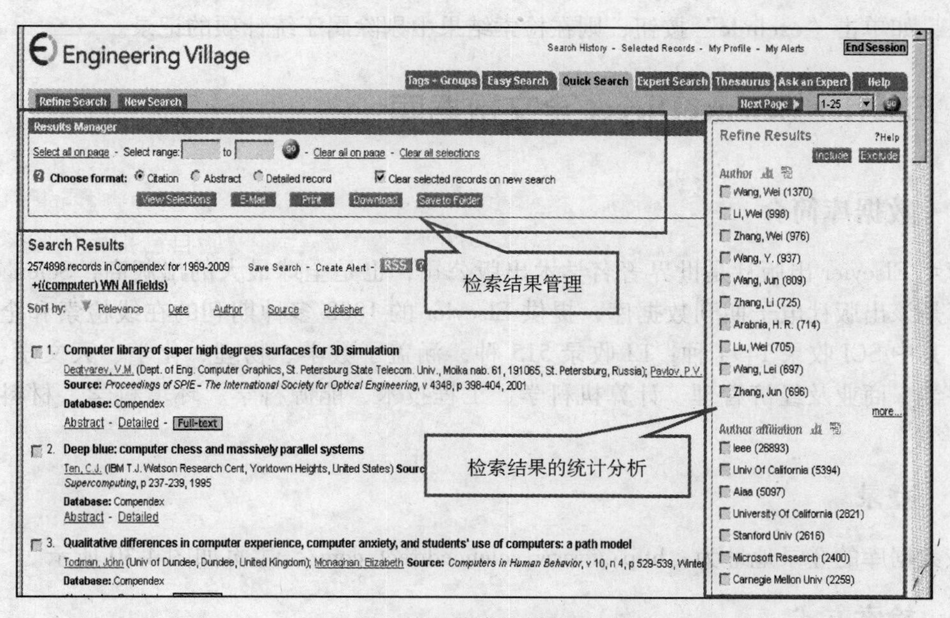

图 4-29 检索结果界面

1. 检索结果的管理(Results Manger)

(1) 标记

可直接在记录前的方框点选；Select all on page：选择当前页面上的所有记录；Select range：选择某个范围的记录，比如第10~20条记录。

Clear all on page：清除页面上的选择标记；Clear all selections：清除所有的选择标记。

(2) 选择记录显示格式(Choose format)

检索结果的默认显示方式是按题录格式(Citation)显示，每页显示25条记录，另外还可选择文摘格式(Abstract)或详细记录格式(Detailed Record)。

(3) 结果处理

系统可显示选择的记录(View Selections)，对选择的记录还可按当前显示格式E-mail到指定的邮箱，或打印(Print)，或下载(Download)到文献管理软件，如Endnot、Refworks等，或保存到个人账户文件夹(Save to Folder,该功能须注册后才可使用)。

(4) 全文链接

在每一条检索结果下，均有获取记录全文(Full—Text)按钮。目前EI对由AIP/APS、IEEE、Springer和Elsevier这4家出版商出版的文献提供全文链接。

2. 检索结果的统计分析(Refine Results)

在检索结果页面的右栏"Refine Results"，系统把检索结果按字段进行了分析统计，并显示统计结果最多的前10项。提供分析统计的字段有作者(Author)、作者单位(Author affiliation)、受控词(Controlled Vocabulary)、主题分类(Classification Code)、国家(Country)、文献类型(Document Type)、语言(Language)、出版商(Publisher)。通过该功能，用户可了解有哪些科研人员、哪些科研单位、哪些国家在从事相关专题的研究，相关的研究课题属于哪些学科分类等。选择统计项目，单击上方的"include"按钮，可筛选并显示该统计项的检索结果，如单击"exclude"按钮，则在检索结果中剔除属于统计项的记录。

4.6 Elsevier ScienceDirect 全文数据库

4.6.1 数据库简介

荷兰Elsevier出版社是世界著名学术出版公司，也是全球最大的出版商，Science Direct数据库是该出版社电子期刊数据库，提供Elsevier的1800多种期刊的在线检索和全文下载服务，其中SCI收录1494种，EI收录515种，涵盖了数学、物理、化学、天文学、医学、生命科学、商业及经济管理、计算机科学、工程技术、能源科学、环境科学、材料科学等24个学科。

4.6.2 登录

该数据库的登录地址为：http://www.sciencedirect.com/，主页如图4-30所示。

4.6.3 检索方式

该数据库提供浏览(Browse)和检索(Search)两种检索方式。

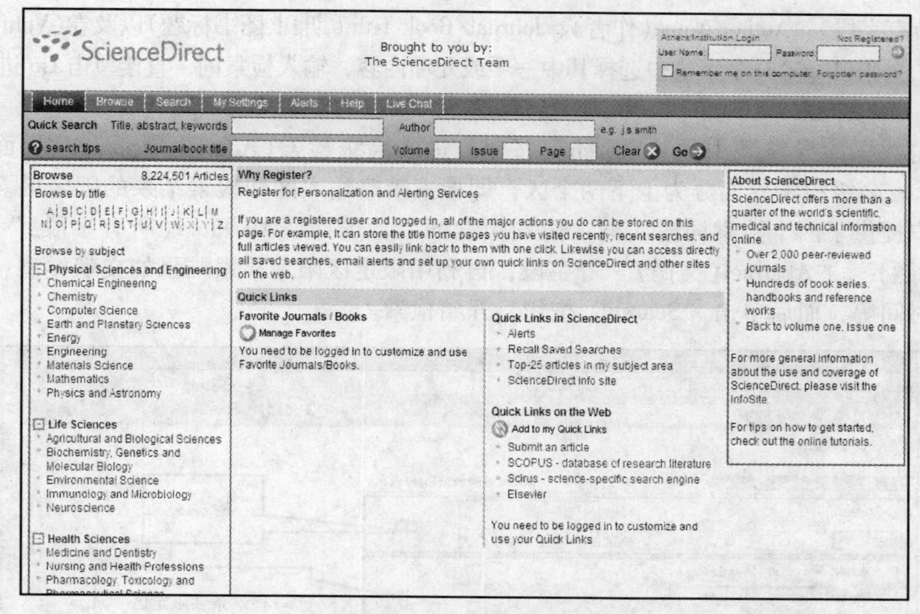

图 4-30 ScienceDirect 数据库主页

1. 浏览

用户可在数据库主页左侧“Browse”栏目中按分类(Category List of Journals)排列的期刊目录，直接单击期刊名称进行浏览(Browse)。也可单击导航条中的“Browse”，进入浏览界面(见图 4-31)，按字顺(Alphabetical List of Journals)进行浏览。选中刊名后，单击刊名，进入该刊所有卷期的列表，进而逐期浏览。单击目次页页面右侧的期刊封面图标，可连接到 Elsevier Science 出版公司网站上该期刊的主页(此为国外站点)。

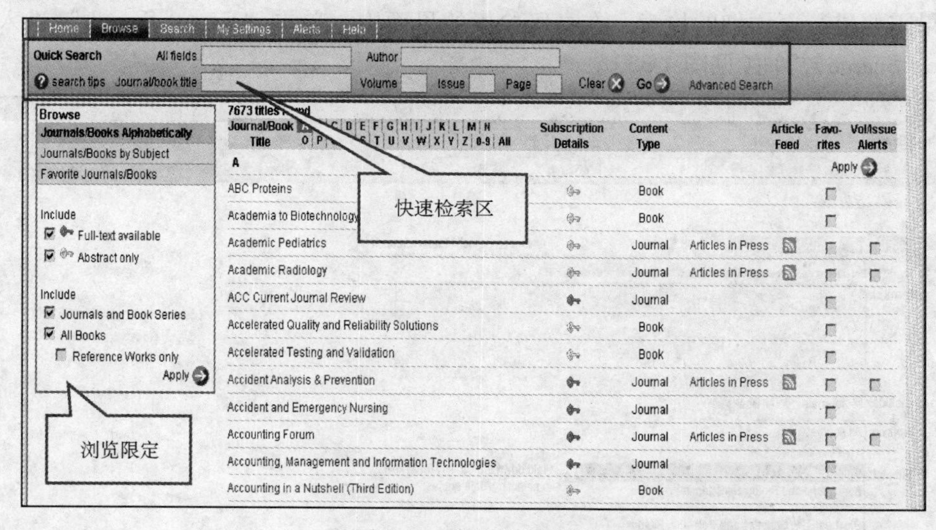

图 4-31 期刊浏览界面

2. 检索

(1) 快速检索

在数据库上方设置了方便快捷的快速检索(Quick Search)区(见图 4-31)。用户可在 All

Fields(所有字段)、Author Name(作者)、Journal/Book Title(期刊、图书标题)以及卷(Volume)、期(Issue)、页码(Page)几个字段中选择其中一项或几项内容，输入检索词，直接单击 Go 进行检索。

(2) 高级检索

单击数据库导航条中的"Search"按钮，进入高级检索(Advanced Search)界面，如图4-32所示。高级检索界面分为上下两个区，即检索策略输入区和检索结果的限定区。高级检索为用户提供了两个检索词输入框，输入检索词后，选择"All Field(所有字段)"、"Title(文章标题)"、"Abstract(文摘)"等字段，再利用限定区限定检索结果的文献类型、主题以及出版时间等，而后单击"Search"按钮，开始检索。

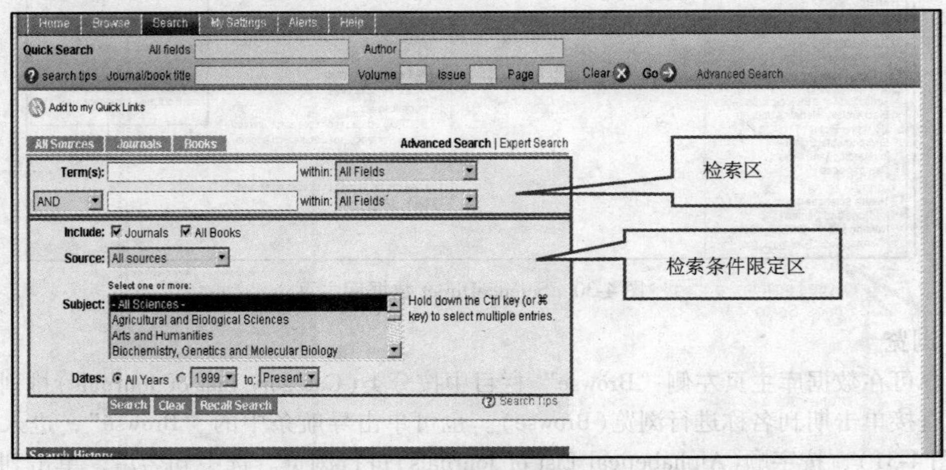

图4-32　高级检索界面

(3) 专家检索

如果需要进行更详细的检索，在高级检索的界面中，单击"Expert Search"进入专家检索(Expert Search)界面(见图4-33)。

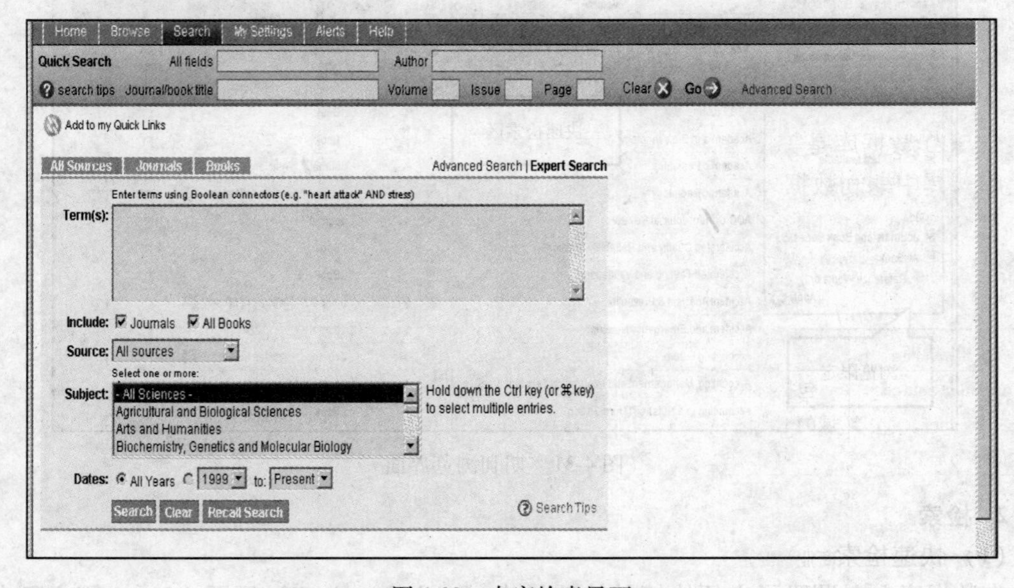

图4-33　专家检索界面

专家检索界面提供了一个检索框，需要用户编写检索式进行检索。检索式用布尔语言来构造，其他同高级检索。

检索式的格式为：Field name(search term)。例如，Abstract(case study)。

4.6.4 检索结果

无论哪种检索方式检索出的结果都类似，基本包括内容如图4-34所示。

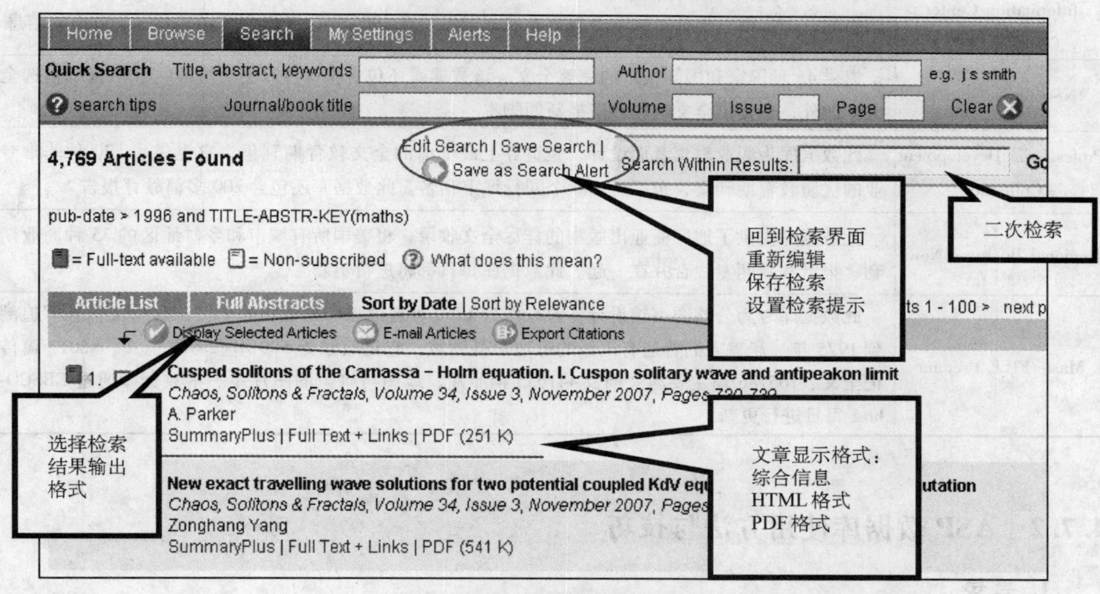

图4-34 检索结果界面

4.7 EBSCO数据库系统

4.7.1 系统简介

EBSCO数据库是美国EBSCO集团公司出版发行的大型全文数据库系统，现有60多个数据库，其中期刊数据库约50余种，是全球最大的多学科综合型数据库系统之一。表4-6列出了EBSCO数据库系统中几个比较有代表性的数据库。我们这里以ASP数据库为例介绍该系统的使用方法与技巧。

表4-6 EBSCO数据库系统中几个比较有代表性的数据库

数据库名称	数据库简介
Academic Source Premier（简称ASP）	包括有关生物科学、工商经济、资讯科技、通信传播、工程、教育、艺术、文学、医药学领域的七千多种期刊，其中近四千种全文刊。全文最早回溯到1990年，索引和文摘最早回溯到1984年，有图像。数据每日更新
Business Source Premier（简称BSP）	包括国际商务、经济学、经济管理、金融、会计、劳动人事、银行等三千多种期刊的索引、文摘，其中近三千种全文。著名的如《每周商务》(Business Week)、《福布斯》(Forbes)、《哈佛商业评论》(Harvard Business Review)、《经济学家预测报告》(country reports from the Economist Intelligence Unit(EIU))等。全文最早收录时间为1990年，有图像

（续）

数据库名称	数据库简介
MEDLINE	提供了有关医学、护理、牙科、兽医、医疗保健制度、临床前科学及其他方面的权威医学信息。MEDLINE 由 National Library of Medicine 创建，采用了包含树、树层次结构、副标题及激增功能的 MeSH(医学主题词表)索引方法，可从4800多种当前生物医学期刊中检索引文
Educational Resource Information Center（简称 ERIC）	该数据库由教育资源信息中心(Educational Resources Information Center)创建，它是教育方面出版物的一个指南，囊括了数千个教育专题，提供了自1966年以来最完备的教育书刊方面的信息
Newspaper Source	提供45种国家和国际报纸的完整全文。该数据库还包含475种以上的地区(美国)报纸精选全文。此外，也提供全文电视和广播新闻脚本
Professional Development Collection	此数据库为职业教育者而设计，是世界上最全面的全文教育期刊集。它提供了520种非常专业的优质教育期刊集，包括近450个同行评审刊名。此数据库还包含200多篇教育报告
Regional Business News	此数据库提供了地区商业出版物的详尽全文收录，将美国所有城市和乡村地区的75种商业期刊、报纸和新闻专线合并在一起。此数据库每日都将进行更新
MasterFILE Premier	此数据库专为公共图书馆设计，收录将近1750种普通参考出版物的全文，其全文信息可追溯到1975年。涵盖人们普遍有兴趣的每项学科领域，它还收录近500本参考书全文、86017篇传记全文、105786篇主要源文档及441655幅照片、地图与旗帜的图片集。本数据库通过 EBSCOhost 每日进行更新

4.7.2　ASP 数据库使用方法与技巧

1. 登录

数据库登录地址为：http://search.ebscohost.com，进入系统后，看到的是“选择数据库界面”，如图4-35所示，在该界面单击单个数据库名称，可进行单库检索。若要跨库检索，

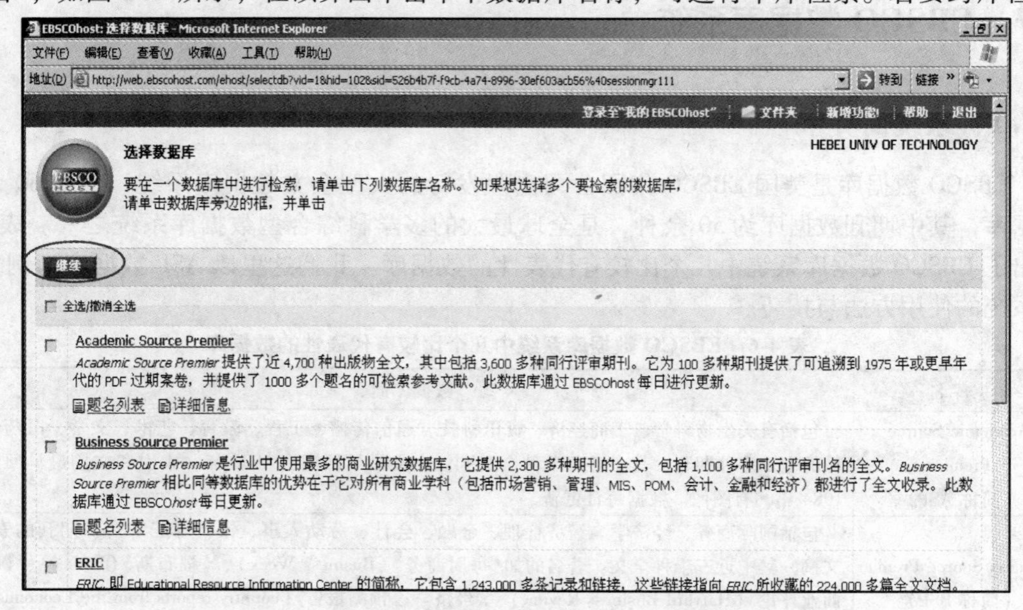

图4-35　EBSCO 数据库系统选择数据库界面

则应先在相关数据库名称前的方框内打“√”，然后单击数据库列表最上方的“继续”按钮。

2. 检索方法与技巧

EBSCO 数据库的检索方式分为基本检索、高级检索和视觉搜索。下面分别介绍各个检索方法。

（1）基本检索

基本检索在界面上部检索输入框中直接输入用运算符连接的检索内容，在界面下部限制结果选择区可自由的填写有关内容，如图 4-36 所示。

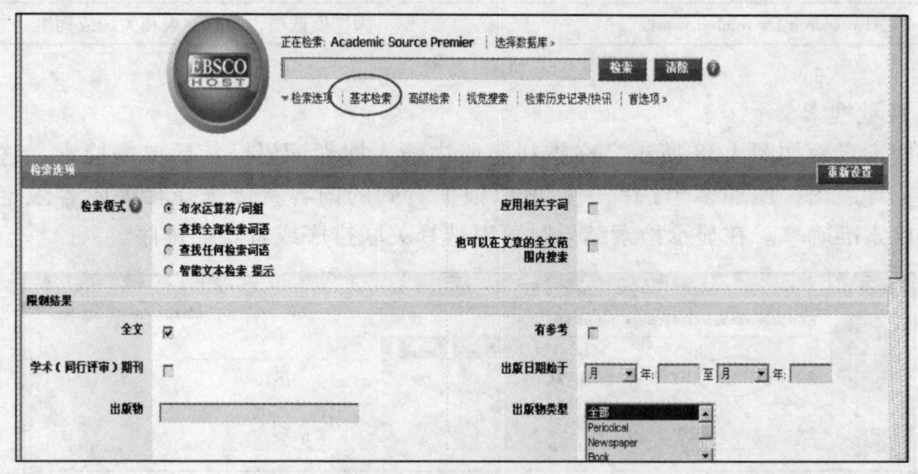

图 4-36　基本检索界面

（2）高级检索

高级检索和基本检索的检索界面基本一致，页面上部是检索输入区，下部是限制结果选择区（见图 4-37）。与基本检索不同的是，高级检索方式在输入区利用下拉菜单来选择字段标识和逻辑算符，更加方便使用。同时增加了限制和扩展的功能，可以在 search Option 中选择附加条件或扩展条件，以约束检索结果，或扩展检索范围，表 4-7 列出了高级检索中的各

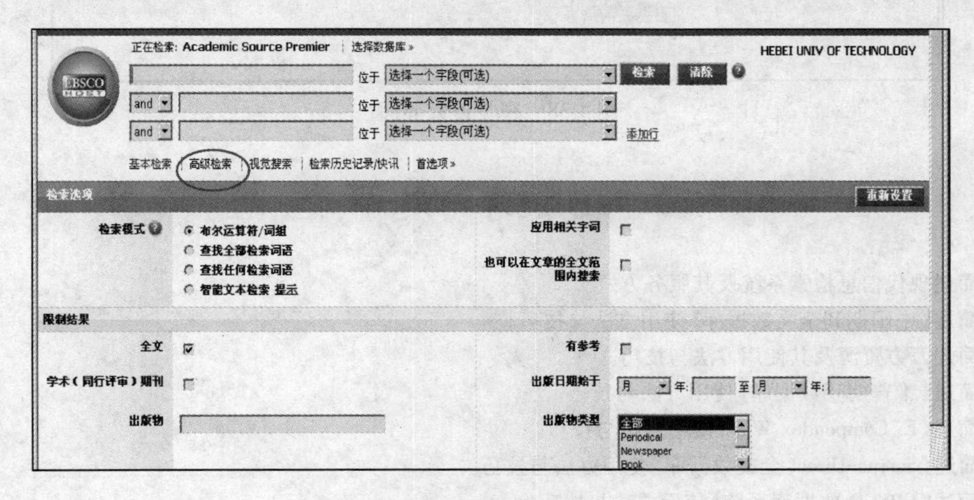

图 4-37　高级检索界面

项限定功能解释。

表4-7　高级检索中的各项功能解释

限制或者扩展选项	解　释
fulltext	限制选项，只要包括全文的检索结果
Scholarly(peer-reviews)journals	限制选项，只要学术期刊上的检索结果
Publication	限制选项，只要指定出版物上的结果
Published date	限制选项，只要指定起止年月之间的文献
Also search within the full text of the articles	为扩展选项，在全文中进行检索
Also search for related words	为扩展选项，同时检索相关词或词组

（3）视觉搜索

视觉搜索界面如图4-38所示。在查找字段中输入搜索词语，然后单击检索。这时会显示一个视觉导航图，增加多个选择项，可以根据看到的内容直接选择相关内容限定进行检索，提高检索准确率。在显示检索结果时可以选择关联排序或者日期排序。

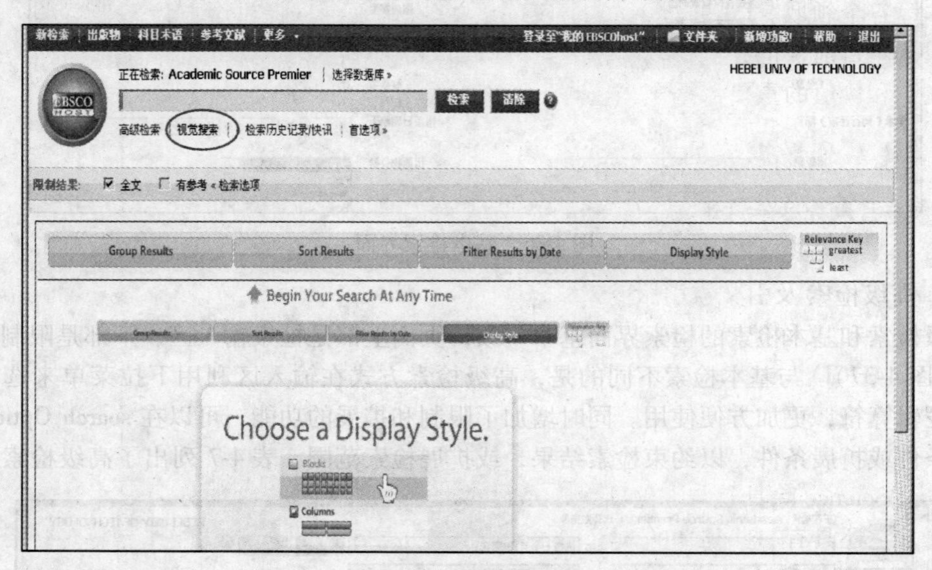

图4-38　视觉搜索界面

思　考　题

1. 简述现代信息检索系统及其服务方式。
2. 简述《中国期刊全文数据库》使用方法与技巧。
3. 简述万方资源及其使用方法与技巧。
4. 简述《维普期刊数据库》使用方法与技巧。
5. 简述《Ei Compendex Web》使用方法与技巧。
6. 简述《ScienceDirect 全文数据库》使用方法与技巧。
7. 简述《EBSCO 数据库系统》使用方法与技巧。

第 5 章　常用综合信息检索系统选介(二)

5.1　ISI 系列数据库

5.1.1　ISI 简介

美国科技信息研究所(The Institute for Scientific Information,ISI)是当今世界上著名的的学术信息机构，由美国著名情报学家尤金·加菲尔德博士于 1958 年创建。目前，ISI 隶属于世界著名出版商 Thomson 公司。它拥有世界上最全面、综合性、多学科、检索与评价功能强大的科学研究数据库，收录范围包括期刊、图书及会议录等，内容覆盖自然科学、社会科学及人文艺术等各个领域。ISI 通过 Web of Knowledge 网络平台，提供全方位、多层次、高质量的信息服务。目前，世界上很多国家的科研机构、高等院校都将 ISI 的信息产品作为评价科研成果水平和价值的重要依据。

5.1.2　ISI 系列数据库的检索

ISI 通过其网络平台 ISI Web of Knowledge 提供信息服务，其数据库主要包括会议信息服务系列(Index to Scientific & Technical Proceedings,ISTP、Index to Social Science & Humanities Proceedings,ISSHP)及引文索引服务系列(Science Citation Index,SCI)、(Science Citation Index Expanded,SCI-E,又称扩展 SCI)、(Social Science Citation Index,SSCI)、(Art & Humanities Citation Index,AHCI)。

其中，网络版引文索引称为 Web of Science，它所包含的数据库包括 SCI-E、SSCI 和 AHCI。Web of Science 具有强大的检索功能，其检索界面如图 5-1 所示。

Web of Science 除具有与一般数据库系统类似的常用的检索功能外，如主题、标题、作者检索等，它还具有一些独特的检索功能。本文将主要对这些检索功能作一简要介绍。

1. 向后回溯检索功能

该功能可以查询论文的被引用次数，它提供论文与引用文献的链接，这样就可以由被引文献为检索点，查找全部来源文献，即向后回溯检索。该功能为用户提供了某研究成果出现之后最有价值的全部资料，一直可以检索到当前最新的引用文献，及时反映了学术动态信息。

2. 向前追溯检索功能

可通过主题词、作者、地名、刊名等途径检索相关领域的最新文献，单击其中的 Cited Reference 链接，可以获得早期的被引用过的文献，即向前追溯检索。

3. 相关记录功能

该功能提供共引文数据，即可以列出与当前检索的记录共同引用同一篇或多篇文献的其他论文信息，这样便于用户进行扩展检索。

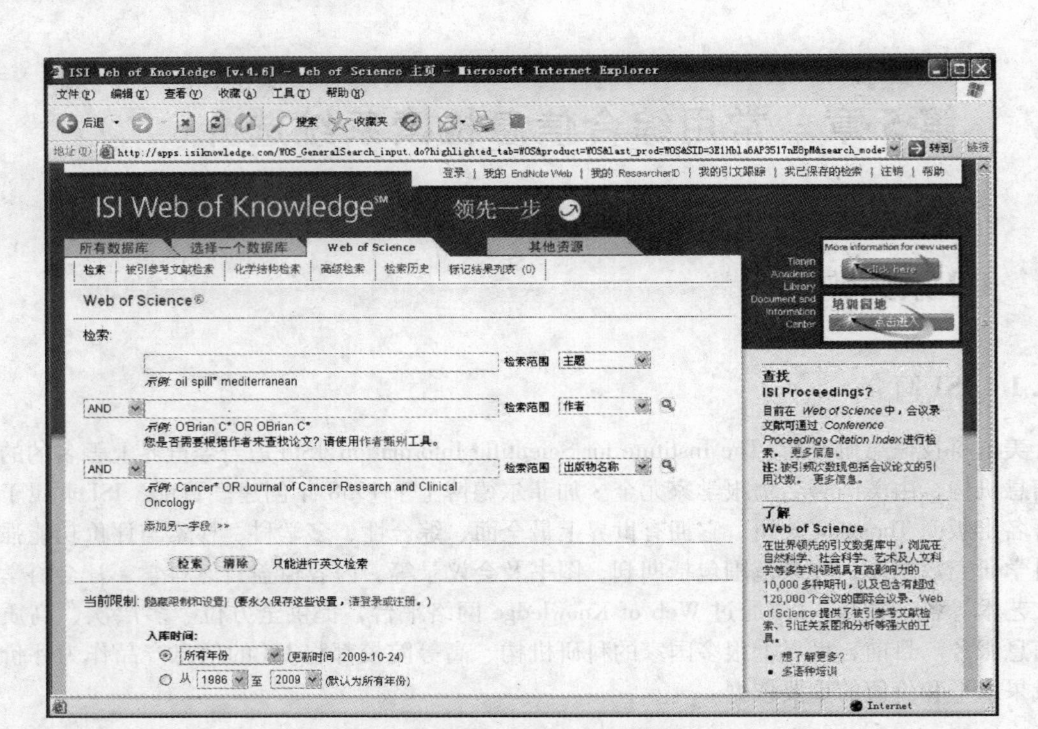

图 5-1　Web of Science 检索界面

4. ISI Links 功能

该功能可在检索过程中将用户指引到 ISI 的其他数据库(如会议信息服务系列数据库等)以及与 ISI 友情链接的其他数据库生产商的数据库(如 Derwent 公司的 DII 专利数据库等)的网页中，继续查找相关文献信息。这样做，大大提高了检索的效率。

5.2　INSPEC 数据库

5.2.1　INSPEC 简介

国际物理与工程信息服务部(International Information Services for the Physics and Engineering Communities, INSPEC)，成立于 1967 年，隶属于英国电气工程师学会(IEE)。其重要的数据库产品之一即为 INSPEC 数据库，该数据库收录自 1969 年以来全世界范围出版的 8000 多种科技期刊、会议论文以及科技报告、学位论文、图书等文献的文摘信息，内容涵盖物理、电子电气、控制工程、计算机、信息技术、通信等领域。

5.2.2　INSPEC 数据库的检索

图 5-2 示出了 INSPEC 数据库的检索界面，除提供常规的检索方式以外，还提供一些辅助检索工具，以下作一简要介绍。

1. 常规检索方式

常规检索方式包括两种：基本检索(Basic Search)和高级检索(Advanced Search)。

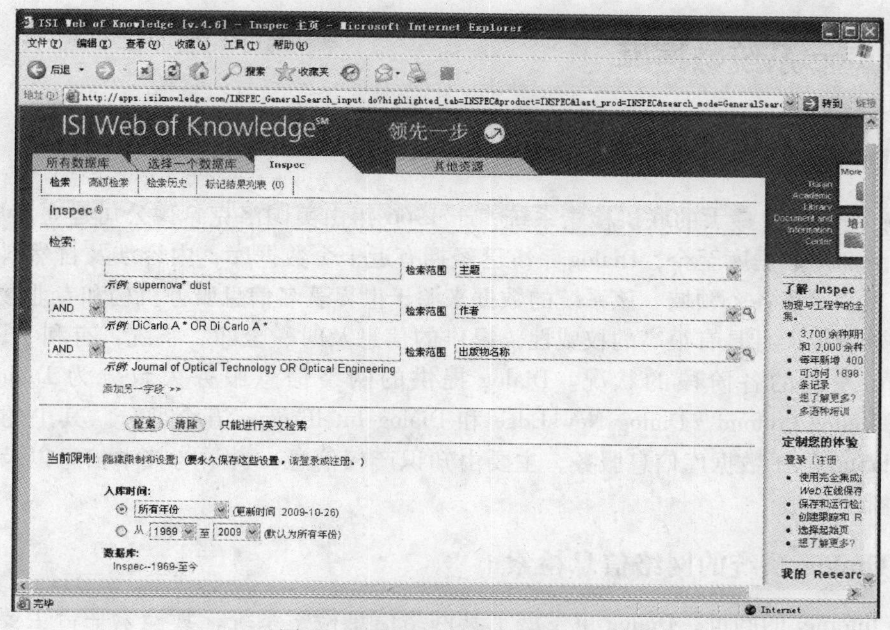

图 5-2 INSPEC 数据库检索界面

（1）基本检索

基本检索只能进行关键词检索和作者检索，也可将两个字段组合起来，同时可进行语种、期刊文献类型、数据库最近更新日期等的限定。

（2）高级检索

高级检索可进行主题、标题、作者、出版物名称、语种、文献类型及其他字段的检索，可对检索词进行布尔逻辑组配。另外，INSPEC 数据库具有强大的字段检索功能，可在检索框中输入检索词，然后在字段表中选择字段进行检索。

2. 辅助检索工具

（1）INSPEC 叙词表数据库

利用该数据库，可核实某特定主题的内容范围、查找相关语词、扩大或缩小检索范围以及查找最具专指性的叙词等。该数据库的每条记录均提供了与 INSPEC 主体数据库以及与其他叙词的链接，可进行专指性检索或扩展检索。

（2）INSPEC 轮排索引数据库

该数据库中包含所输入的检索词的全部叙词款目，其中正式叙词加重显示，与相关叙词相链接，供用户选择适当的叙词进行专指性检索或扩展检索。是为不熟悉 INSPEC 叙词表的用户提供的选择规范化检索词的工具。

（3）INSPEC 范围注释

该工具是 INSPEC 叙词表收录的词汇的注释系统，包括正式叙词、注释内容、INSPEC 分类号等信息。用户可根据这些信息选择含义正确的叙词或相关叙词。

此外，INSPEC 数据库还提供了扩展检索功能，利用该功能，用户可从正式叙词入手进一步检索包含该叙词及其下位叙词的信息，在很大程度上提高了查全率。

5.3　Dialog 系统数据库

5.3.1　Dialog 简介

Dialog 是世界上最大的联机检索系统，于1966年由美国洛克希德公司建立。从1972年开发第一个商用数据库至今，Dialog 系统已经拥有近千个数据库，内容涉及自然科学、社会科学、工程技术等各个领域。该系统的数据来源于世界著名信息服务机构和专业数据库供应商，信息资源庞大且具有很高的权威性，提供的信息及时、全面、系统，有利于了解行业、技术及公司发展的各阶段的状况。Dialog 提供的网络信息服务大致分为 Dialog、Dialog DataStar、Dialog Profond、Dialog NewsEdge 和 Dialog Intelliscope 五个部分。其中的 Dialog 和 Dialog DataStar 属于数据库信息服务，主要由知识产权信息、科学与技术信息以及商业与新闻信息三部分组成。

5.3.2　Dialog 系统的网络信息检索

随着 Internet 的问世，Dialog 也发展了其网络信息检索系统，其检索平台主要包括 Dialog1、Dialog Classic、Dialog PRO、Dialog Select 和 Dialog Web。其中 Dialog Web 是最全面、最完整的网络数据库检索平台，其主页如图5-3所示。它包含所有数据库，提供指南性检索

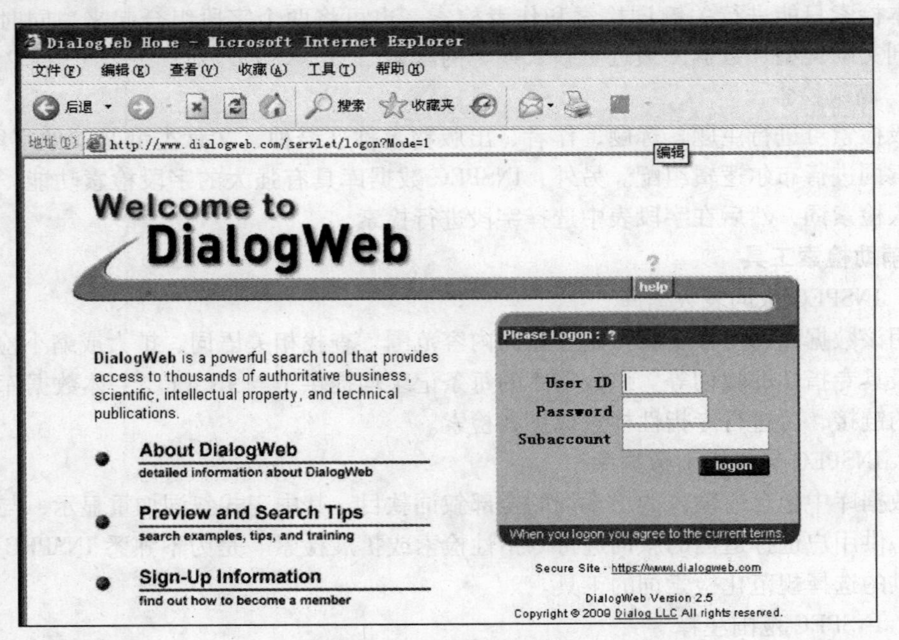

图5-3　Dialog Web 主页

和命令检索两种方式。用户可利用其中包含的411文档(是 Dialog 系统全部文档的基本索引和辅助索引,Dialog 系统一般情况下一个数据库即构成一个文档)进行预检，根据初步检索结果判断检索式是否合理，然后再进行修改调整、扩大或缩小命中的文献量，最后再进入正式文档检索，这样做可提高检索效率，保证检索质量。

5.4 OCLC FirstSearch 检索系统

5.4.1 OCLC 简介

联机计算机图书馆中心(Online Computer Library Center,OCLC),于1967年由美国俄亥俄州的大学校长们发起建立,旨在促进世界各地图书馆之间的合作,实现图书馆文献信息资源的共享,减少获取信息的费用。OCLC 总部位于美国俄亥俄州都柏林,是世界上最大的网络信息服务机构之一。

5.4.2 第一检索服务数据库及检索

第一检索服务(FirstSearch Sevice)由 OCLC 于1992年推出,是一个综合性的参考咨询和检索服务系统。目前,通过该系统可检索到70多个数据库,其中30多个数据库可检索到全文,这些数据库包含的内容范畴包括:商业、科学、人文、社会学、医学、技术、大众文化等,几乎涵盖了学术的各个领域。数据库中收录的文献类型非常丰富,包括图书、期刊、报纸、缩微胶片、软件、音频、视频、乐谱等。数据库的记录中包含文献信息、馆藏信息、索引、文摘和全文等内容。

FirstSearch 数据库提供三种检索方式:基本检索、高级检索和专家检索。其中专家检索是在检索框中输入一个完整的检索式进行检索,该检索式可由逻辑关系运算符、字段限制符、位置算符以及截词符等进行组配。各种运算符号及其用法在专家检索界面中都有列出,供用户参考使用。

FirstSearch 数据库的检索技术有:

1. 截词检索

系统提供了"+"、"*"、"#"、"?"4种截词符,其中"+"用于检索一个词的单、复数形式;"*"用于检索词根;"#"和"?"都用于中间截断,但"#"仅代表一个字符,而"?"可代表一个字符串。

2. 位置检索

用W、Wn表示两词相连,词序不变,"n"范围为1~25;用N、Nn表示两词相连,词序可变,"n"范围为1~25。

3. 短语(词组)检索

在进行精确的短语检索时,要给短语加引号。

使用 FirstSearch 数据库检索时,可采用如下步骤进行:

1. 选择数据库

由于 FirstSearch 数据库包含的数据库较多,因此可先通过其主页中的所有数据库列表、数据库主题范围列表和最佳数据库推荐三个入口选择所需的数据库,然后再实施检索。

2. 选择检索模式

和一般的检索系统类似,FirstSearch 数据库提供了三种检索模式。

(1) 基本检索

基本检索是一种简单检索模式。用户可在基本检索界面中的检索框里输入一个或多个关键词，需精确匹配的短语必须要加引号。

（2）高级检索

高级检索模式允许用户构建较为复杂的检索式。高级检索界面提供了三个检索框，用户可在其中输入一个或多个关键词，并进行字段限定和逻辑组配。此外，高级检索界面还提供了检索范围限定和检索年代限定，用户可根据需要进行选择。

（3）专家检索

专家检索模式专为有经验的专业检索人员设计。该界面提供一个检索对话框，用户可在其中输入一个包含逻辑算符、截词符、位置算符及字段限制符等在内的完整的检索表达式。在该界面中列出了 OCLC FirstSearch 系统所有的逻辑算符、截词符、位置算符以及用法，供用户参考使用。其他限制选项的使用和高级检索基本相同，这里不再赘述。

5.5 ACM全文数据库

5.5.1 数据库介绍

美国计算机学会(Association for Computing Machinery, ACM)创立于1947年，于1999年起开始提供电子数据库服务——ACM Digital Library 全文数据库。ACM 数据库是一个专门收录计算机科学领域文献的数据库，收录全文期刊87种，会议录近170种，近7万篇科技期刊和会议录的全文文章，与ACM文章关联的大约50万篇参考文献，其中20万篇文献著录项目较为详细，5万篇可以链接全文，系统还提供被引文献和相关文献的链接。

5.5.2 检索方法

1. 登录

国内用户可从清华大学图书馆的镜像链接登录，访问地址为 http://acm.lib.tsinghua.edu.cn，其主页如图5-4所示。

2. 检索方法

ACM 数据库提供了两种获取全文的方式：浏览方式和检索方式。

（1）浏览方式

数据库提供按 ACM 所收录的资源类型进行浏览的方式，这些资源类型包括：Journals、Magazines、Transactions、Proceedings、Newsletters、Publications by Affiliated Organizations、Special Interest Groups (SIGs)和 ACM Oral History interviews。用户可通过单击这些资源类型的名称逐层进行浏览，直至获得全文。图5-5～图5-8示出以 Journals 资源为例通过浏览方式获取全文的过程。

在图5-8中，单击“开启全文”链接，即可获取 PDF 格式的全文。

（2）检索方式

ACM 数据库的检索分为快速检索和高级检索，快速检索页面和高级检索页面分别如图5-4和图5-9所示。检索时，可使用逻辑关系运算符来组合检索词，也可指定要检索的范围并结合逻辑关系运算符进行检索。此外，系统还支持截词检索以提高查全率。具体的运算符号和使用方法详见表5-1。系统默认算符为 ADJ，即输入 internet programming 与输入 internet

ADJ programming 等价。

表 5-1 ACM 数据库算符和使用方法举例

算　符	使用举例	检索结果
AND	internet AND programming	internet and programming in the same article.
OR	internet OR programming	internet or programming, or both, anywhere in the entire article.
NOT	internet AND NOT programming	internet but not programming.
NEAR	internet NEAR/3 programming	internet occurs within 3 words near programming.
ADJ	internet ADJ programming	programming appears immediately after internet.
W/n	internet W/3 programming	programming occurs within 3 words after internet.
?	int?? net	matches internet, intranet...
*	inter*	matches inter, internet, international...
+	program +	matches program, programmed, programming, programmer...
#	program#	matches program, but not programmed, programming, programmer...

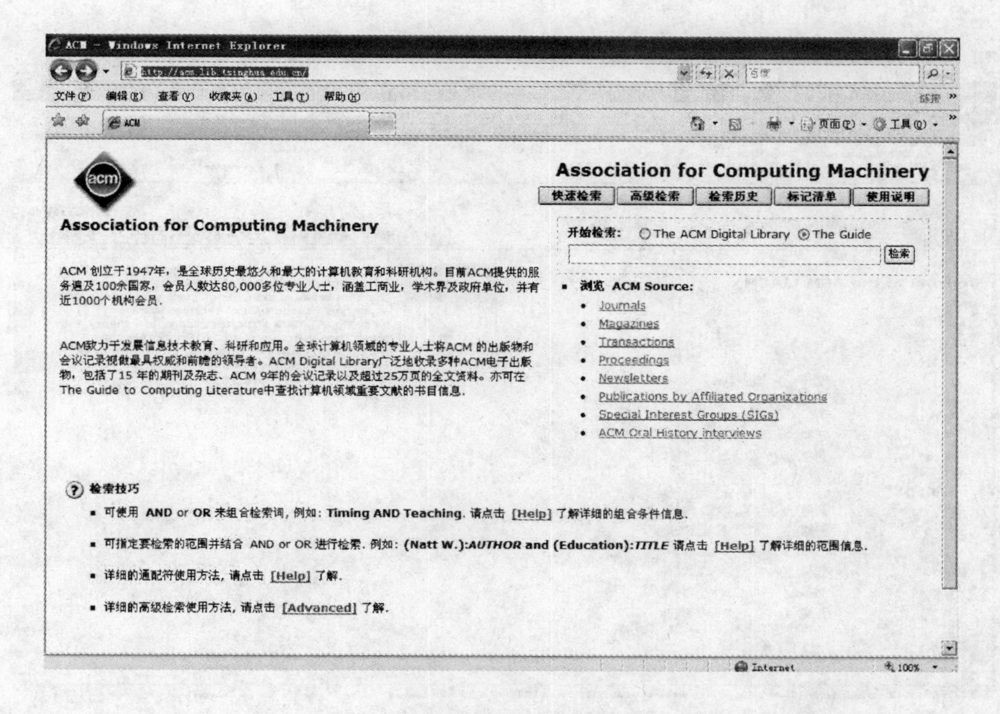

图 5-4 ACM 全文数据库主页

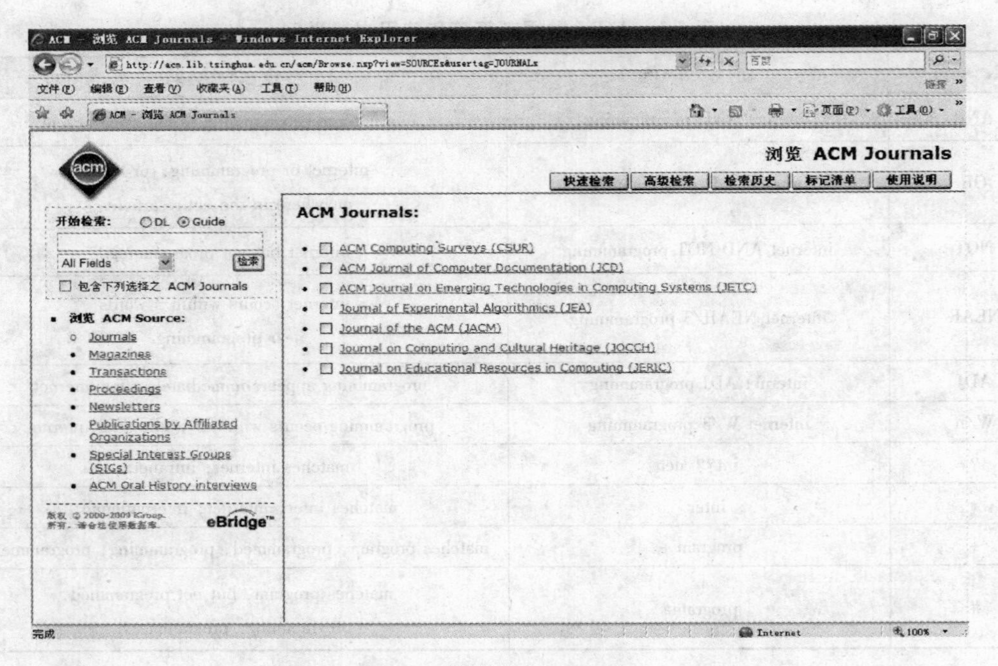

图 5-5 浏览 ACM Journals

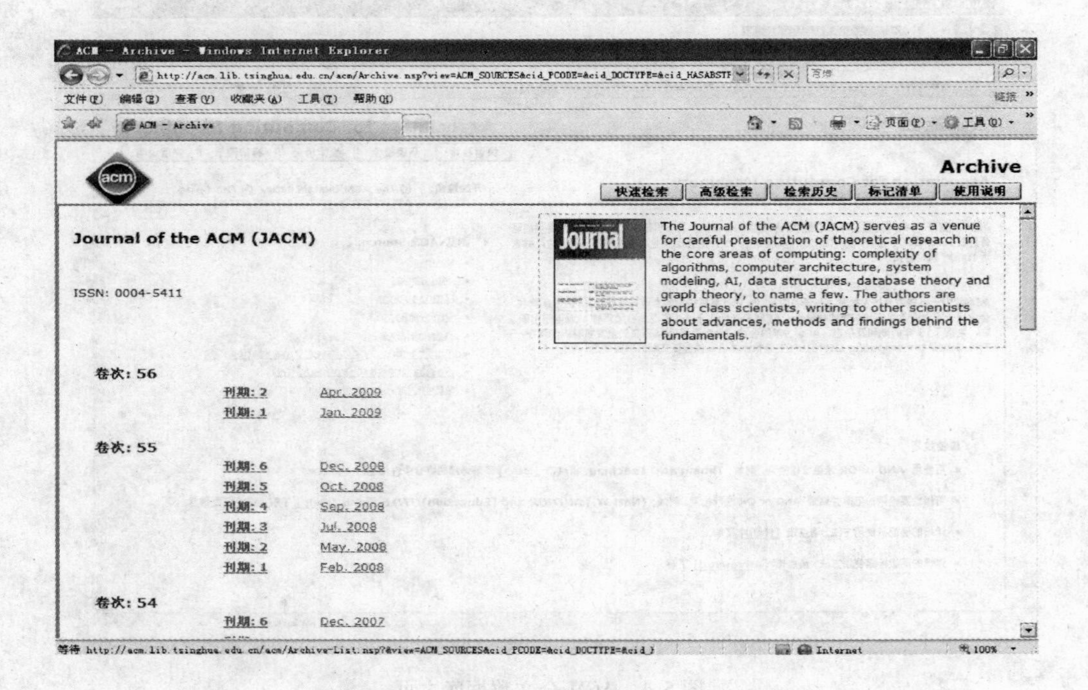

图 5-6 卷期页面

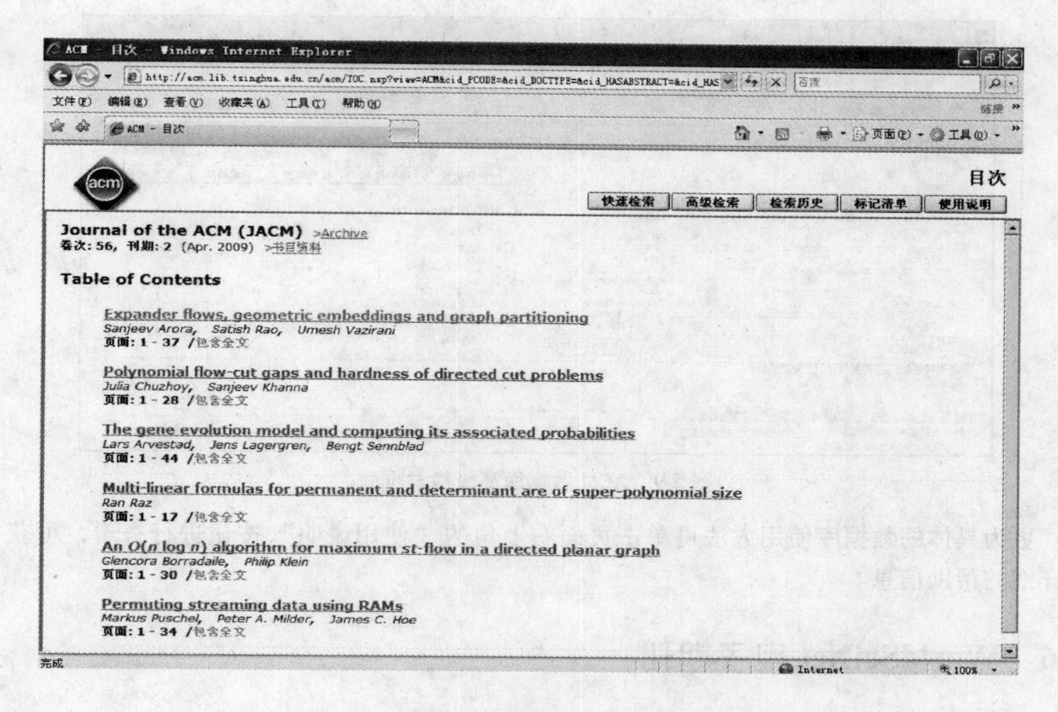

图 5-7　书目资料页面

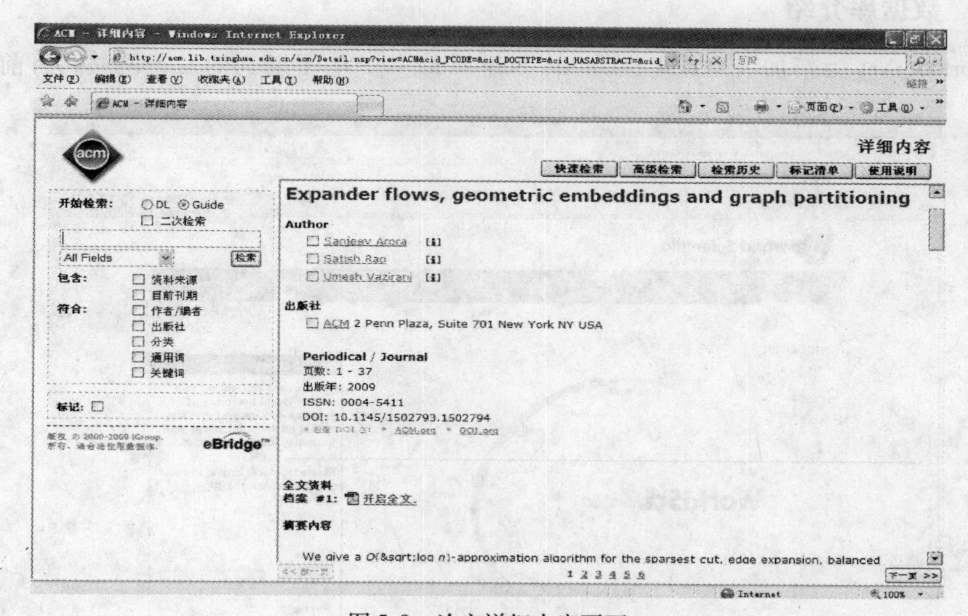

图 5-8　论文详细内容页面

在高级检索中，用户可在检索框中输入检索词，选择相应的检索字段，通过逻辑关系运算符 AND、OR 、NOT 进行组配后，再选择是否必须包含“摘要内容”或“全文资料”，最后单击“检索”即可。在检索结果页面中，用户可进行二次检索以改善检索结果。用户还可以单击页面上方的“检索历史”按钮查看已检索的内容，然后通过逻辑组配进行新的检

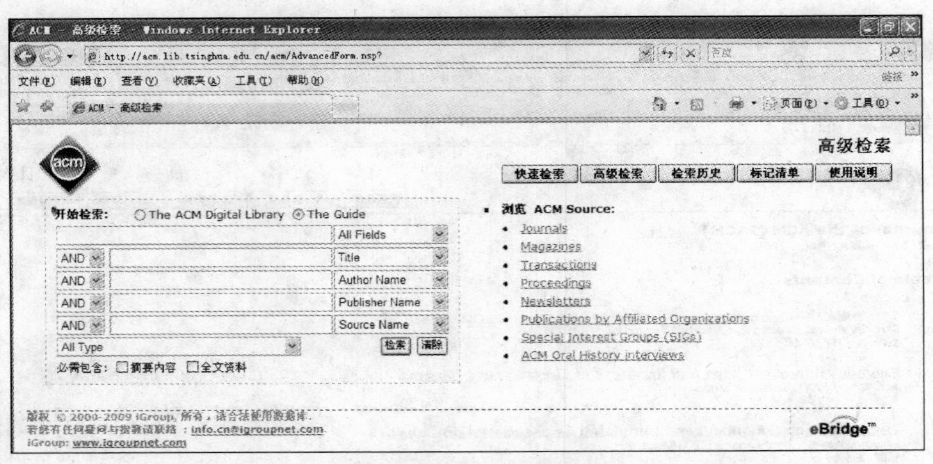

图5-9　ACM数据库高级检索页面

索。更为具体的数据库使用方法可单击页面右上角的“使用说明”按钮进行查看，可获得较详细的帮助信息。

5.6　WorldSciNet 电子期刊

5.6.1　数据库介绍

WorldSciNet 为新加坡 World Scientific Publishing Co. 电子期刊的发行网站，目前提供

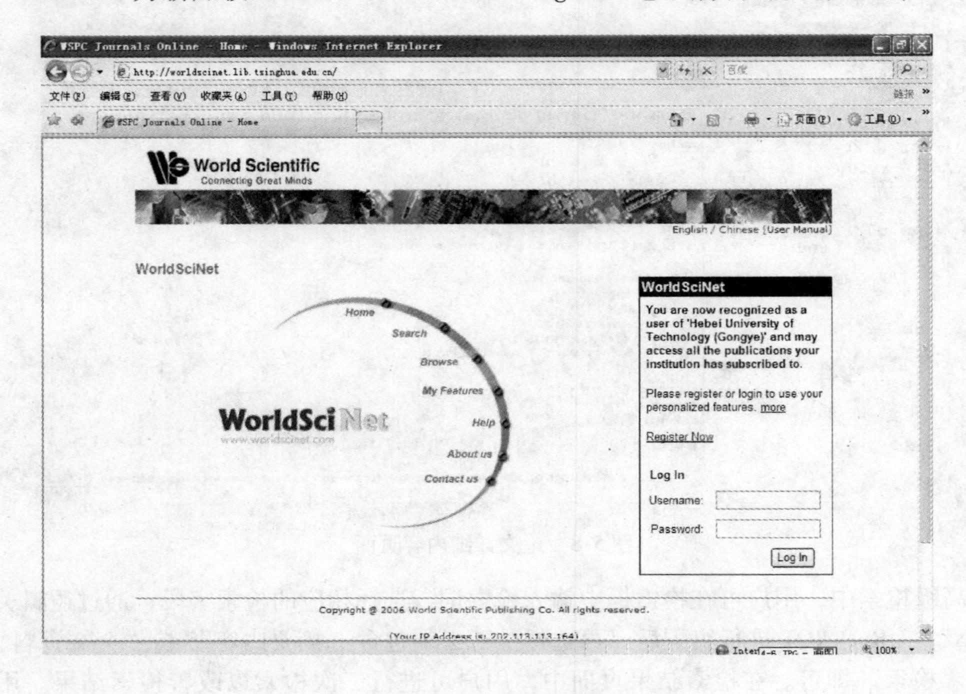

图5-10　WorldSciNet 电子期刊数据库主页

2000年至今的58种全文电子期刊，涵盖数学、物理、化学、生物、医学、材料、环境、计算机、工程、经济、社会科学等领域。

5.6.2 检索方法

1. 登录

国内用户可从清华大学图书馆的镜像链接登录，访问地址为http://worldscinet.lib.tsinghua.edu.cn，其主页如图5-10所示。

2. 检索方法

WorldSciNet提供了两种获取全文的方式：浏览方式和检索方式。

(1) 浏览方式

数据库提供按主题、所收录的期刊名称以及作者姓名进行浏览的方式，分别如图5-11、图5-12和图5-13所示。用户可通过单击相应的内容逐层进行浏览，直至获得全文。

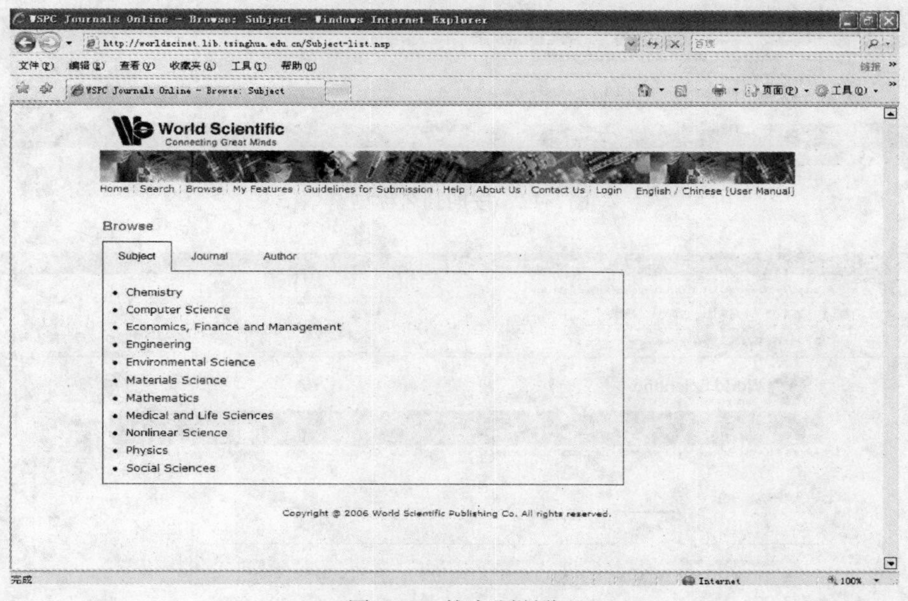

图5-11 按主题浏览

(2) 检索方式

WorldSciNet的检索方式有三种：基本检索、高级检索和期刊检索，检索界面分别如图5-14、图5-15和图5-16所示。系统使用的运算符号同ACM数据库相同，详见表5-1，其中WorldSciNet默认算符也为ADJ，即输入internet programming与输入internet ADJ programming等价。

基本检索比较简单，只需在检索框中输入检索词，然后从界面中提供的检索字段中单选一个进行检索即可。

高级检索是通过逻辑关系运算符AND、OR、NOT将多个检索框中的检索词组配后进行的检索，同时在“Limit by”的下拉菜单中还可对主题、期刊名称和日期进行限定。主题限定下拉菜单如图5-17所示。

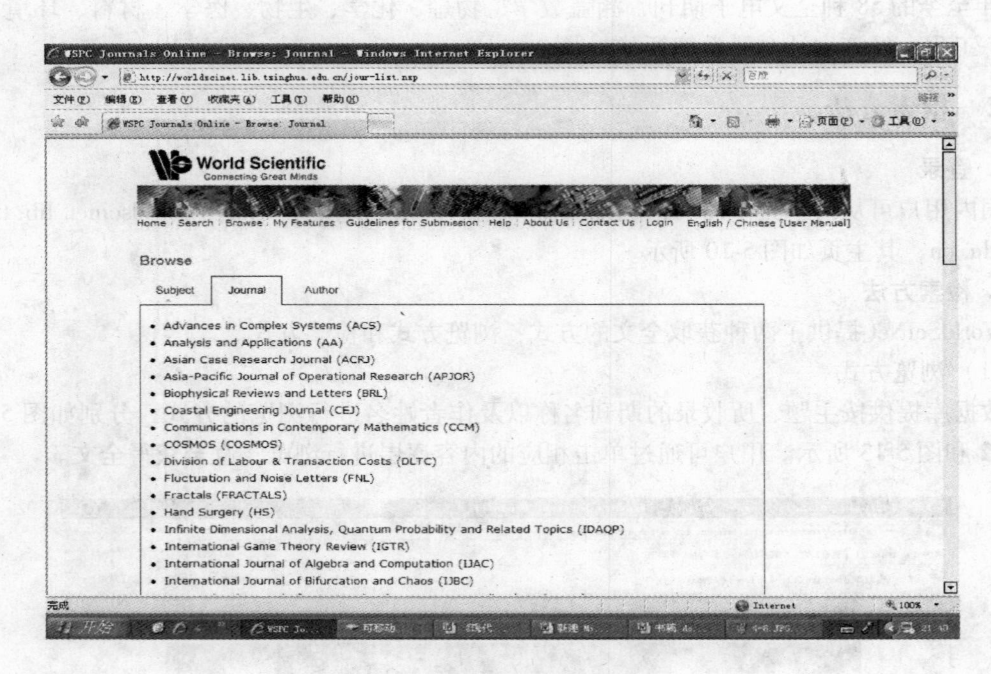

图 5-12 按期刊名称浏览

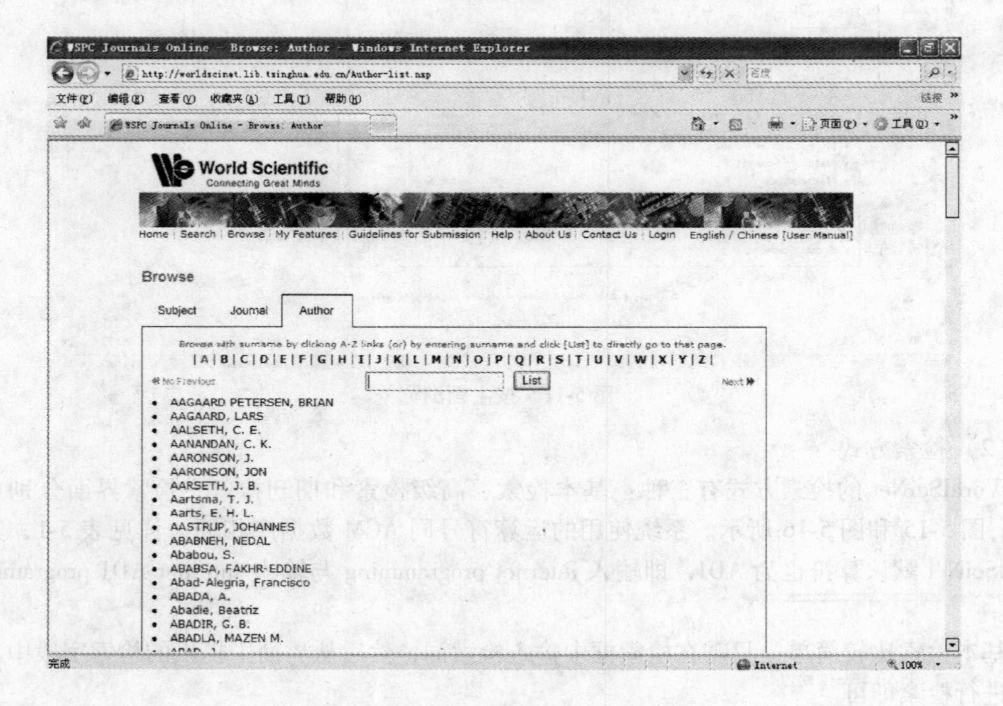

图 5-13 按作者姓名浏览

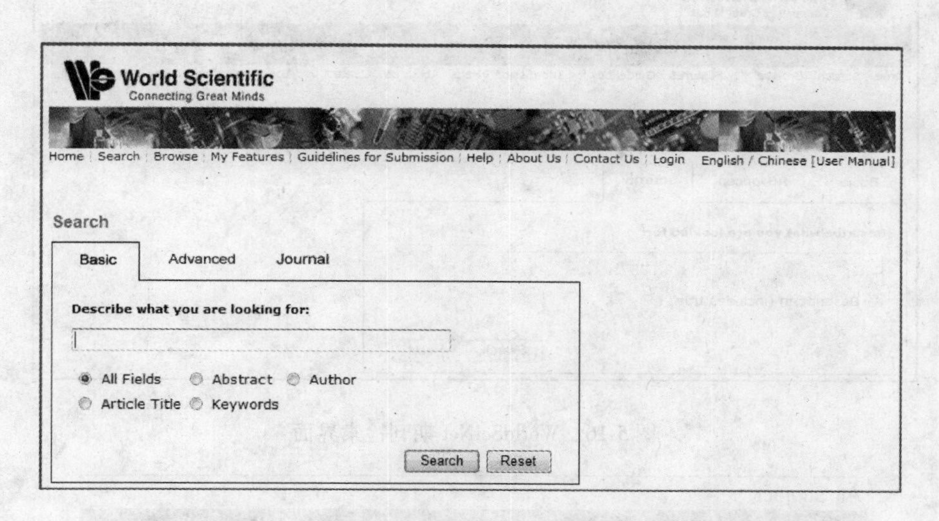

图 5-14　WorldSciNet 基本检索界面

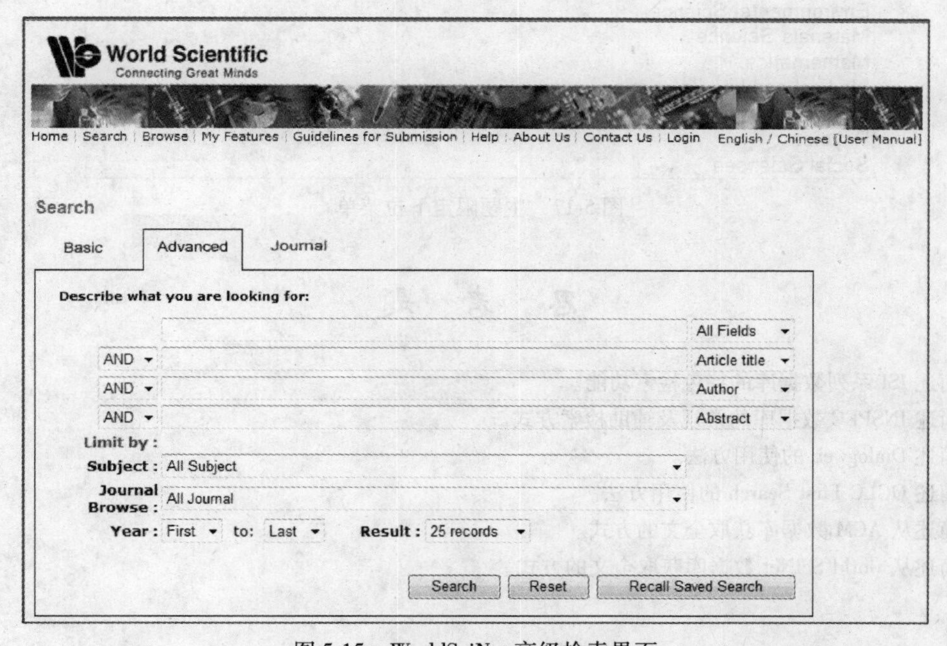

图 5-15　WorldSciNet 高级检索界面

更为具体的数据库使用方法可单击页面上方的“Help”链接进行查看，可获得较详细的帮助信息。

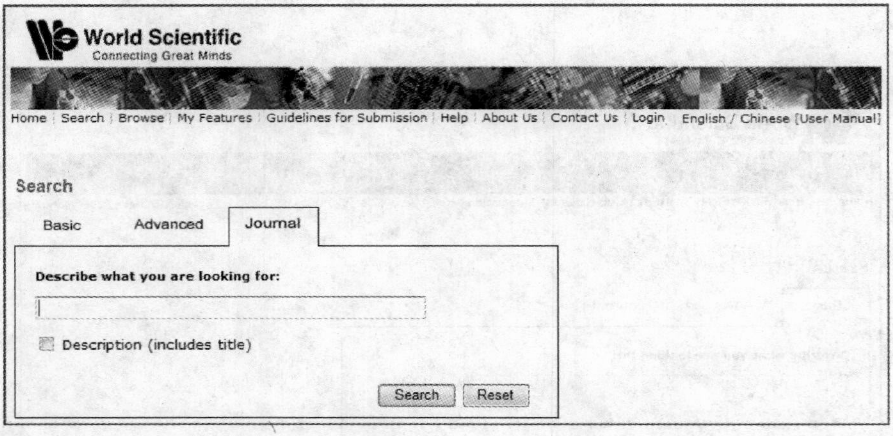

World Scientific
Connecting Great Minds
Home | Search | Browse | My Features | Guidelines for Submission | Help | About Us | Contact Us | Login | English / Chinese [User Manual]
Search
Basic
Advanced
Journal
Describe what you are looking for:
Description (includes title)
Search
Reset

图 5-16　WorldSciNet 期刊检索界面

All Subject
All Subject
Chemistry
Computer Science
Economics, Finance and Management
Engineering
Environmental Science
Materials Science
Mathematics
Medical and Life Sciences
Nonlinear Science
Physics
Social Sciences

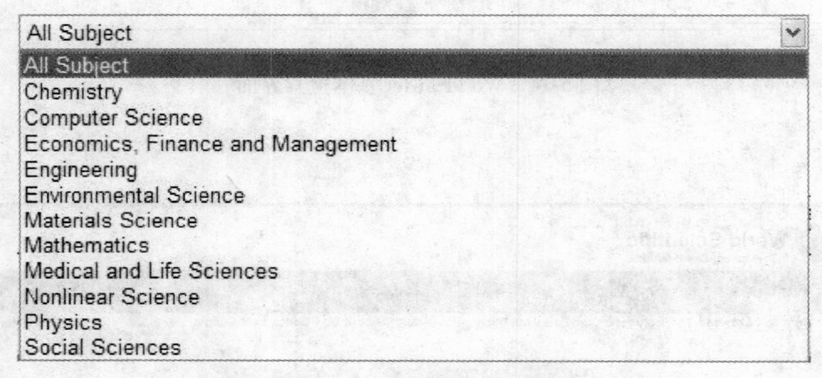

图 5-17　主题限定下拉菜单

思　考　题

1. 简述 ISI 系列数据库的特色检索功能。
2. 简述 INSPEC 数据库的常规及辅助检索方式。
3. 简述 Dialogweb 的使用方法。
4. 简述 OCLC First Search 的使用方法。
5. 简述从 ACM 数据库获取全文的方式。
6. 简述从 world SciNet 数据库获取全文的方式。

第 6 章　专利基本知识与专利信息检索

6.1　专利基础知识

6.1.1　专利的概念

专利是知识产权的一种，所谓专利(Patent)是指国家以法律形式授予专利申请人在法定期限内对其发明创造享有的独占、使用和处分的权利。

在不同的上下文中，“专利”有不同的含义，至少有三种：

1）专利权。

2）取得专利权的发明创造。

3）专利文献。

从法律角度说，“专利”通常指的是专利权(Patent Right)。所谓专利权，是指依照专利法的规定，权利人对其获得专利的发明创造，在法定期限内所享有的独占权和专有权。

6.1.2　专利的特点

专利，同其他知识产权一样，具有以下特征：

1. 独占性

也称排他性、垄断性、专有性等。专利权的独占性是指专利权人对其获得专利的发明创造，享有独占或专有的权利。

2. 时间性

专利权的时间性是指专利权有一定的期限。各国专利法对专利权的有效保护期限以及计算保护期限的开始时间不尽相同。我国 2008 年新修订的专利法第 42 条规定：“发明专利权的期限为二十年，实用新型专利权和外观设计专利权的期限为十年，均自申请日起计算。”

专利权超过法定期限或因故提前失效，任何人可无偿自由使用，这些失效专利已经成为全世界的公共财富。

3. 地域性

专利权的地域性是指一个国家或地区授予的专利权，只在该国或该地区才有效，对其他国家或地区没有任何法律约束力。因此，一件发明创造如果要在多国都得到法律保护，则必须分别在这些国家都要申请专利。

4. 法定授权性

专利权的法定授权性是指一项发明不是自然而然就会成为专利的，而是需要经过国家专利主管机关依法批准授予的。

6.1.3 专利的种类

专利的种类，即专利权的客体，也就是专利法的保护对象，各国专利法规定不尽相同。如美国专利法规定保护对象有发明专利、外观设计专利和植物专利。我国的专利则分为以下三类：发明专利、实用新型专利和外观设计专利，日本、德国、意大利等国也将本国专利如此分类。

1. 发明专利

发明专利(Patent for an Invention)是指对产品、方法或者其改进所提出的新的技术方案。可分为产品发明和方法发明两大类。

2. 实用新型专利

实用新型专利(Utility Models)是指对产品的形状、构造或者其结合所提出的适于实用的新的技术方案。

3. 外观设计专利

外观设计专利(Designs)是指对产品的形状、图案或者其结合以及色彩与形状、图案的结合所作出的富有美感并适于工业应用的新设计。

6.2 专利文献

6.2.1 专利文献的概念

专利文献中蕴含着大量的技术、法律及经济信息，这些信息对于广大的专利工作者、发明爱好者、科技人员、企业管理干部以及理工科高校的师生来说具有重要的作用。著名桥梁学专家茅以升先生曾说："专利文献是科学与生产之间的桥梁。"则生动地描述了专利文献的重要作用。

所谓专利文献(Patent Documentation)，从狭义上讲是指各国或世界专利组织出版的专利说明书、权利要求书、说明书附图和摘要；从广义上讲还包括各种专利文献检索工具，包括专利公报、专利索引、专利题录、专利文摘、专利分类表等，以及与专利有关的法律文献等。在种类繁多的专利文献中，专利说明书是专利文献的核心。

6.2.2 专利文献的特点与用途

1. 专利文献的特点

专利文献具有领域广泛、内容详尽、技术新颖、格式统一以及报道迅速等特点。

2. 专利文献的用途

如前文所述，专利文献中含有多方面的信息，包括技术、法律以及经济方面的信息，因此，其用途非常广泛。概括起来，主要有以下几项：

（1）专利性调查

一项发明不能自然而然成为专利，它必须具备新颖性、创造性和实用性的实质条件才有可能被批准成为一件专利，其中新颖性、创造性和实用性通常称为专利的三性，或叫专利性(Patentability)。

（2）侵权调查

单位或个人研究新课题之前，应当查阅专利文献，避免盲目研究；企业向国外出口新产品之前，也应当查阅专利文献，判断是否会造成侵权，从而避免不必要的损失。

（3）技术引进前调查

在技术引进工作中，通过检索并分析专利文献，可以了解技术领域的发展动向，摸清技术的发展水平，以便切实掌握情况，正确作出技术引进或自行研制的决策，从而避免不必要的损失。

（4）解决技术问题调查

专利文献是详细记载发明创造内容的技术文件，根据世界知识产权组织（WIPO）的统计，在研究工作中，善于利用专利文献可以节省60%的研究时间以及40%的研究经费。通过借鉴他人的思路和设想，往往可以给自己以启迪，用较短的时间研制出新产品、新发明。

（5）技术预测与评价调查

专利文献对技术进展有指示作用，通过对同一技术领域不同时期的专利文献的分析研究，便可了解该技术领域的现状与发展动向，从而对该技术领域作出评价和预测。

6.2.3 中国专利文献

如前所述，专利文献包括专利说明书以及能够检索到专利说明书的各种专利文献检索工具，本节具体介绍中国专利说明书及中国专利检索工具。

1. 中国专利说明书

（1）中国专利说明书的种类

中国国家知识产权局出版发明专利和实用新型专利说明书。外观设计专利没有说明书和权利要求书，外观设计的图片或者照片及其简要说明，在《外观设计专利公报》中予以报道。

由于我国专利法对三种专利申请实行两种审查制度：对发明专利申请，采用早期公开、延迟审查的制度，而对实用新型和外观设计的专利申请，采用形式审查制度。因此，1993年以后出版的专利说明书，在审查程序的不同阶段出版有三种类型：

一是发明专利申请公开说明书，这种说明书是国家知识产权局对发明专利申请进行初步审查后出版的。

二是发明专利说明书，它是国家知识产权局对发明专利申请进行实质性审查并批准授权后出版的。

三是实用新型专利说明书，它是国家知识产权局对实用新型专利申请进行初步审查并批准授权后出版的。

（2）中国专利说明书的编号体系

中国专利说明书的编号体系，由于1989年和1993年专利法作了修改而分成为三个阶段。1985～1988年为第一阶段，1989～1992年为第二阶段，1993年以后为第三阶段。各个阶段使用的编号体系的变化见表6-1。

表6-1 中国专利的编号体系的变化

专利种类	编号名称	1985～1988年	1989～1992年	1993年后
发明	申请号（专利号）	88100001	89103229.2	93105342.1
实用新型		88210369	89204457.×	93200567.2
外观设计		88300457	89306181.4	93301329.×

（续）

专利种类	编号名称	1985～1988年	1989～1992年	1993年后
发明	公开号	CN88100001A	CN1030001A	CN1087369A
	审定号	CN88100001B	CN1030001B	CN1020584C（改称授权公告号）
实用新型	公告号	CN88210369U	CN2030001U	CN2131635Y（改称授权公告号）
外观设计	公告号	CN88300457S	CN3003001S	CN3012543D（改称授权公告号）

从表6-1可见，1985～1988年这一阶段中国专利说明书的编号采用了申请号、专利号、公开(公告)号、审定号共用一套号码的编号方式。三种专利申请号都是由8位组成，前两位表示年份；第三位数字表示专利种类：1代表发明，2代表实用新型，3代表外观设计；后5位数字是当年内该类专利申请的序号，编号每年自1号重新开始。专利号与申请号相同。公开号、审定号、公告号是在申请号前面冠以字母CN，后面分别标注大写英文字母A、B、U、S。CN是国际通用国别代码，表示中国。A是第一次出版的发明专利申请公开说明书，B是第二次出版的发明专利审定说明书，U是实用新型专利申请说明书，S是外观设计专利公告。

1989～1992年编号体系有了较大的变化，三种专利申请号由8位数变成了9位。前8位的含义不变，小数点之后是计算机校验码；公开号、审定号、公告号分别采用了7位数字的流水号编排方式，取消了其中的年份。起始号分别为：

发明专利申请公开号自CN1030001A开始；

发明专利申请审定号自CN1003001B开始；

实用新型专利申请公告号自CN2030001U开始；

外观设计专利申请公告号自CN3003001S开始。

其中首位数字表示专利种类：1代表发明，2代表实用新型，3代表外观设计。

1993年1月1日起实施修改后的专利法后，中国专利文献编号体系变化主要有：一是改变了后注字母，发明专利授权公告号后面标注字母改为C，实用新型和外观设计授权公告号后面的标注字母分别改为Y和D；二是改变了编号名称，发明专利说明书、实用新型专利说明书、外观设计专利公告的编号都称为授权公告号；三是自1994年起，发明专利申请号后5位申请序号中，以8和9打头的，如94190001.0表示指定中国的国际申请，其他含义不变。

2003年10月1日开始，专利申请号采取了新的形式，即将原先表示年份的两位数字变成4位，如200420000001.9。第5位数字表示专利种类：1代表发明，2代表实用新型，3代表外观设计，8代表进入中国国家阶段的专利合作条约(Patent Cooperation Treaty，PCT)发明专利申请，9代表进入中国国家阶段的PCT实用新型专利申请，其他含义不变。

2004年7月1日开始，专利文献号的使用又有了新规定：同一专利申请沿用首次赋予的申请公布号；同一专利申请的授权公告号沿用首次赋予的申请公布号；不同专利申请顺序编号。

2. 中国专利检索工具

按检索方式的不同，中国专利的检索工具可分为手工检索工具和计算机检索工具。

（1）手工检索工具

检索中国专利说明书的手工检索工具主要有中国专利公报、中国专利索引、中国专利分类文摘

1）中国专利公报的类型。中国专利公报按中国专利的类型分《发明专利公报》、《实用新型专利公报》、《外观设计专利公报》三种形式出版。

2）《中国专利索引》。《中国专利索引》是专利公报的年度累积本，分为《分类年度索引》、《申请人、专利权人年度索引》两个分册。

3）《中国专利分类文摘》。是根据中国专利公报重新加工编辑的二次文献，它按国际专利分类法 IPC 八个部出版 8 个分册。该文摘刊物分两个分册出版，即《中国发明专利分类文摘》(1985 年起出版)和《中国实用新型专利分类文摘》(1989 年起出版)，均为年度累积本，是深度检索中国专利信息的重要工具。

（2）计算机检索工具

检索中国专利说明书的计算机检索工具主要有中国专利文献光盘以及专利信息网络检索系统。有关专利信息网络检索系统将在“国内外主要专利检索系统”一节中作详细介绍，本节简要介绍中国专利文献光盘。

伴随着专利文献资料大量增加和电子信息产业的迅猛发展，知识产权出版社于 1992 年开发了第一批专利文献 CD-ROM 光盘，其后陆续出版多种光盘，每种光盘同时装载检索系统，用户可以非常方便地检索专利信息。目前，共有六大类近 10 种光盘向国内外出版发行，已成为中国专利文献主要载体。这六大类光盘分别是：《中国专利说明书全文》光盘、《中国专利数据库文摘》光盘、《中国专利公报》光盘、《外观设计》光盘、《专利说明书分类》光盘和《专利复审委员会决定》光盘。

6.3 国际专利分类法

国际专利分类法(International Patent Classification,IPC)是一种通用的专利文献分类系统，我国也采用国际专利分类法。IPC 在不同的上下文中，含义略有不同，它可代表国际专利分类法、国际专利分类号，也可以代表国际专利分类表。IPC 于 1968 年出版了第 1 版后，基本是每 5 年修订一次，出版新的版本，以适应新技术发展的需要。

目前，使用 IPC 的国家非常广泛，如法国、德国、俄罗斯、日本等国都先后放弃了本国专利分类法而改用 IPC。美国和英国在专利文献上仍用本国的专利分类法，但在专利说明书和专利文摘上都注有 IPC 分类号。因此，检索专利文献，熟悉 IPC 是非常重要的。

国际专利分类法采用五级分类体系。它将全部技术领域划分为 8 个部(Section)，20 个分部(Subsection)，以及大类(Class)、小类(Subclass)、主组(Main-Group)和分组(Subgroup)。8 个部分别用英文大写字母 A、B、C、D、E、F、G、H 表示，它是 IPC 系统的第一级，即最高分类级。20 个分部不构成分类体系的一级，没有分类号。大类为二级，小类为三级，主组为四级，分组为五级。五级分类下的再细分，则用圆点表示其等级位置。

1. 部

部(Section)用大写字母 A～H 中的一个字母表示。一个部的类名概括地指出属于该范围内的内容，8 个部的名称如下：

A 部——人类生活需要（Human Necessities）；

B 部——作业、运输（Performing Operations；Transporting）；

C 部——化学、冶金(Chemistry and Metallurgy)；

D 部——纺织、造纸(Textiles and Paper)；

E 部——固定建筑物(Fixed Construction)；

F 部——机械工程(Mechanical Engineering)；

G 部——物理学(Physics)；

H 部——电学(Electricity)。

2. 大类

每个大类(Class)的类号均由部的类号及在其后加上两位数字组成，每一个大类的类名表明该大类包括的内容。例如：H01：基本电气元件。

3. 小类

大类之下细分为许多小类(Subclass)。小类的类号用相应的部、大类符号加上一个大写英文辅音字母类号表示，小类的类名尽可能确切地表明该小类的内容。例如：H01C：电阻器。

4. 主组

每一小类下再划分许多主组(Main-Group)，主组类号由小类类号后面加 1～3 位的数字及“/00”组成。例如：H01C1/00：零部件。

5. 分组

分组(Subgroup)类号和主组类号相比，分组类号的“/”后为两位或两位以上的数字。例如：H01C1/12：集流器装置。

IPC 的“分组”内部还要进一步细分，其等级不能根据分组的编号来决定，而由分组类目前的圆点数决定，圆点数愈多，等级愈低。

6.4 国内专利信息检索系统

6.4.1 中国国家知识产权局专利检索系统

1. 检索系统介绍

收录自 1985 年 9 月 10 日以来公布的全部中国专利信息，包括发明、实用新型和外观设计三种专利的著录项目及摘要，并可浏览到各种说明书全文及外观设计图形。

2. 检索方法

该系统提供两种检索方法：普通检索和 IPC 分类检索。

（1）普通检索

1）登录。

国家知识产权局网站的网址是 http：//www. sipo. gov. cn/，其主页如图 6-1 所示。单击页面右下角“专利检索”的“高级搜索”按钮(图 6-1 方框部分)，即可进入到图 6-2 所示的普通检索界面。

图 6-1　中国国家知识产权局网站主页

专利检索　您现在的位置：首页>专利检索

专利检索

发明专利　实用新型专利　外观设计专利

申请(专利)号：　名　称：
摘　要：　申 请 日：
公开(公告)日：　公开(公告)号：
分 类 号：　主 分 类 号：
申请(专利权)人：　发明(设计)人：
地　址：　国 际 公 布：
颁 证 日：　专利 代理 机构：
代 理 人：　优 先 权：

检索　清除

IPC分类检索
说明书浏览器下载
浏览器安装说明
本网站免责声明
使用说明

数据库内容

1985年9月10日以来公布的全部中国专利信息，包括发明、实用新型和外观设计三种专利的著录项目及摘要，并可浏览到各种说明书全文及外观设计图形。

注意事项

1、本数据库面向公众提供免费专利检索服务。鉴

图 6-2　普通检索界面

本检索系统共提供有 16 个检索入口，分别是：

号码类(4 个)：申请(专利)号、公开(公告)号、分类号、主分类号；

主题类(2 个)：名称、摘要；

日期类(3 个)：申请日、公开(公告)日、颁证日；

人名机构类(4 个)：申请(专利权)人、发明(设计)人、代理人、专利代理机构；

其他类(3 个)：地址、国际公布、优先权。

2) 检索方法。

检索时，可根据自己的检索目的和已知条件，选择合适的检索入口，然后输入相对应的检索词进行检索。检索入口可以选择一个或多个，各检索入口之间的逻辑关系为“逻辑与”。

在每个检索入口内部均可实行组合检索，组合的关系有三种：逻辑与(and)、逻辑或

(or)和逻辑非(not)。逻辑关系运算符可用英文(and、or、not)或对应的符号(*、+、-)表示，需要注意的是，如果使用英文形式的逻辑关系运算符，检索词前后需加空格，而使用符号形式的逻辑关系运算符则不允许加空格。

本系统支持截词符(?代替单个字符,%代替多个字符)检索，当已知条件中有不确定的部分时，可使用截词符进行模糊检索。

3）检索实例。

① 申请(专利)号、公开(告)号

申请(专利)号由8位数字组成，公开(告)号由7位数字组成，输入格式完全一致。例如：

已知申请号为02144686.5，则应键入02144686.5；

已知申请号不连续的几位为021和468，则应键入%021%468%。

② 分类号、主分类号

一项专利的分类号可由《国际专利分类表》查得。同一专利申请案具有若干个分类号时，其中第一个称为主分类号。例如：

已知(主)分类号为G06F15/16，则应键入G06F15/16；

已知(主)分类号中包含15和16，则应键入%15%16%。

③ 名称、摘要

已知专利名称(摘要)中包含“计算机”和“应用”，则可键入计算机 and 应用；

已知专利名称(摘要)中包含“计算机”或“控制”，则可键入计算机 or 控制；

已知专利名称(摘要)中包含“计算机”不包含“电子”，则可键入计算机 not 电子。

④ 申请日、公开(公告)日、颁证日

三种日期输入格式完全一致，都由年、月、日三部分组成，各部分之间用圆点隔开，“年”为4位数字，“月”和“日”为一或两位数字。以公开日为例：

已知公开日为2003年某月01日，则可键入2003.01；

已知公开日为某年01月01日，则可键入.01.01；

如果检索2002到2003年公开的专利信息，则可键入2002 to 2003。

⑤ 申请(专利权)人、发明(设计)人、代理人、专利代理机构

申请(专利权)人、发明(设计)人可以是个人，也可以是团体；专利代理机构为团体，代理人通常为个人。例如：

已知申请人姓丁或姓李，且名字中包含“水”，则应键入(丁 or 李) and 水；

已知专利代理机构中包含长春科字，则应键入长春科字。

⑥ 地址

已知申请人地址中包含辽宁省鞍山市，则应键入辽宁省鞍山市；

已知申请人地址邮编为300130，地址为某市光荣道8号，则应键入300130%光荣道8号(邮编在前)。

⑦ 国际公布

已知国际申请为日本，则应键入“日”；

已知PCT公开号为WO94/17607，则应键入WO94/17607，或键入WO94.17607，或键入94/17607；

已知公布日期为1999. 3. 25，则应键入1999. 3. 25，或键入99. 3. 25。

⑧ 优先权

优先权字段中包含表示国别的字母和表示编号的数字。例如：

已知专利的优先权属于日本，且编号为327963，则应键入JP%327963（字母大小写通用）。

（2）IPC分类检索

该检索系统提供按国际专利分类号浏览检索的功能。单击图6-2所示的检索界面右侧的“IPC分类检索”按钮，即可进入IPC分类检索界面，如图6-3a所示。

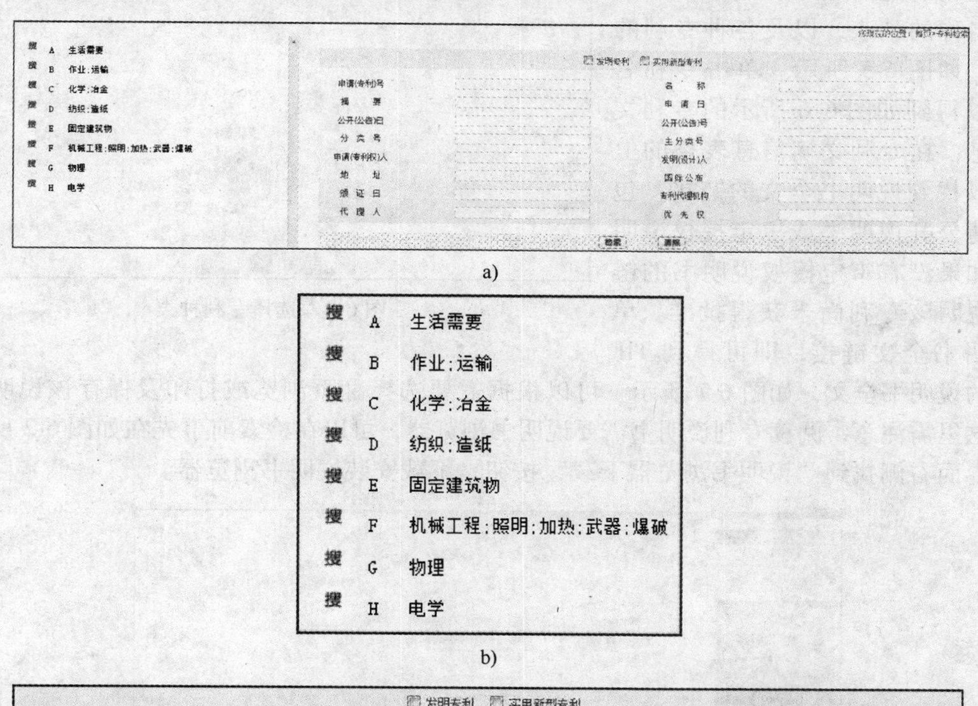

a)

b)

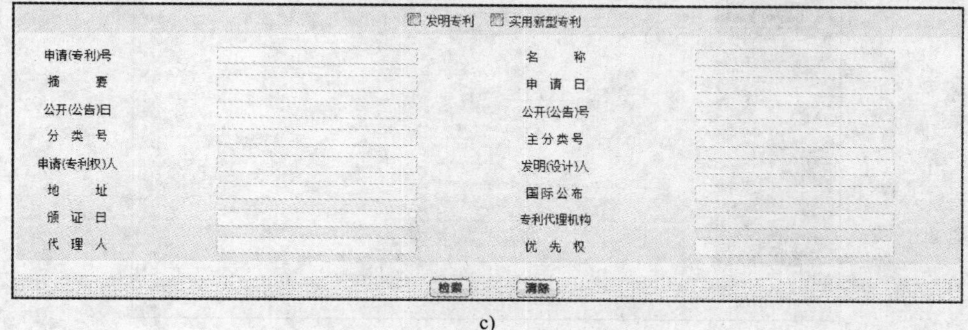

c)

图6-3 IPC分类检索界面

IPC分类检索方式提供发明和实用新型两种类别的专利信息，检索方式有两种：一种是单击界面左侧（见图6-3b）的类号类名链接一级一级地进行浏览，然后选定其中一条类目，单击分类号左侧的“搜”图标，即可得到该分类下发明和实用新型两种类别的专利信息；另一种是当单击类号类名链接时，该类别的分类号即可被自动添加到界面右侧的“分类号”

检索词输入框中(见图6-3c)，这时选择专利类别(发明和实用新型)，然后单击“检索”按钮，可得到选择的发明或实用新型专利的信息。

3. 检索结果处理

如检索名称中含有“空气清新剂”的专利，在“名称”中输入检索词“空气清新剂”后，应在检索界面上方选择专利种类，见图6-4方框部分，可根据需要选择一种或多种，然后单击“检索按钮”，将会得到相关专利的申请号与名称的列表，以及各种专利的数量，如图6-5所示。单击专利名称可以得到如图6-6所示的专利文摘信息，在专利文摘信息表格的上方可以找到说明书全文的链接，包括申请公开说明书或审定授权说明书，如果没有审定授权说明书的链接，说明该专利尚未获得批准。单击说明书全文链接，即可得到TIF格式的说明书全文，如图6-7所示。可以根据需要选择翻页浏览或打印及保存该说明书全文。这里需注意，阅读专利说明书需要说明书浏览器，可以在检索前事先在如图6-2所示的检索界面右侧找到“说明书浏览器下载”按钮，下载安装说明书浏览器。

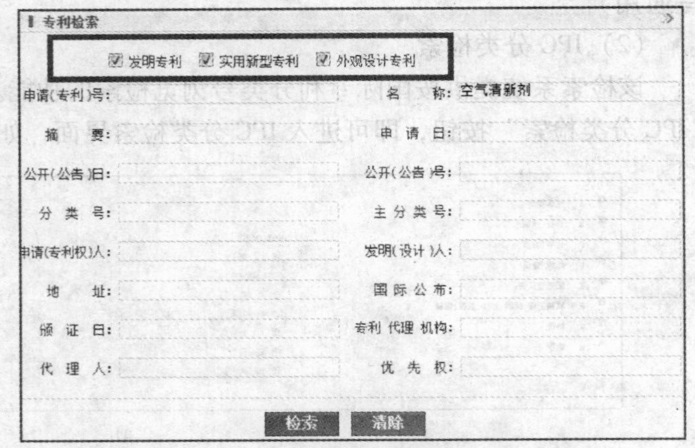

图6-4 选择专利种类

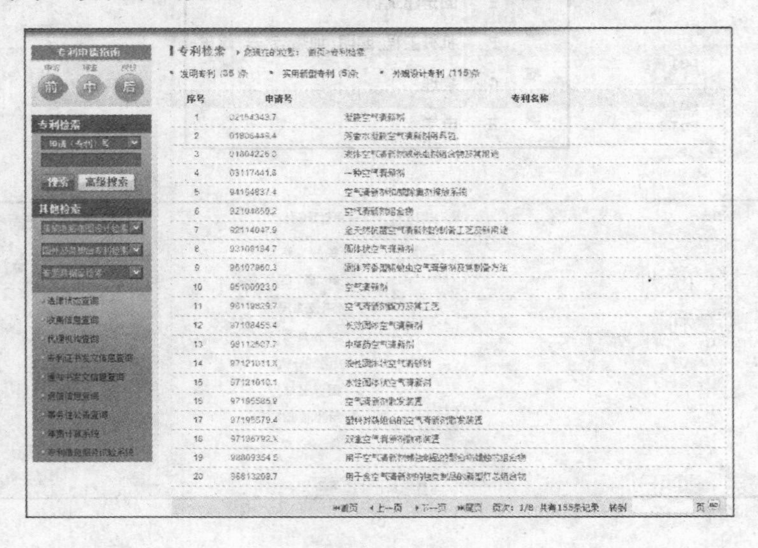

图6-5 “空气清新剂”的检索结果

6.4.2 中国知识产权网

1. 数据库介绍

中国知识产权网由国家知识产权局知识产权出版社主办，其研制开发的中外专利数据库

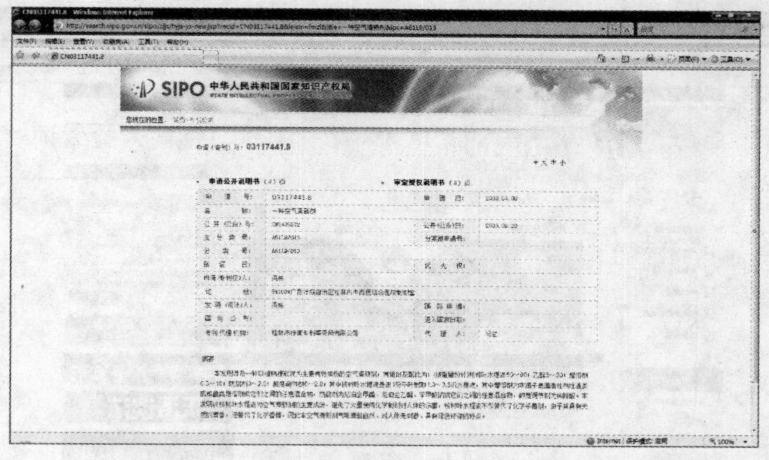

图 6-6 专利文摘信息

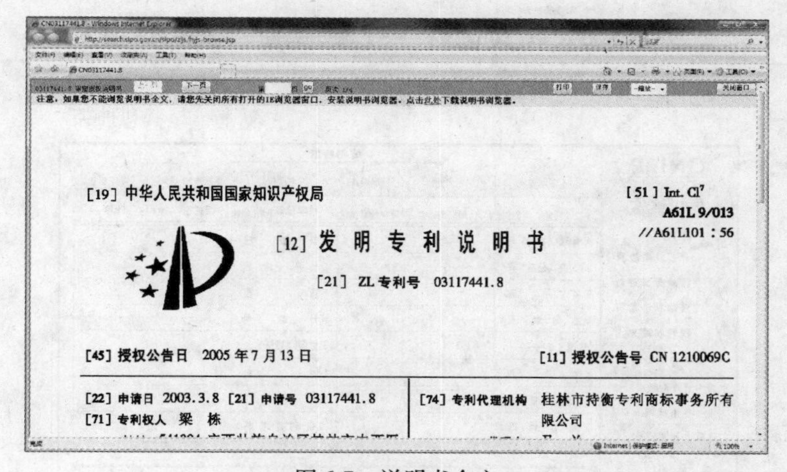

图 6-7 说明书全文

服务平台可在同一中文界面下对世界各国专利信息统一检索和浏览，可检索全部中国专利信息以及美国、日本、欧洲专利局、世界知识产权组织等八十多个国家、组织及地区在内的专利数据，所收录的专利数据范围可查看“数据范围”，总量达到五千万件以上。

2. 检索方法

(1) 登录

中国知识产权网的网址是 http://www. cnipr. com，其主页如图 6-8 所示。单击该页面中“高级检索”链接，即可进入到图 6-9 所示的中外专利数据库服务平台的中国专利检索界面。

(2) 检索方法

该平台主要提供以下几种检索方式：表格检索、逻辑检索，IPC 分类检索，每种检索方式还提供辅助检索方式：二次检索、过滤检索、同义词检索。

1) 二次检索是在前次检索结果的基础上重新限制检索条件进行检索。

2) 过滤检索是指在进行后一次检索时过滤掉前一次检索时命中的记录，避免重复浏览相同的记录。二次检索和过滤检索不能同时进行。

图 6-8　中国知识产权网主页

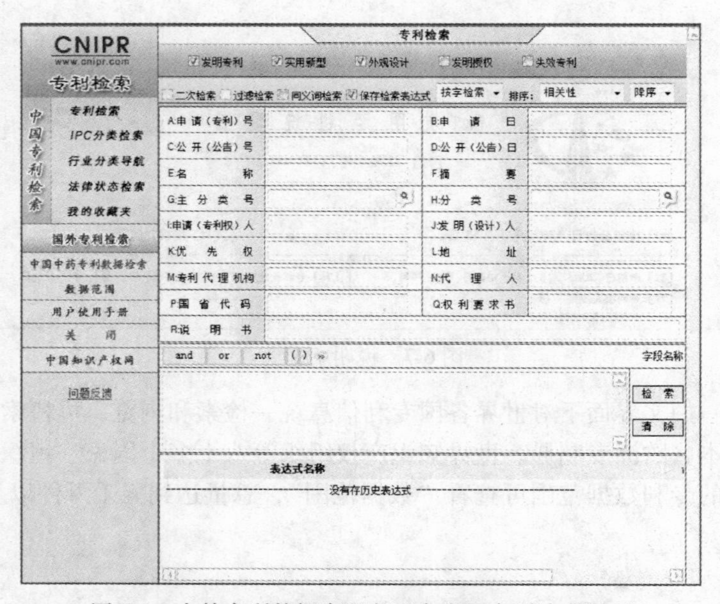

图 6-9　中外专利数据库服务平台中国专利检索界面

3）同义词检索是指检索名称或摘要中输入的检索词及该检索词的同义词的所有专利。如在摘要中输入“计算机”，用同义词检索，可得到摘要中含有“计算机”和“计算机”同义词的专利。同义词检索可以扩大检索范围，提高查全率。

4）系统还提供保存检索表达式的功能，保存后的检索表达式可以在逻辑检索的历史表达式中进行重命名、删除、锁定等操作。注册用户可以保存本次检索条件，以供今后使用。每个用户最多保存50条检索条件，如果超过50条检索条件，系统将自动删除最先保存的检索条件(按先删除未锁定的检索条件,再删除锁定的检索条件的顺序进行删除)。

使用表格和 IPC 分类方式检索的方法与国家知识产权局专利检索系统类似，这里不再赘述。在使用逻辑检索时，有两种方式：

一是直接在检索表达式输入框里输入检索式，检索式格式为："检索词/字段代码＋逻辑关系运算符(位置算符)＋检索词/字段代码……"。逻辑关系运算符和位置算符可单击检索表达式输入框上方的算符自动添加，如图 6-10 所示。

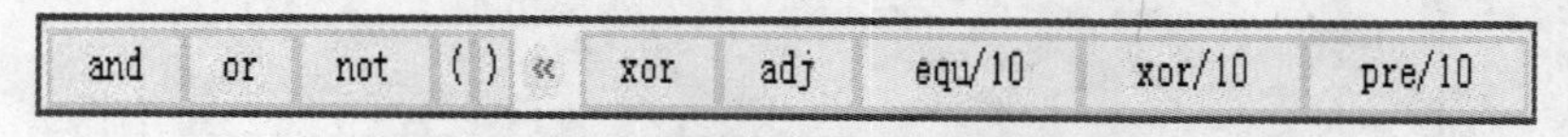

图 6-10　逻辑关系运算符和位置算符

各运算符含义分别为：

- xor(异或)：两个检索词只能取其一，不能同时出现。
- adj：两个检索词位置相邻且在结果中出现的前后次序不能颠倒。
- equ/10：两个检索词相隔 n 个词(默认为 10 个)且在结果中出现的前后次序不能颠倒。
- xor/10：两个检索词在 n 个词(默认为 10 个)以内不能同时出现。
- pre/10：两个检索词最多相隔 n 个词(默认为 10 个)且在结果中出现的前后次序不能颠倒。

字段代码则可单击检索表达式输入框右上方的"字段名称"获得，如图 6-11 所示。

名称/TI	申请（专利）号/AN	申请日/AD
公开（公告）号/PNM	公开（公告）日/PD	申请（专利权）人/PA
发明（设计）人/IN	主分类号/PIC	分类号/SIC
地址/AR	摘要/AB	优先权/PR
专利代理机构/AGC	代理人/AGT	主权项/CL
国际申请/IAN	国际公布/IPN	颁证日/IPD
分案原申请号/DAN	国省代码/CO	权利要求书/CLM
说明书/FT		

图 6-11　字段名称列表

二是根据已知条件在表格中对应输入检索词，然后单击对应字段名称，则可自动添加到检索表达式输入框里，再单击逻辑关系运算符进行组配。

(3) 检索实例

检索的基本步骤为：

1) 选择要检索的数据库(中国专利检索、国外专利检索或中国中药专利数据检索)。

2) 选择对检索结果的排序方式。

3) 选择检索方式以及是否保存检索表达式。

例如：在"中国专利检索"数据库中查找名称中含有"聚合物"的所有专利，并按申请日降序查看，则可以在"名称"中输入聚合物，或者单击该字段名称将其添加到检索表达式输入框里，然后选择全部专利并设置排序，单击检索后即可得到名称中含有"聚合物"的所有专利，如图 6-12 和图 6-13 所示。

3. 检索结果处理

用户可对检索结果作如下处理：

(1) 全选

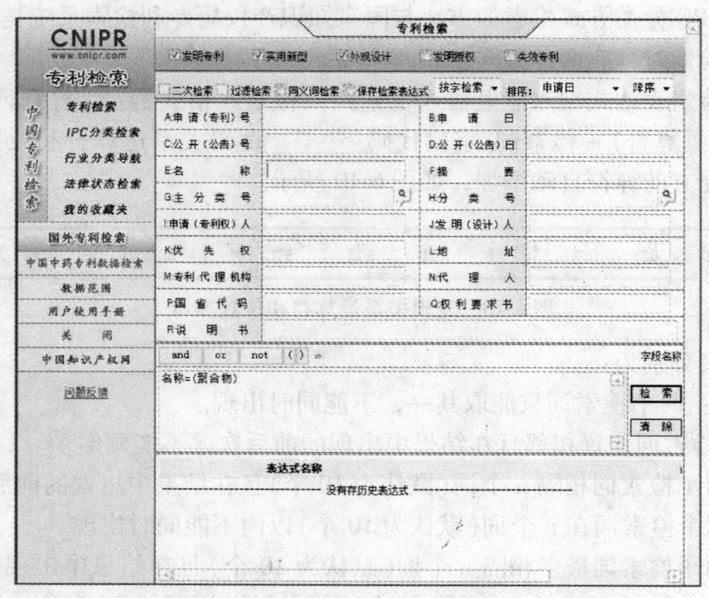

图 6-12 检索名称中含有“聚合物”的所有专利

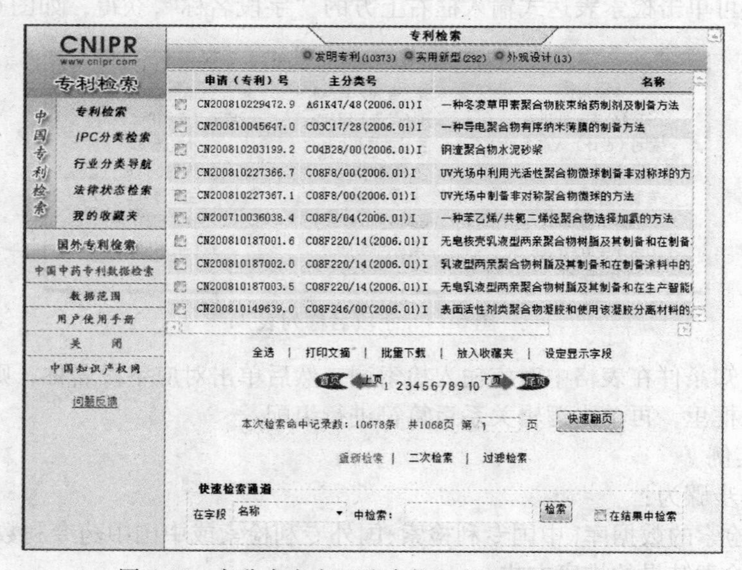

图 6-13 名称中含有“聚合物”的所有专利列表

单击“全选”，可将本页显示的记录全部选中，用户也可单击申请号左侧的复选框逐个选择。

（2）打印文摘

单击“打印文摘”，在弹出的网页对话框中选择输出内容，如图 6-14 所示，可将选择的专利文摘打印出来。

（3）批量下载

单击“批量下载”，在弹出的网页对话框中选择输出内容、文件保存类型（有 Excel 文件和专利数据文件两种可供选择），设置文件保存路径，如图 6-15 所示，可将选择的专利文摘下载到本地。如果是本站会员，则可保存说明书的图形数据。

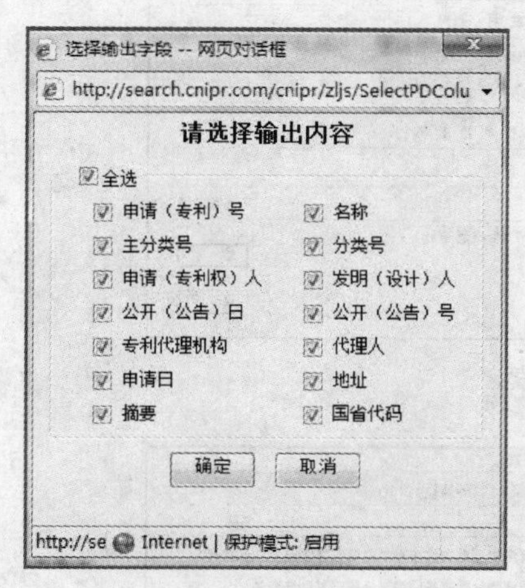

图 6-14 打印文摘输出内容选择

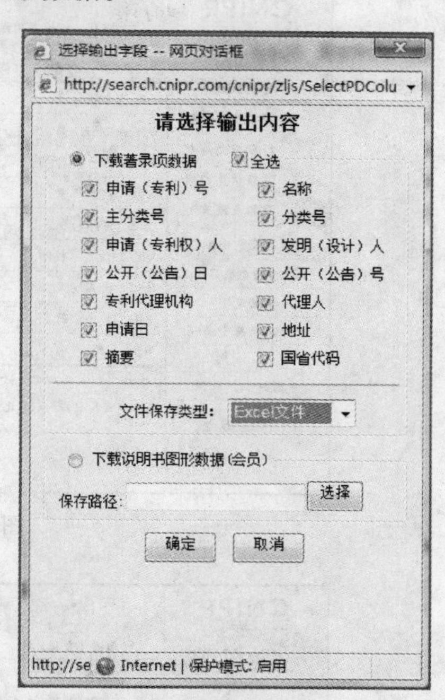

图 6-15 批量下载输出内容选择

（4）放入收藏夹

单击“放入收藏夹”，用户可将选择的专利保存到检索历史中，以后通过单击“检索历史”可直接查看这些专利，不必重新检索。检索历史只能保存 50 条信息，超过记录会自动删除，收藏记录按收藏时间倒排序。

（5）重新检索、二次检索、过滤检索

如上例得到的检索结果中，在这些名称中含有“聚合物”的专利中查找是否有“河北工业大学”申请的并且发明人是“范志新”的专利，则可以在如图 6-13 所示界面中单击“二次检索”返回表格检索或逻辑检索界面，在“申请(专利权)人”中输入“河北工业大学”，“发明(设计)人”中输入“范志新”，分别添加到检索表达式输入框中，并单击运算符“and”进行逻辑关系组配，按相关性降序排序，如图 6-16 所示，单击检索，即可得到如图 6-17 所示的检索结果。

（6）查看专利著录信息

单击“申请号”，可查看该件专利的基本著录项目、摘要和主权项，如图 6-18 所示。单击“法律状态”链接，还可查看该件专利的法律状态。在此页面中，也可选择打印或下载该件专利的文摘。

（7）浏览、打印、下载专利说明书

在图 6-18 所示页面中，单击“专利说明书全文”链接，即可显示该件专利的说明书全文。用户可一页页的浏览，也可打印或下载该说明书。

4. 授权中国发明专利和失效专利的检索

使用该系统可以检索已经获得授权的中国发明专利和失效专利，这是该系统的一大特点。

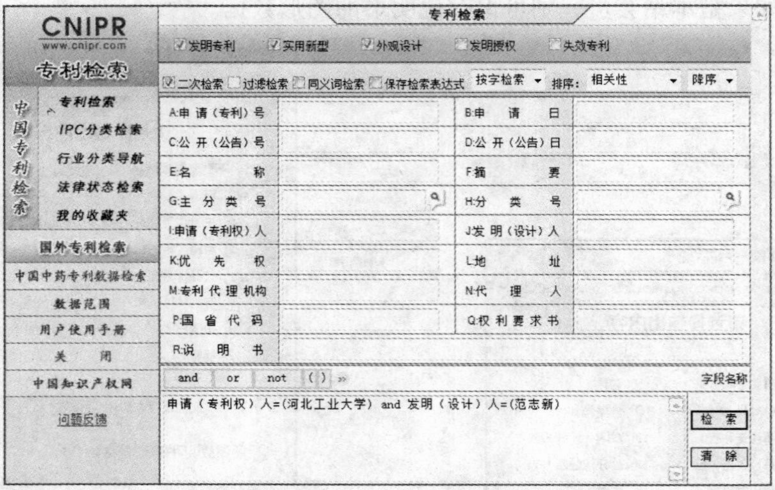

图 6-16　二次检索

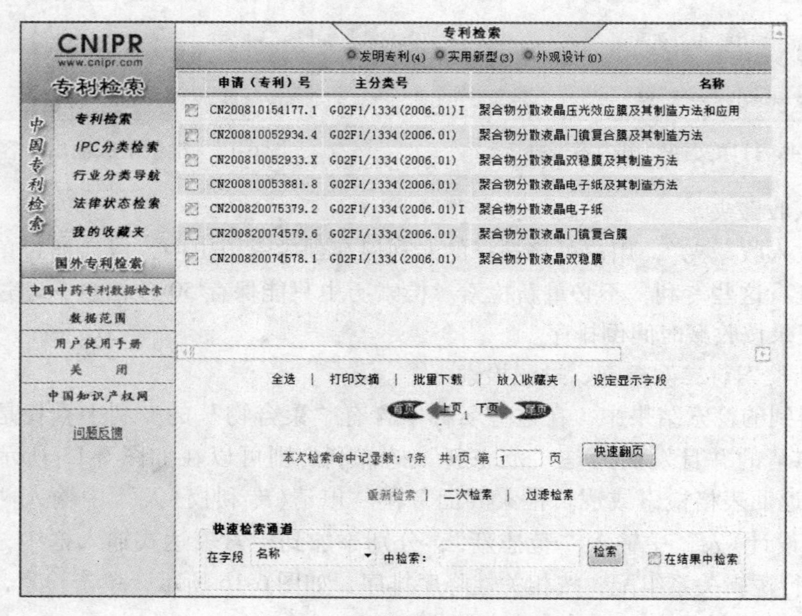

图 6-17　二次检索结果列表

如图 6-19 所示，在检索表格上方有 5 个数据库复选框，如果要检索已经获得授权的中国发明专利或失效专利，只勾选“发明授权”或“失效专利”即可，这样检索得到的就只是经过授权的中国发明专利或是失效专利。注意：失效专利不能和其他类型的专利同时检索。

6.4.3　其他国内相关专利网站

1. 中国专利信息网

中国专利信息网（www.patent.com.cn）由国家知识产权局专利检索咨询中心主办，通过互联网向社会公众提供专利信息服务。本网站具有中国专利文摘检索、中国专利英文文摘检索，以及独有特色的中文专利全文打包下载功能，采用会员制管理方式向社会公众提供网上

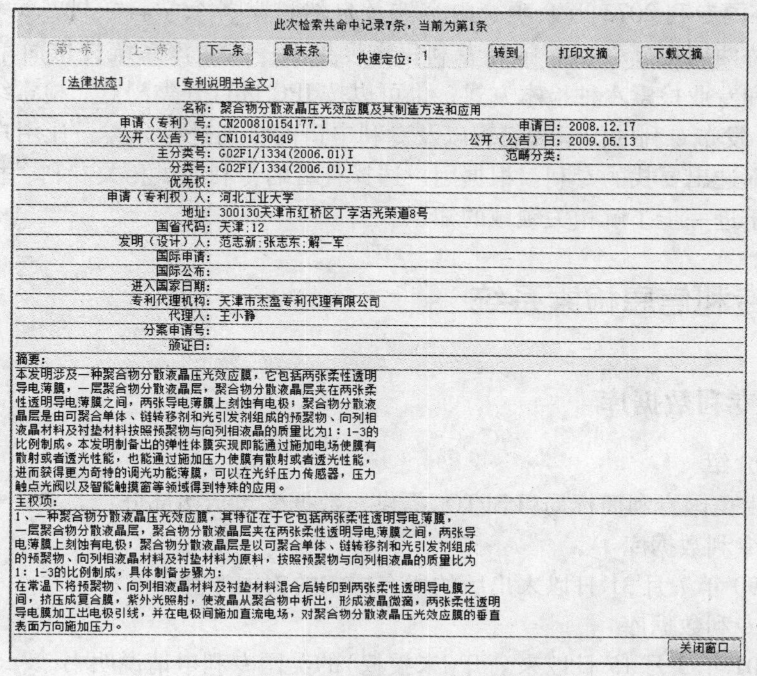
此次检索共命中记录7条，当前为第1条
第一条 上一条 下一条 最末条 快速定位：1 转到 打印文摘 下载文摘
[法律状态] [专利说明书全文]
名称：聚合物分散液晶压光效应膜及其制造方法和应用
申请（专利）号：CN200810154177.1 申请日：2008.12.17
公开（公告）号：CN101430449 公开（公告）日：2009.05.13
主分类号：G02F1/1334(2006.01)I 范畴分类：
分类号：G02F1/1334(2006.01)I
优先权：
申请（专利权）人：河北工业大学
地址：300130天津市红桥区丁字沽光荣道8号
国省代码：天津；12
发明（设计）人：范志新；张志东；解一军
国际申请：
国际公布：
进入国家日期：
专利代理机构：天津市杰盈专利代理有限公司
代理人：王小静
分案申请号：
颁证日：
摘要：
本发明涉及一种聚合物分散液晶压光效应膜，它包括两张柔性透明导电薄膜，一层聚合物分散液晶层，聚合物分散液晶层夹在两张柔性透明导电薄膜之间，两张导电薄膜上刻蚀有电极；聚合物分散液晶层是由可聚合单体、链转移剂和光引发剂组成的预聚物、向列相液晶材料及衬垫材料按照预聚物与向列相液晶的质量比为1：1-3的比例制成。本发明制备出的弹性体膜实现即能通过施加电场使膜有散射或者透光性能，也能通过施加压力使膜有散射或者透光性能，进而获得更为奇特的调光功能薄膜，可以在光纤压力传感器，压力触点光阀以及智能触摸窗等领域得到特殊的应用。
主权项：
1、一种聚合物分散液晶压光效应膜，其特征在于它包括两张柔性透明导电薄膜，一层聚合物分散液晶层，聚合物分散液晶层夹在两张柔性透明导电薄膜之间，两张导电薄膜上刻蚀有电极；聚合物分散液晶层是以可聚合单体、链转移剂和光引发剂组成的预聚物、向列相液晶材料及衬垫材料为原料，按照预聚物与向列相液晶的质量比为1：1-3的比例制成，具体制备步骤为：
在常温下将预聚物、向列相液晶材料及衬垫材料混合后转印到两张柔性透明导电薄膜之间，挤压成复合膜，紫外光照射，使液晶从聚合物中析出，形成液晶微滴，两张柔性透明导电薄膜加工出电极引线，并在电极间施加直流电场，对聚合物分散液晶压光效膜的垂直表面方向施加压力。
关闭窗口

图6-18 专利著录信息

图6-19 授权专利或失效专利的检索

检索、网上咨询、论坛交流、公众自我宣传、邮件管理等服务，是提供专利信息综合性服务的网络平台。检索服务项目包括：授权专利检索、专利法律状态检索、同族专利检索、香港短期专利检索、对某技术、某企业的国内外专利进行定期跟踪检索以及查新检索和专题检索等。

2. 中国知网中国专利数据库

（http://211.151.93.229/Grid2008/Vnis/brief.aspx.ID = SCPD）

《中国专利数据库》收录了1985年9月以来的所有专利，包含发明专利、实用新型专利、外观设计专利三个子库，准确地反映中国最新的专利发明。专利的内容来源于国家知识产权局知识产权出版社，相关的文献、成果等信息来源于CNKI各大数据库。可以通过申请号、申请日、公开号、公开日、专利名称、摘要、分类号、申请人、发明人、地址、专利代理机构、代理人、优先权等检索项进行检索，并下载专利说明书全文。该数据库双周更新。

与通常的专利库相比，该数据库中的每条专利的知网节集成了与该专利相关的最新文献、科技成果、标准等信息，可以完整地展现该专利产生的背景、最新发展动态、相关领域的发展趋势，可以浏览发明人与发明机构更多的论述以及在各种出版物上发表的信息。

3. 万方数据资源系统中的中外专利检索

（http://c.wanfangdata.com.cn/Patent.aspx）

该系统收录了国内外的发明、实用新型及外观设计等专利2400余万项，其中中国专利

331万余项，外国专利2073万余项。内容涉及自然科学各个学科领域，每年增加约25万条，中国专利每两周更新一次，国外专利每季度更新一次。该系统提供简单检索、高级检索、经典检索和专业检索4种检索方式，也可以按IPC进行分类浏览。检索结果按国际专利分类法(IPC)、发布专利的国家和组织以及专利申请的日期进行分类，让用户能从众多的检索结果中快速筛选出要找的专利。根据用户选择查看的专利提供相关专利、相关论文以及相关检索词，便于进一步了解相关领域的知识。

6.5 国外专利信息检索系统

6.5.1 美国专利数据库

1. 数据库介绍

该数据库由美国专利商标局(USPTO)提供，数据库包括两部分：

(1) 授权专利数据库

收录自1790年7月31日以来出版的所有授权的美国专利。

(2) 申请专利数据库

收录自2001年3月15日以来公开(未授权)的美国专利申请说明书。

2. 检索方法

(1) 登录

美国专利数据库网址为：http://patft. uspto. gov，其主页如图6-20所示。该主页分为左

图6-20 美国专利数据库主页

右两栏，左栏为授权专利数据库(Issued Patents)，右栏为申请专利数据库(Patent Applications)。在这个数据库系统中，可以免费获取自1790年以来所有美国专利说明书全文的扫描图形，其中1976年以后的美国专利还可以免费获取文本形式的专利说明书全文。

由于两个数据库的检索方法基本一致，因此以下主要以授权专利数据库为例说明该系统的使用方法。

(2) 检索方法

授权数据库有三个检索入口，分别是快速检索(Quick Search)、高级检索(Advanced Search)、专利号检索(Patent Number Search)。

1) 快速检索(Quick Search)。

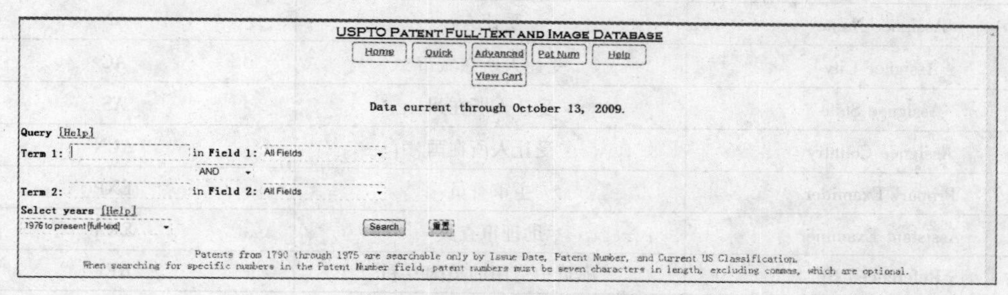

图6-21 快速检索页面

单击"Quick Search"，进入到如图6-21所示的快速检索页面。检索时在"Term 1"和"Term 2"后的方框内输入检索词，检索词可以是单个的词，也可以是词组，如果是精确的词组则应加英文输入状态下的双引号；然后根据检索词的特征在其后的"field"的下拉菜单中选择对应的检索字段进行限定，系统默认在"All Fields"(全部字段)中检索，其他可供选择的检索字段共有30个，各字段含义及代码见表6-2。

表6-2 美国专利检索字段

字段名称	中文含义	缩写代码
Patent Number	专利号	PN
Issue Date	公告日	ISD
Title	发明名称	TTL
Abstract	摘要	ABST
Claim(s)	权利要求	ACLM
Description/Specification	描述/说明书	SPEC
Current US Classification	美国专利分类号	CCL
International Classification	国际专利分类号	ICL
Application Serial Number	申请序列号	APN
Application Date	申请日	APD
Parent Case Information①	说明书中的母案申请信息	PARN
Related US App. Data	扉页中的相关美国专利信息	RLAP
Reissue Data	再公告日	REIS
Foreign Priority	国外优先权	PRIR

（续）

字段名称	中文含义	缩写代码
PCT Information	PCT信息	PCT
Application Type	申请类别	APT
Inventor Name	发明人	IN
Inventor City	发明人所在城市	IC
Inventor State	发明人所在州	IS
Inventor Country	发明人所在国	ICN
Attorney or Agent	代理人	LREP
Assignee Name	受让人	AN
Assignee City	受让人所在城市	AC
Assignee State	受让人所在州	AS
Assignee Country	受让人所在国	ACN
Primary Examiner	主审查员	EXP
Assistant Examiner	助理审查员	EXA
Referenced By	扉页中引用的美国专利	REF
Foreign References	引用的国外专利	FREF
Other References	引用的其他参考文献（专利除外）	OREF
Government Interest	所涉及的政府利益	GOVT

① 只在高级检索中有，快速检索中无此项。

“Term 1”和“Term 2”用逻辑关系运算符连接，有三种运算符可供选择：“AND”（逻辑与）、“OR”（逻辑或）、“ANDNOT”（逻辑非）。

最后选择检索年限，在“Select years”的下拉菜单中有两个时间段可供选择：

一是“1976 to present”（1976年至今），这个时间段提供文本形式的专利说明书全文。

二是“1790 to present”（1790年至今），这个时间范围是数据库的全部收录范围。其中1790～1975年的专利只有说明书的扫描图形，而没有文本格式的全文，且这个时间段的专利，只能通过公告日、专利号和美国专利分类号进行检索。这里需注意的是，以上涉及的时间范围指的是专利出版的日期，即公开/公告日，而不是申请日。

例如，检索有关“Fire Protection”（防火）方面的专利，可在“Term 1”中输入Fire，“Term 2”中输入Protection，用“AND”组配，如图6-22所示。单击“Search”，即可得到检索结果，如图6-23所示，这里可以查看到命中篇数以及专利号和专利名称列表。每页显示50条检索结果，可以单击“Next 50 Hits”按钮浏览后面的记录，也可以在“Jump to”后的方框中输入要查看的记录号，直接跳至所选定的记录。

如果检索结果不能满足需要，则应改变检索策略以优化检索。在图6-23中，还有一个“Refine Search”输入框，这个输入框中自动显示上一次的检索式，如图6-23中显示的检索式为“TTL/fire AND TTL/protection”，其含义是检索专利名称中同时含有“fire”和“protection”的专利。如果想要了解这些专利中1996年一年公布的专利的数量，则可以在上述检索式后加上“AND ISD/19960101->19961231”，构成新的检索式“TTL/fire AND TTL/pro-

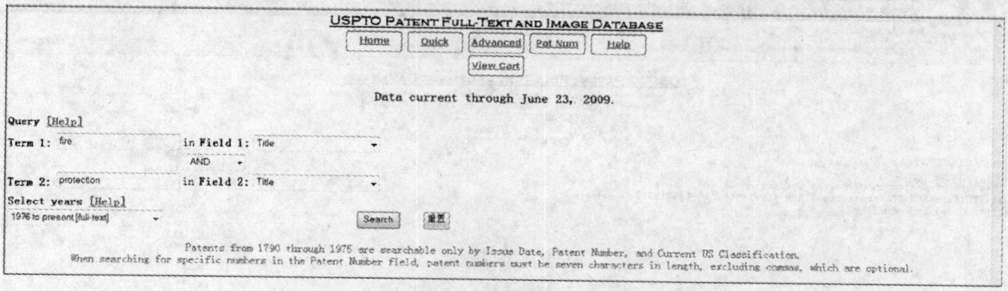

图 6-22　检索“Fire Protection”方面的专利

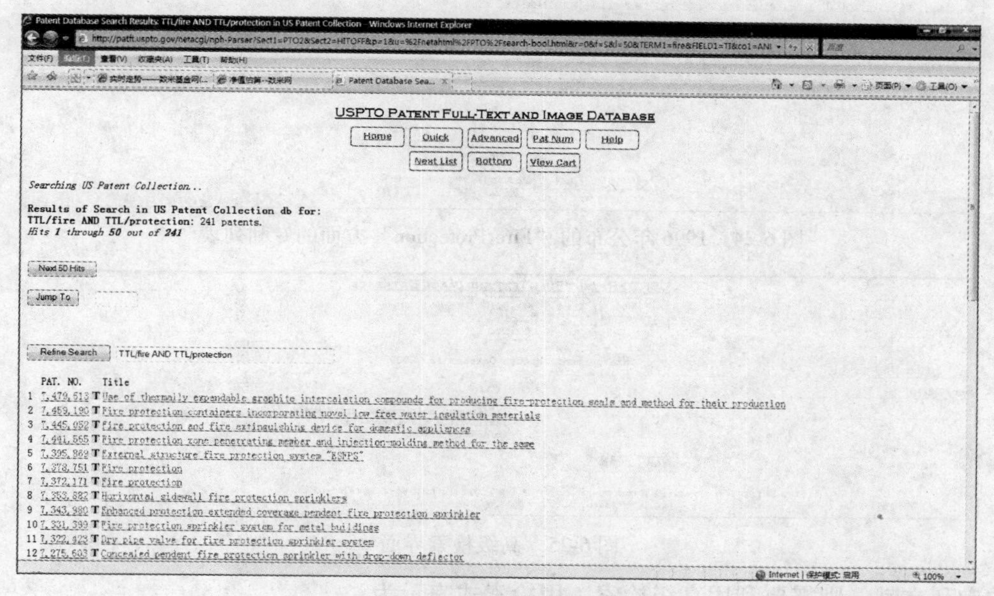

图 6-23　检索结果列表

tection AND ISD/19960101- > 19961231”，单击“Refine Search”，即可得到 1996 年公布的专利条数，如图 6-24 所示。在这个检索式中，用“19960101- > 19961231”表示 1996 年这个时间段，用符号“- >”表示时间范围。此外系统提供了截词符“$”，在上例中，也可以用“1996 $”表示 1996 年全年这个时间段，而“199612 $”则表示检索 1996 年 12 月整月申请或公开的专利。

单击专利号或专利名称链接，即可查看该件专利的著录信息，并可进一步获取文本形式或图像形式的说明书全文。

2）高级检索(Advanced Search)。

高级检索界面如图 6-25 所示。

该界面由“Query”下方的检索式输入框、年限选择下拉菜单和字段名称及代码对照表组成。检索时在检索式输入框中输入检索式进行检索，检索式的基本格式为：

字段名称缩写/检索词(空格)逻辑运算符(空格)字段名称缩写/检索词

其中字段名称缩写的含义见表 6-2。

例如，要检索 2000 年 9 月 12 日公布的，受让人为 MCNC 且专利名中包含 solder(焊接

Patent Database Search Results: TTL/fire AND TTL/protection AND ISD/19960101->19961231 in US Pa - Windows Internet Explorer

USPTO PATENT FULL-TEXT AND IMAGE DATABASE

Home Quick Advanced Pat Num Help

Bottom View Cart

Searching US Patent Collection...

Results of Search in US Patent Collection db for:
((TTL/fire AND TTL/protection) AND ISD/19960101->19961231): 9 patents.
Hits 1 through 9 out of 9

Jump To

Refine Search TTL/fire AND TTL/protection AND ISD/19960101->199

	PAT. NO.		Title
1	5,584,319	T	Electro-optical valve-status supervision switch circuit for fire protection
2	5,580,648	T	Reinforcement system for mastic intumescent fire protection coatings
3	5,533,576	T	Automatic on-off fire protection sprinkler
4	5,527,074	T	Fire protection door lock having a heat sensitive safety device
5	5,524,846	T	Fire protection system for airplanes
6	5,524,616	T	Method of air filtration for fire fighter emergency smoke inhalation protection
7	5,518,638	T	Fire extinguishing and protection agent
8	5,505,383	T	Fire protection nozzle
9	5,495,894	T	Fire protection filter

Top View Cart

Home Quick Advanced Pat Num Help

图 6-24 1996 年公布的“Fire Protection”方面的专利列表

USPTO PATENT FULL-TEXT AND IMAGE DATABASE

Home Quick Advanced Pat Num Help

View Cart

Data current through October 13, 2009.

Query [Help]

Examples:
ttl/(tennis and (racquet or racket))
isd/1/8/2002 and motorcycle
in/newmar-julie

Select Years [Help]
1976 to present [full-text]

Search 重置

Patents from 1790 through 1975 are searchable only by Issue Date, Patent Number, and Current US Classification.
When searching for specific numbers in the Patent Number Field, patent numbers must be seven characters in length, excluding commas, which are optional.

图 6-25 高级检索界面

剂)的专利文献，则需要利用高级检索，用检索式表示为：

ISD/20000912 AND AN/MCNC AND TTL/solder

3）专利号检索(Patent Number Search)。

专利号检索是非常简单、直接的检索方式。如果已知美国专利号，可直接单击“Patent Number Search”进入到专利号检索界面，如图 6-26 所示。

在“Query”下方的方框中输入专利号(有无逗号均可)，如 5,146,634 或 5146634，单击“Search”后即可得到该件专利的文本形式的全文信息，如图 6-27 和图 6-28 所示。

USPTO PATENT FULL-TEXT AND IMAGE DATABASE

Home Quick Advanced Pat Num Help

View Cart

Data current through October 13, 2009.

Enter the patent numbers you are searching for in the box below.

Query [Help]

Search Reset

All patent numbers must be seven characters in length, excluding commas, which are optional. Examples:

Utility -- 5,146,634 6923014 0000001
Design -- D339,456 D321987 D000152
Plant -- PP08,901 PP07514 PP00003
Reissue -- RE35,312 RE12345 RE00007
Defensive Publication -- T109,201 T855019 T100001
Statutory Invention Registration -- H001,523 H001234 H000001
Re-examination -- RX12
Additional Improvement -- AI00,002 AI000318 AI00007

图 6-26 专利号检索界面

USPTO PATENT FULL-TEXT AND IMAGE DATABASE

Home | Quick | Advanced | Pat Num | Help

Bottom

View Cart | Add to Cart

Images

(1 of 1)

United States Patent　　5,146,634
Hunt　　September 15, 1992

Three zone bed cover with an inflatable human form

Abstract

Sleeping bags and bed covers are provided with selectively designed heat retention comfort zones so as to provide variable degrees of warmth along the length of a user. The covers provide light insulation between a user's hips and shoulders, medium insulation between the hips and knees, and heavy insulation between the knees and feet. In an alternative embodiment, an inflatable body form may be provided to give the appearance of someone sleeping beneath the cover to provide greater security from intruders.

Inventors: Hunt; Lewis (New Lisbon, IN)
Appl. No.: 07/757,639
Filed: September 11, 1991

Current U.S. Class: 5/486 ; 5/502
Current International Class: A47G 9/02 (20060101), A47G 9/00 (20060101); A47G 9/08 (20060101); A47G 009/00 ()
Field of Search: 5/486,482,502,413,449,485,464 2/64.5 446/220,226,223

References Cited [Referenced By]

U.S. Patent Documents

2064483　December 1936　Bulpit

图 6-27　文本形式的全文信息(1)

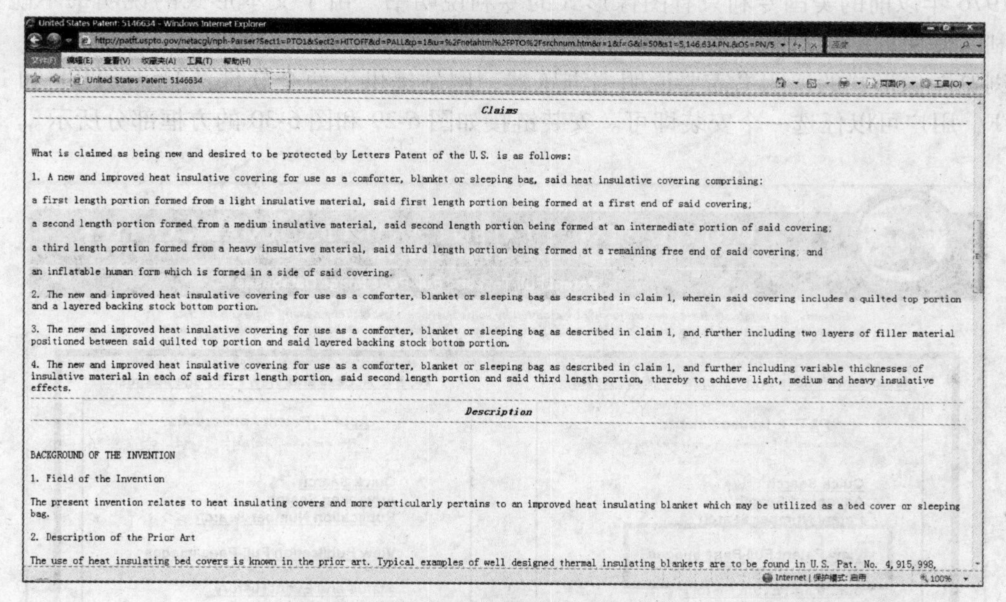

Claims

What is claimed as being new and desired to be protected by Letters Patent of the U.S. is as follows:

1. A new and improved heat insulative covering for use as a comforter, blanket or sleeping bag, said heat insulative covering comprising:

a first length portion formed from a light insulative material, said first length portion being formed at a first end of said covering;

a second length portion formed from a medium insulative material, said second length portion being formed at an intermediate portion of said covering;

a third length portion formed from a heavy insulative material, said third length portion being formed at a remaining free end of said covering; and

an inflatable human form which is formed in a side of said covering.

2. The new and improved heat insulative covering for use as a comforter, blanket or sleeping bag as described in claim 1, wherein said covering includes a quilted top portion and a layered backing stock bottom portion.

3. The new and improved heat insulative covering for use as a comforter, blanket or sleeping bag as described in claim 1, and further including two layers of filler material positioned between said quilted top portion and said layered backing stock bottom portion.

4. The new and improved heat insulative covering for use as a comforter, blanket or sleeping bag as described in claim 1, and further including variable thicknesses of insulative material in each of said first length portion, said second length portion and said third length portion, thereby to achieve light, medium and heavy insulative effects.

Description

BACKGROUND OF THE INVENTION

1. Field of the Invention

The present invention relates to heat insulating covers and more particularly pertains to an improved heat insulating blanket which may be utilized as a bed cover or sleeping bag.

2. Description of the Prior Art

The use of heat insulating bed covers is known in the prior art. Typical examples of well designed thermal insulating blankets are to be found in U.S. Pat. No. 4,915,998,

图 6-28　文本形式的全文信息(2)

由于1976年之前没有文本形式的信息，若遇到1976年之前的美国专利，单击页面上方的“Image”按钮，则可得到图像形式的说明书全文。

由于美国专利文献有多种形式，其专利号码也各不相同，各种专利号的输入格式见表6-3。

表6-3　专利号的输入格式

Utility(一般专利)	5146634	Reissue(再公告专利)	RE35312
Design(设计专利)	D339456	Defensive Publication(防卫公告专利)	T109201
Plant(植物专利)	PP08901	Statutory Invention Registration(依法登记的发明)	H001523

注意：若一般美国专利号前带有国别代码，如US5146634，在检索时不要输入“US”。

另外，在申请专利数据库中，其号码检索是“Publication Number Search”，即公开号检索，该公开号的输入格式为：年份＋顺序号，其中年份为4位数，如2001，顺序号为7位数，不足7位的用“0”补足。例如检索美国专利申请US200144，不能直接输入200144，正确的输入格式应该是：20010000044。

3. 获取全文

前面提到，美国专利说明书的全文有两种形式：

（1）文本形式

这种形式的专利说明书包括专利的基本著录信息、权利要求以及详细描述。其中包含的“References Cited”部分可以查看其引用的参考文献，单击引用专利的专利号可以直接查看这些引用专利的详细信息；单击“Referenced By”链接可以显示该件专利被其他专利的引用情况。

获取这种形式的说明书全文只需单击浏览器菜单栏中的“文件——另存为”，将其存储到本地；或者全选该说明书全文，将其复制到“WORD”文档中即可保存下来。

（2）图像形式

1976年以前的美国专利只有图像形式的专利说明书。由于文本形式的说明书不能显示原专利文件中的图形信息，所以有时有必要获取图像形式的专利说明书。

浏览图像形式的说明书需要说明书浏览器，网站提供了两个软件：AlternaTIFF和interneTIFF，用户可以任选一个安装即可。安装链接如图6-29和图6-30的方框部分所示。

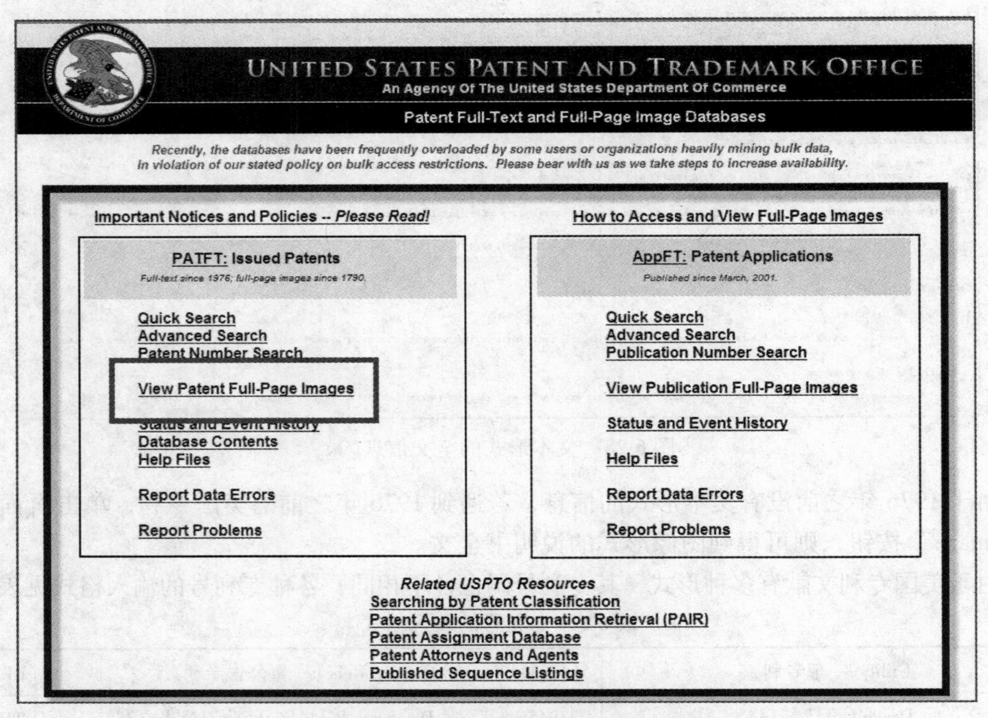

图6-29 说明书浏览器链接

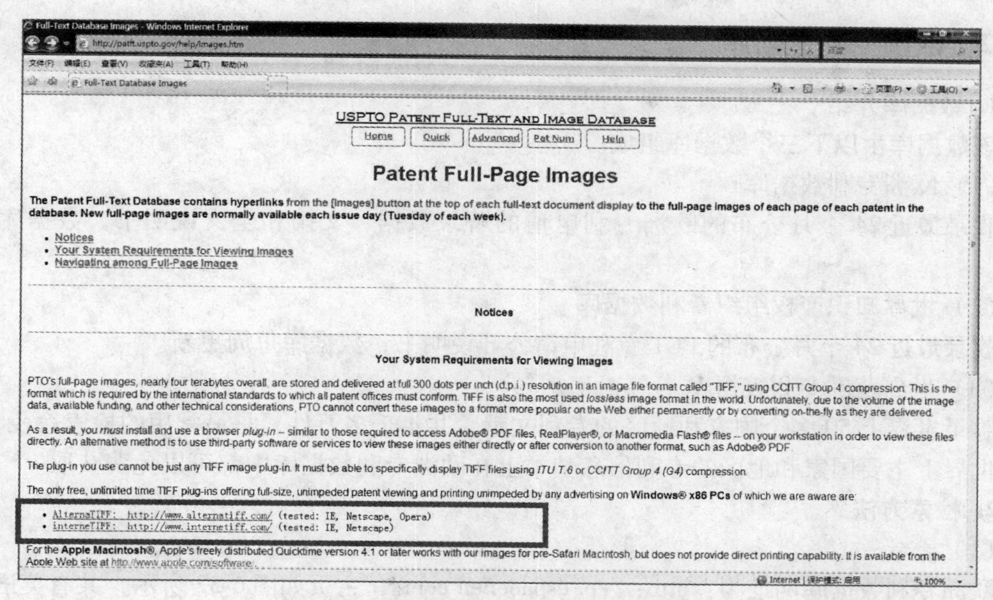

图 6-30 AlternaTIFF 和 interneTIFF 链接

安装完毕后，单击文本形式说明书页面上方的“Image”按钮(见图 6-27)，即可浏览图像形式的说明书全文，如图 6-31 所示。

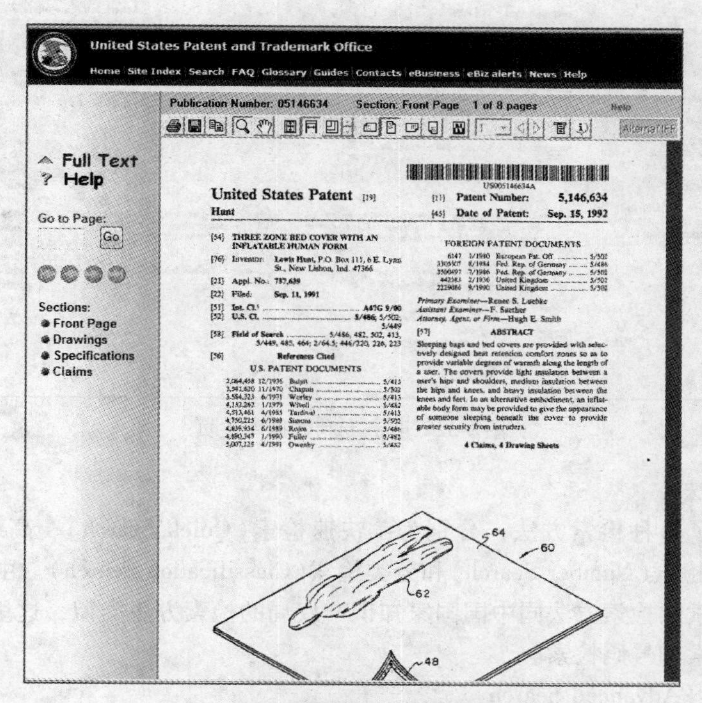

图 6-31 图像形式的说明书全文

用户可以通过图像浏览器提供的按钮对该件专利说明书选择翻页浏览、打印或保存等操作，这样便得到了图像形式的美国专利说明书的全文。

6.5.2 欧洲专利数据库

1. 数据库介绍

该数据库由以下三个数据库组成。

(1) 欧洲专利数据库

收录最近24个月公布的欧洲专利申请的著录数据、文摘和全文说明书，数据库每周更新。

(2) 世界知识产权组织专利数据库

收录最近24个月公布的PCT专利申请公开说明书，数据库每周更新。

(3) 世界范围专利数据库

收录世界上50多个国家和地区的专利文献，共4千多万件，是最常用的检索途径。

世界上主要国家和地区的专利信息基本上在欧洲专利数据库中都可以免费获取。

2. 检索方法

(1) 登录

欧洲专利数据库网址为：http://ep. espacenet. com/，主页如图6-32所示，共有英语、德语和法语三种语言版本的主页可供选择。

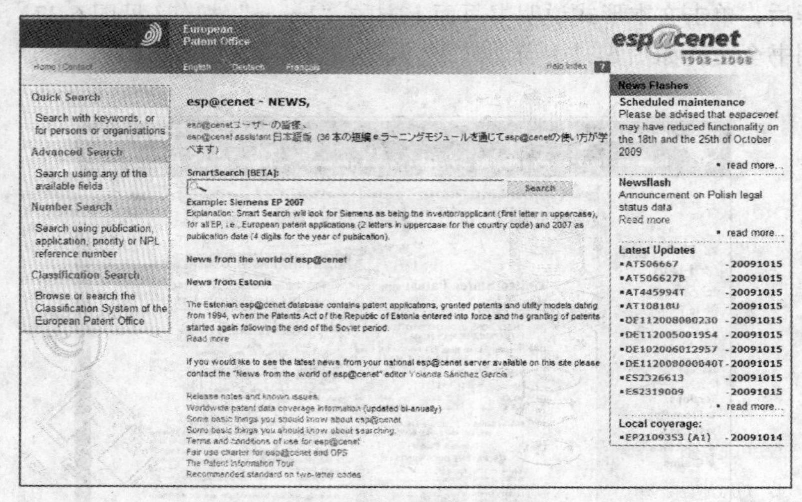

图6-32 欧洲专利数据库主页

(2) 检索方法

数据库提供了4种检索方法，分别为：快速检索(Quick Search)、高级检索(Advanced Search)、专利号检索(Number Search)和分类检索(Classification Search)。由于快速检索比较简单，且分类检索的检索方法同中国国家知识产权局的检索方法类似，这里不再赘述。下面重点介绍高级检索和号码检索。

1) 高级检索(Advanced Search)。

在欧洲专利数据库主页单击"Advanced Search"即可进入高级检索界面，如图6-33所示。

高级检索提供了10个检索入口，分别为：标题中的关键词(Keyword(s) in title)、标题

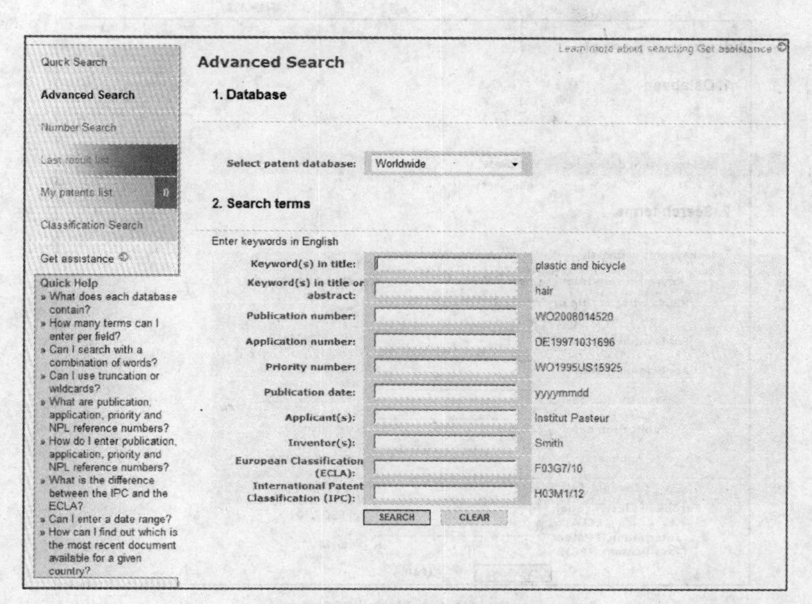

图 6-33 高级检索界面

或文摘中的关键词(Keyword(s) in title or abstract)、公开/告号(Publication number)、申请号(Application number)、优先权号(Priority number)、公开/告日(Publication date)、申请人(Applicant(s))、发明人(Inventor(s))、欧共体专利分类号 ECLA(European Classification(ECLA))、国际专利分类号(International Patent Classification(IPC))。这 10 个检索入口之间的关系为“逻辑与”。

检索时，可根据已知条件，选择相应的检索入口输入检索词，然后选择合适的检索范围(EP、WorldWide、WIPO,系统默认 WorldWide)进行检索。检索词可以是一个词，也可以是多个词，还可以是短语，可用逻辑关系运算符“and”（与），“or”（或），“not”（非）进行组配，检索词间的逻辑关系默认为“and”。短语检索时应给短语加双引号，如“laser printer”，这与输入 laser printer 的检索结果不同，因为 laser printer 相当于检索 laser and printer。

可以使用截词检索，系统提供的截词符为“?”，但截词符只在标题中的关键词(Keyword(s) in title)、标题或文摘中的关键词(Keyword(s) in title or abstract)、申请人(Applicant(s))和发明人(Inventor(s))4 个字段可以使用，而其他 6 个字段不支持截词符。

例如，检索课题：发明名称中包含 Heat stabilizer(热稳定剂)且公开日在 2008 年 1 月的专利，则可以在 Keyword(s) in title 中输入“Heat stabilizer”，在 Publication date 中输入“200801”（与美国专利数据库不同,不必输入表示时间段的符号,如 2008 年则只需输入“2008”即可)，最后选择在 WorldWide 范围内进行检索，如图 6-34 所示，单击“Search”，即可显示检索结果。在这里可以查看到检索结果的数量、专利的标题等简单信息(见图 6-35)。继续单击专利标题链接，将会显示该件专利的文献型信息，包括公开号、公开日、发明人、申请人、分类号、申请日、优先权号、优先权日、摘要等信息，如果有的话，还可以通过 View INPADOC patent family 查看该件专利的同族专利情况以及 View list of citing documents 查看其引用其他专利的情况，如图 6-36 所示。

Learn more about searching Get assistance

Advanced Search

1. Database

Select patent database: Worldwide

2. Search terms

Enter keywords in English

Field	Input	Example
Keyword(s) in title:	"Heat stabilizer"	plastic and bicycle
Keyword(s) in title or abstract:		hair
Publication number:		WO2008014520
Application number:		DE19971031696
Priority number:		WO1995US15925
Publication date:	200801	yyyymmdd
Applicant(s):		Institut Pasteur
Inventor(s):		Smith
European Classification (ECLA):		F03G7/10
International Patent Classification (IPC):		H03M1/12

SEARCH CLEAR

图 6-34 检索词输入

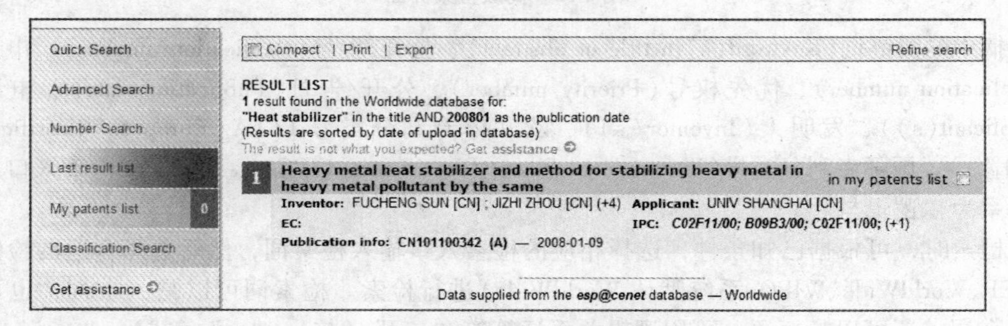

图 6-35 检索结果

In my patents list | Print — Return to result list

Heavy metal heat stabilizer and method for stabilizing heavy metal in heavy metal pollutant by the same

Bibliographic data | Description | Claims | Mosaics | Original document | INPADOC legal status

Publication number: CN101100342 (A)

Also published as: CN100509666 (C)

Publication date: 2008-01-09

Inventor(s): FUCHENG SUN [CN]; JIZHI ZHOU [CN]; JIN SHI [CN]; PING ZHANG [CN]; XIAOYAN YANG [CN]; GUANGREN QIAN [CN]

Applicant(s): UNIV SHANGHAI [CN]

Classification:

- international: *C02F11/00; B09B3/00;* C02F11/00; B09B3/00

- European:

Application number: CN20071043007 20070629

Priority number(s): CN20071043007 20070629

View INPADOC patent family

View list of citing documents

Report a data error here

Abstract of **CN 101100342 (A)**

This invention discloses a heavy metal stabilizing agent (TSA-1), and a method for stabilizing heavy metals in heavy metal pollutants. The stabilizing agent is composed of (weight percentages): iron oxide 10-20%; aluminium oxide 30-40%; sodium phosphate 30-35%; activated carbon 10-20%. Heavy metals pollutants after being treated by said heavy metal stabilizing agent can be used as raw materials of ecological cement and concrete. This inventive stabilizing method is of low cost, with good commercialization prospects.

Data supplied from the *esp@cenet* database — Worldwide

图 6-36 专利著录信息

2）专利号检索（Number Search）。如果已知专利号，可直接单击“Number Search”进入到专利号检索界面，如图6-37所示。

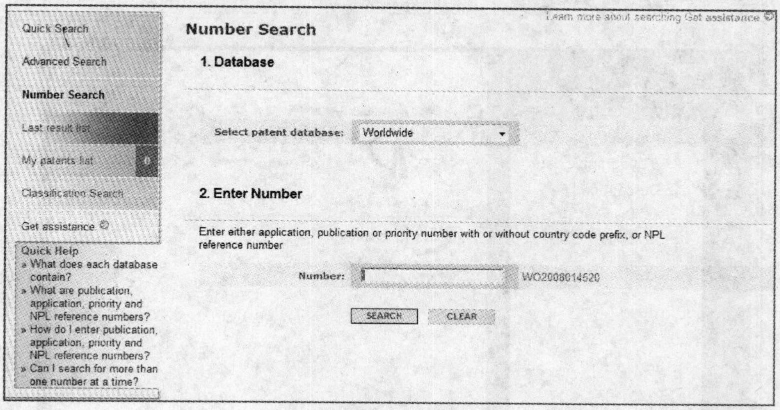

图6-37 专利号检索界面

在“Enter Number”的方框中可以输入公开/告号（Publication number）、申请号（Application number）、优先权号（Priority number）和存取号（Accession number）4种号码。各种检索号码的输入格式如下：

① 公开/告号。一般专利公开号的输入格式为“国别代码+顺序号”，国别代码大小写均可。如果只输入国别代码，则可以查找该国所有专利，如输入“CN”可显示所有中国专利。国别代码与顺序号之间不要留空格，如“EP0345622”、“GB1043150”等。可以输入多个公开号进行逻辑运算，空格表示“OR”。

② 申请号和优先权号。格式为：国别代码+年份+顺序号。可只输入国别代码查找该国所有专利；这两个检索入口也可输入日期（包括申请日和优先权日）进行检索：如在Application number中输入“20070928”，则可以获得2007年9月28日申请的各国专利；也可以进行逻辑运算，空格表示“OR”。

3. 获取全文

欧洲专利数据库的专利说明书是以PDF格式存储的，因此要获取其说明书应该事先安装PDF文件浏览器，如Adobe Reader，下载安装完毕，单击图6-36所示的专利文献型信息页面中“Original document”标签，即可显示PDF格式的说明书全文。用户可利用软件提供的功能选择逐页浏览、保存或打印该件专利说明书，如图6-38所示。

6.5.3 日本特许厅网站

日本专利局（JPO）将自1885年以来公布的所有日本专利、实用新型和外观设计电子文献及检索系统通过其网站上的工业产权数字图书馆（Industrial Property Digital Library，IPDL）在因特网上免费提供。该工业产权数字图书馆有日文版和英文版（PAJ）两种语言可供选择，本书主要介绍其中的日本专利英文文摘数据库（Patent Abstracts of Japan，PAJ）。

日本特许厅网站网址为http://www.jpo.go.jp/，默认进入英文主页面，如图6-39所示。单击页面下方的“Industrial Property Digital Library（IPDL）”即可进入到日本工业产权数字图书馆中（网址：http://www.ipdl.inpit.go.jp/homepg_e.ipdl），如图6-40所示。单击右上角的

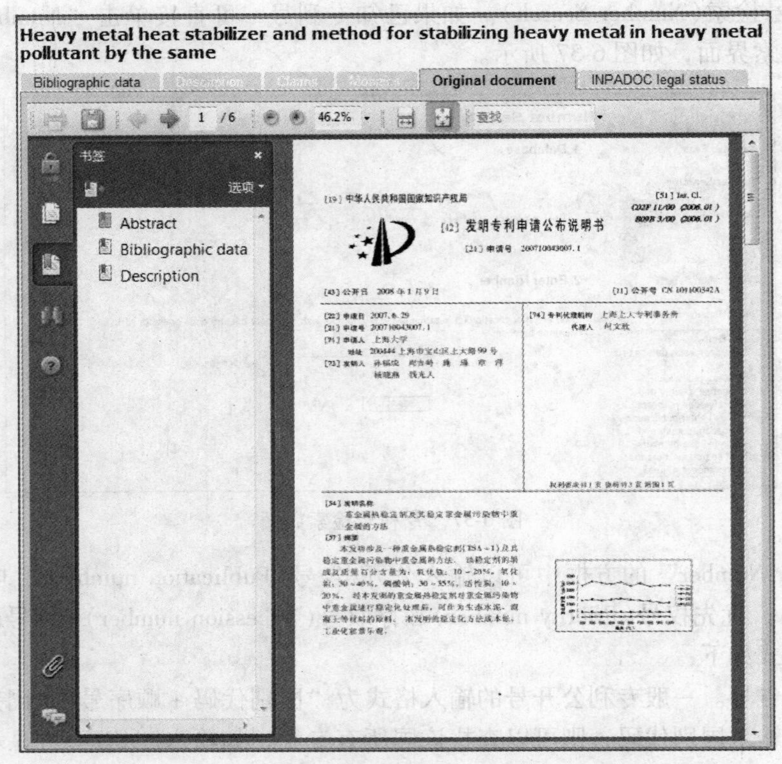

图 6-38 PDF 格式的说明书全文

“To Japanese Page” 可进行英日文界面的切换。

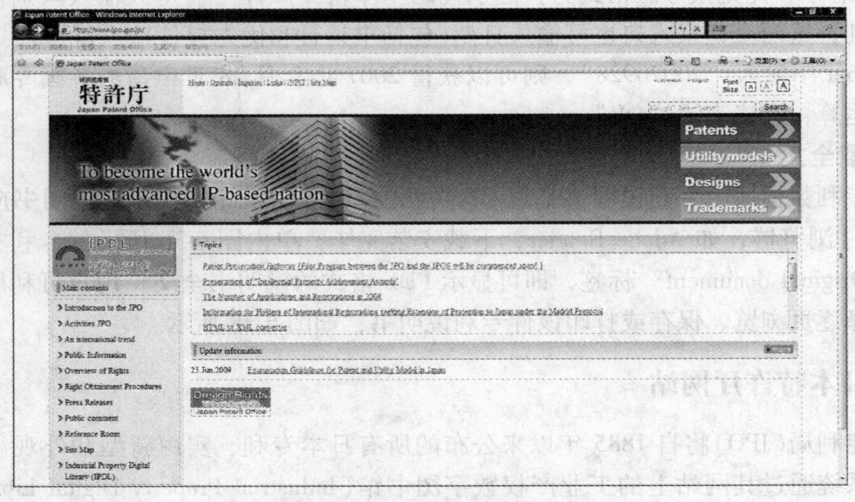

图 6-39 日本特许厅网站主页

PAJ 数据库收录自 1976 年以来的日本专利申请（不包括授权的日本专利），1993 年及以后的专利申请，还提供其法律状态信息。可用英文进行检索，并提供有英文的文献信息和英、日两个语种的专利说明书。

1. 登录

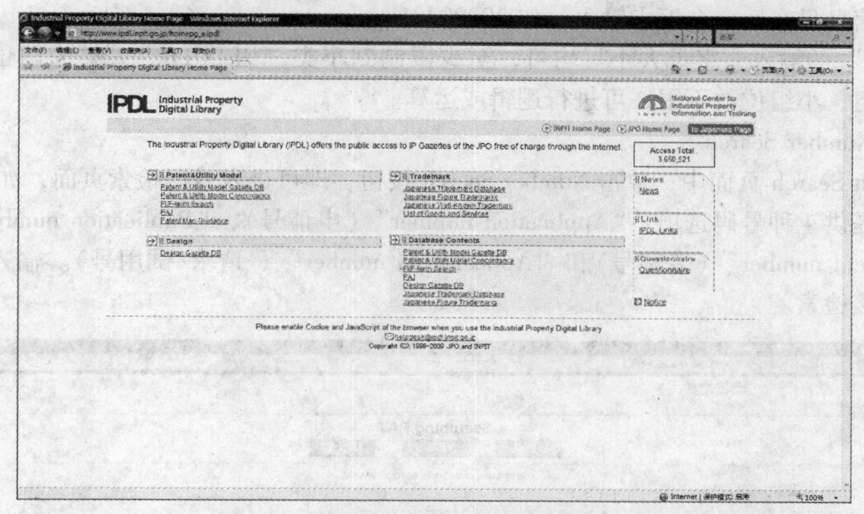

图 6-40　日本工业产权数字图书馆(IPDL)

在图 6-40 中单击“PAJ”，进入图 6-41 所示的检索界面。

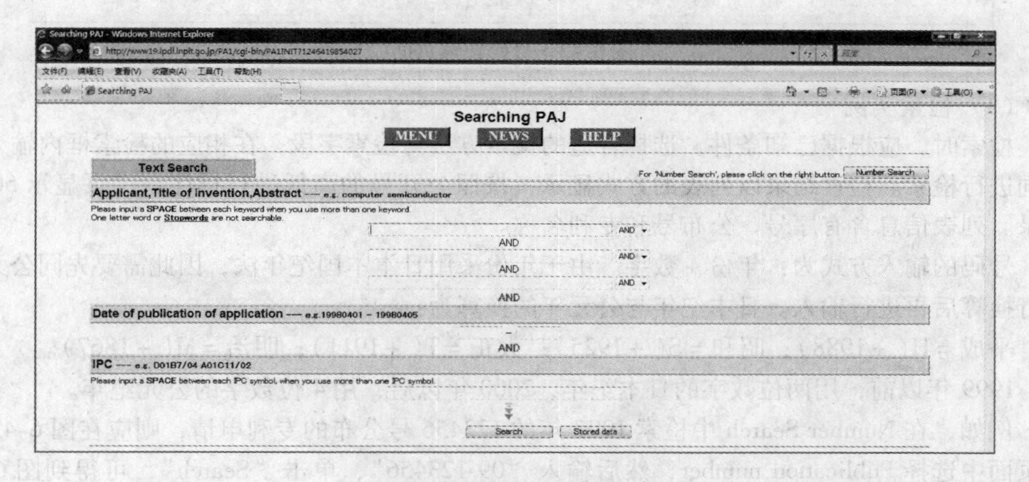

图 6-41　PAJ 检索界面

2. 检索方法

PAJ 检索页面提供两种检索方式：“Text Search” 和 “Number Search”。

（1）Text Search

如图 6-41，该界面设有 3 组检索式输入框：“Applicant，Title of invention，Abstract”(申请人、发明名称、文摘)、“Date of Publication of Application”(申请公布日期)和“IPC”(国际专利分类号)。

“Applicant，Title of invention，Abstract” 中有三个检索式输入框，每个框中可输入多个检索词，用空格隔开，不能进行词组检索。

“Date of Publication of Application” 中的日期输入格式为 YYYYMMDD(Y：年；M：月；D：日)。有以下几种情况：查找某天的信息可输入 20090701-20090701；查找某段时间的信息可输入 20080701-20090701；查找某天之后的信息只在前一个框中输入，如 20080701-；查找某天之前的信息只在后一个框中输入，如-20090701。

“IPC”的输入，字母大小写均可，至少限制到小类，如 D01B。大类为两位数，不足补零，大组、小组位数不限；可进行逻辑或运算。

（2） Number Search

在 Text Search 页面中，单击 Number Search 按钮，即可进入号码检索页面，如图 6-42 所示。这里提供 4 种号码选项：“Application number”（申请号），“Publication number”（公布号），“Patent number”（专利号）和“Appeal/trial number”（请求/试用号）。输入相应号码后，可直接检索。

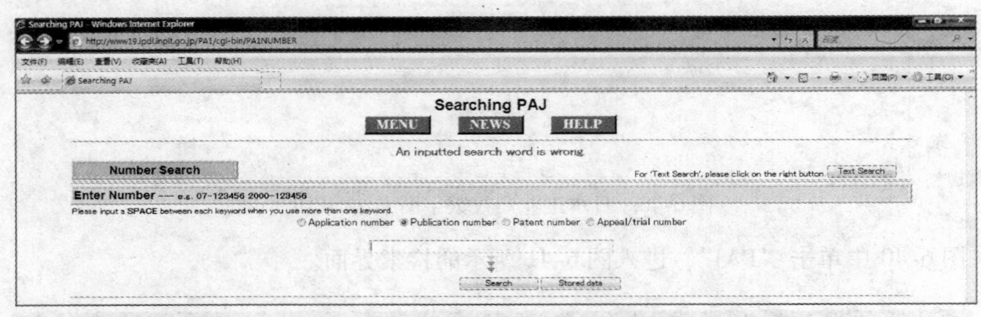

图 6-42 号码检索页面

（3） 检索实例

检索时，应根据已知条件，选择合适的检索方法与检索字段，在相应的检索框内输入检索词进行检索。检索结果以列表的方式显示，按照公开号的高低进行排序，一页显示 50 条记录。列表信息含有序号、公布号和专利名称。

号码的输入方式为：年份+数字。由于年份采用日本本国纪年法，因此需要先同公元年进行换算后再进行输入。日本纪年与公元年的换算为：

平成=H（+1988）；昭和=S（+1925）；大正=T（+1911）；明治=M（+1867）。

1999 年以前，用两位数字的日本纪年，2000 年以后，用 4 位数字的公元纪年。

例如，在 Number Search 中检索 1997 年的 123456 号公布的专利申请，则应在图 6-42 所示页面中选择 Publication number，然后输入“09-123456”，单击“Search”，可得到图 6-43 所示的检索结果。单击公开号，显示该篇专利的英文文摘，如图 6-44 所示。

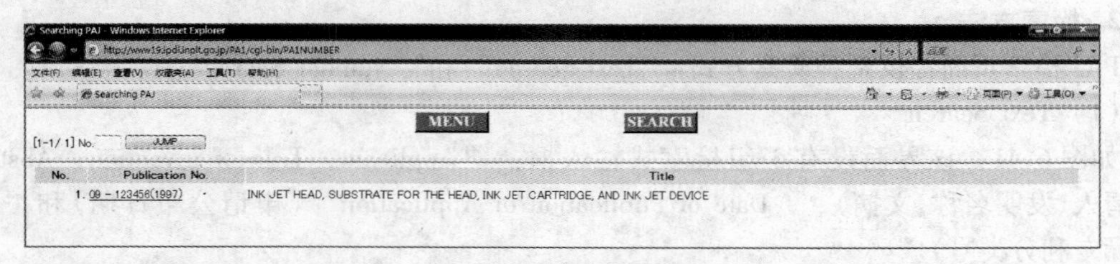

图 6-43 检索结果显示

图 6-44 页面上方有 MENU、SEARCH、INDEX、DETAIL、JAPANTESE、NEXT 等按钮，可供用户依次进行检索页面的跳转、回到原始检索页面、回到索引界面、进入 detail 栏、进入日文图像全文界面和浏览下一篇文献。

要查看该文献的详细信息，选择“DETAIL”，如图 6-45 所示。

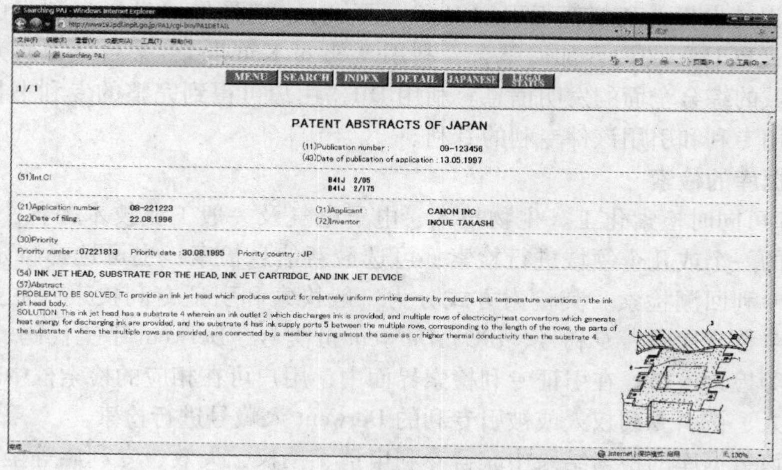

图 6-44　英文文摘

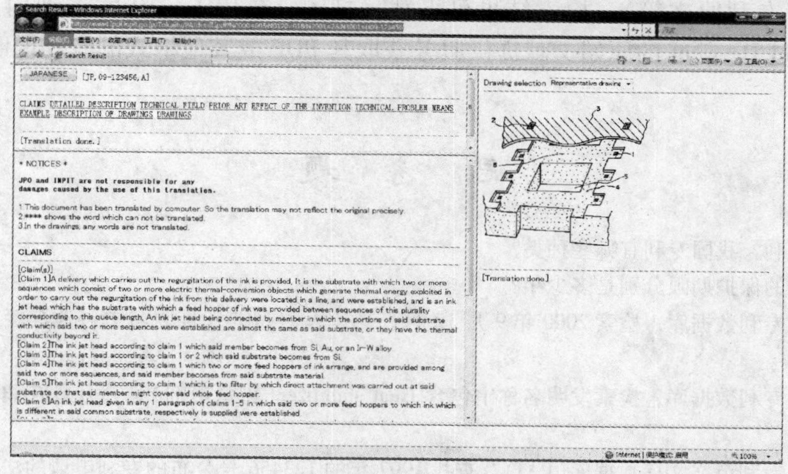

图 6-45　查看详细信息

该页面中，可以分别浏览该专利文献的英文权利要求、英文说明书、英文背景技术等。需注意的是：该数据库中的英文文本是由机器翻译而成，存在某些缺点，仅供参考。

如果要获取其日文说明书，单击该页面上方的“JAPANTESE”按钮，即可获得。

6.5.4　英国德温特公司专利数据库

1. 数据库介绍

英国德温特信息公司(Derwent Information)是一家专门从事专利文献收集和报道的信息服务公司。目前，Derwent 公司隶属于世界著名出版商 Thomson 公司，名为 Thomson Derwent。公司每年收集来自美国、英国、日本及欧洲专利局等 40 多个国家和组织的专利说明书，出版各种形式的专利检索工具及检索系统，提供世界范围内的专利信息服务。

Derwent 公司的主题数据库内容包括化学化工、生物技术、电子电气及一般工业技术等各个领域的专利，主要包括三个部分：Derwent World Patent Index(DWPI)、Derwent Patent Citation Index(DPCI)、Derwent Innovations Index(DII)。其中使用最普遍的是 DII。

DII 即《德温特世界专利创新索引》(1963～至今)，它是将“世界专利索引(WPI)”和“专利引文索引(PCI)”的内容加以整合，利用 Web of Knowledge 平台，为研究人员提供世界范围内各领域的综合全面的发明信息。利用 DII，用户可得到完整的专利书目信息，包括一件专利的引用专利和引用该件专利的专利。

2. DII 数据库的检索

DII 数据库可同时检索化工、生物技术、电子电气及一般工业技术等各个领域的专利，也可选择其中的一个或几个领域进行检索；可选最新信息检索，也可选择特定年代或 1963 年以来的全部专利回溯检索。其检索方式分为一般检索和引证专利检索，主要包含了发明人、专利权人名称或代码、专利号、IPC、Derwent 分类号、Derwent 手工代码、Derwent 入藏号、主题检索等检索入口，在引证专利检索界面中，用户可在相应的检索框中输入被引专利号、被引发明人、被引专利权人或被引专利的 Derwent 入藏号进行检索。

用户可从该数据库的检索结果中获得专利申请、授权、失效、专利族等全部专利的法律信息，以及专利摘要、附图等，并提供原始专利文献的链接功能(该功能仅包括对美国、欧洲专利局、PCT 专利原文等)。检索结果可下载、打印，或用 E-mail 发送到用户的邮箱中，还可以直接通过 Derwent 的原始文献提供服务获取其 PDF 或其他格式的专利说明书等原始专利文献。

思 考 题

1. 什么是专利？我国专利有哪些种类？
2. 我国专利的保护期限分别是多少年？
3. 利用美国专利数据库，检索 2000 年 9 月 12 日，受让人为 MCNC 且题名中包含焊接剂(solder)的专利文献信息。
4. 利用欧洲专利数据库，检索发明名称中包含 Heat stabilizer(热稳定剂)且公开日在 2008 年 1 月的专利信息。
5. 利用日本专利英文文摘数据库(PAJ)，查找 1997 年的 123456 号公布的专利申请的法律状态信息。

第 7 章　特种文献网络信息检索

人们通常把书刊之外的出版物称作特种文献，主要指具有特定内容、特定用途或出版形式比较特殊的一类文献资源。特种文献的类型复杂多样，涉及领域广阔，内容新颖，出版发行无统一规律，一般单独成册，数量庞大。

特种文献主要包括：专利文献、标准文献、会议文献、科技报告、学位论文、产品资料、政府出版物等。特种文献属于一次文献，具有较高的学术价值，有不同于图书、期刊等常规文献的文献特点，拥有特有的检索标识和检索工具。但同时又存在检索和索取原始文献困难的情况。现在，随着互联网的发展，很多特种文献都可以通过网络来进行检索，不仅方便用户检索，同时也有利于特种文献的传递与利用。下面介绍几种特种文献的检索与利用的方法。

7.1　学位论文网络信息检索

7.1.1　学位论文概述

1. 学位论文定义

学位是对专业人员根据其专业学术水平而授予的一种称号。学位论文是高等院校或研究单位的毕业生在获取相应专业学位时提交的学术性研究论文。由于高等院校或研究单位为论文的作者提供了一定阶段的学术训练，且学位论文的作者一般都具备比较扎实的学科基础，他们通过大量的思维劳动和科学实验，以学位论文的形式提出学术性见解和结论，而且在选题、收集资料、实验研究等过程中都有学术造诣较深的导师指导，因此，学位论文在学术上有一定的创建性，对研究工作有较高的参考价值。

2. 学位论文类型

学位论文一般分为两大类型。一类是理论研究型的，另一类是调研综述型的。学位论文在欧洲国家多称为“Thesis”，美国称为“Dissertation”。

3. 学位论文特点

学位论文有如下几条特点：

（1）出版形式特殊。

学位论文一般只供审查答辩之用，不会通过出版社正式出版，通常以打印本的形式收藏于规定的收藏地点，例如：颁发学位的相关学校。而且每篇论文打印的数量不多。

（2）内容具有独创性。

学位论文对课题的探讨一般都比较专深，内容上具有独创性，但因为学位的不同等级，学位论文的水平会有差异。一般情况学位论文只限于硕士和博士论文。

（3）数量大。

随着教育的不断发展，学位论文的数量也越来越多。

下面分别以“中国优秀博/硕士学位论文全文数据库”和美国 PQDD 学位论文数据库为例来介绍学位论文网络信息的检索方法。

7.1.2　中国优秀博/硕士学位论文全文数据库

1. 数据库概述

中国优秀博/硕士学位论文全文数据库(CDMD)由清华同方光盘股份有限公司、清华大学光盘国家工程研究中心、中国学术期刊(光盘版)电子杂志社、清华同方光盘电子出版社、清华同方知识网络集团和清华同方教育技术研究院联合发行。共收录全国 357 家博士培养单位，652 家硕士培养单位的优秀博硕士学位论文。它是中国知识基础设施工程(China National Knowledge Infrastructure,CNKI)的组成部分之一，是目前国内资源比较完备、收录质量高的具有权威性的博、硕士学位论文全文数据库。

该数据库分为十大专辑：理工 A、理工 B、理工 C、农业、医药卫生、文史哲、政治军事与法律、教育与社会科学综合、电子技术与信息科学、经济与管理。十大专辑下分为 168 个专题文献数据库和近 3600 个子栏目。数据库收录年限是 1999 年至今。CNKI 中心网站及数据库交换中心每日更新数据。

2. 数据库的使用

中国优秀博/硕士学位论文全文数据库与中国期刊全文数据库同属于 CNKI 系列源数据库，因此检索界面、检索方法相似，大家可参考第 3 章第 1 节。两者的差异主要体现在检索项的设置上。中国优秀博/硕士学位论文全文数据库的检索项有“主题”，“题名”，“关键词”，“摘要”，“作者”，“作者单位”，“导师”，“第一导师”等二十一项。从 2007 年起，该数据库拆分为两个数据库，即：中国优秀博士学位论文全文数据库和中国优秀硕士学位论文全文数据库。两个数据库的检索界面及检索方法相同。如图 7-1 所示。

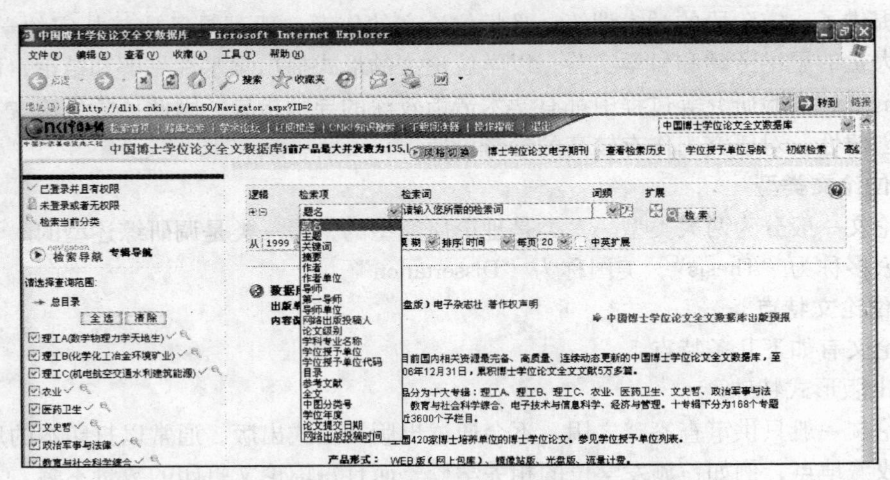

图 7-1　中国优秀博/士学位论文全文数据库检索界面

检索实例：要检索河北工业大学有关磁性材料方面的硕士论文。我们使用中国优秀硕士学位论文全文数据库的初级检索界面进行检索，打开“逻辑”功能，在检索词中分别输入“河北工业大学”、“磁性材料”；检索项分别为“学位授予单位”和“关键词”，逻辑关系设为“逻辑与”，匹配为“模糊”，单击“检索”按钮。与 CNKI 系列源数据库的使用方法相同，单击所需篇名可以浏览文摘，在下载并安装好全文浏览器的前提下，可在线阅读或下载全文。过程如图 7-2、图 7-3 和图 7-4 所示。

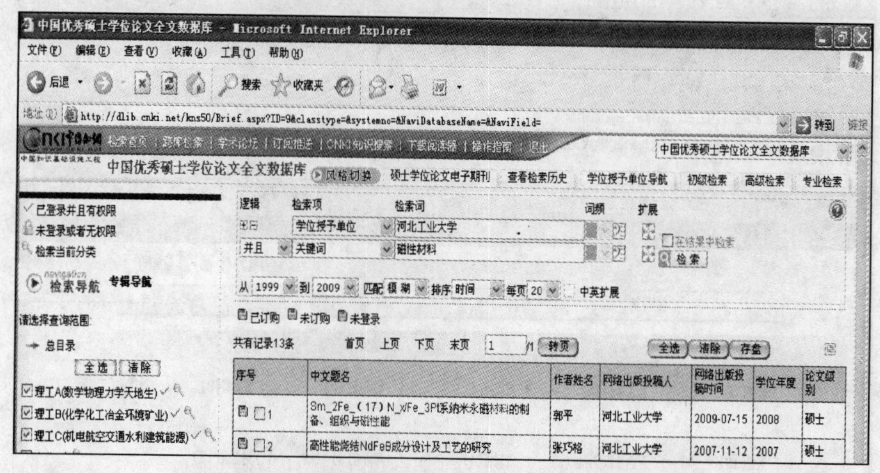

图 7-2　中国优秀硕士论文全文数据库检索界面

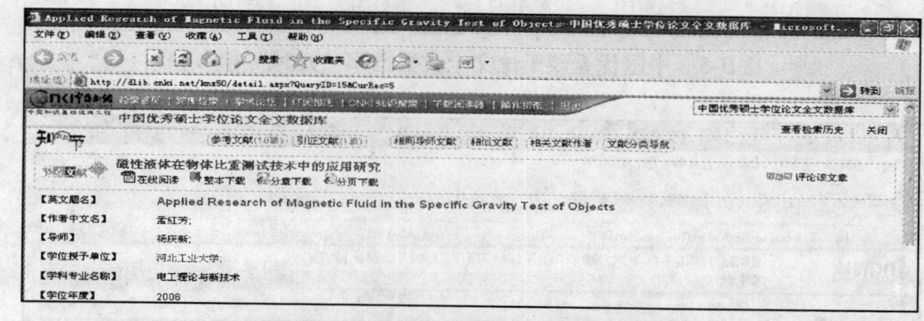

图 7-3　中国优秀硕士论文全文数据库检索结果文摘界面

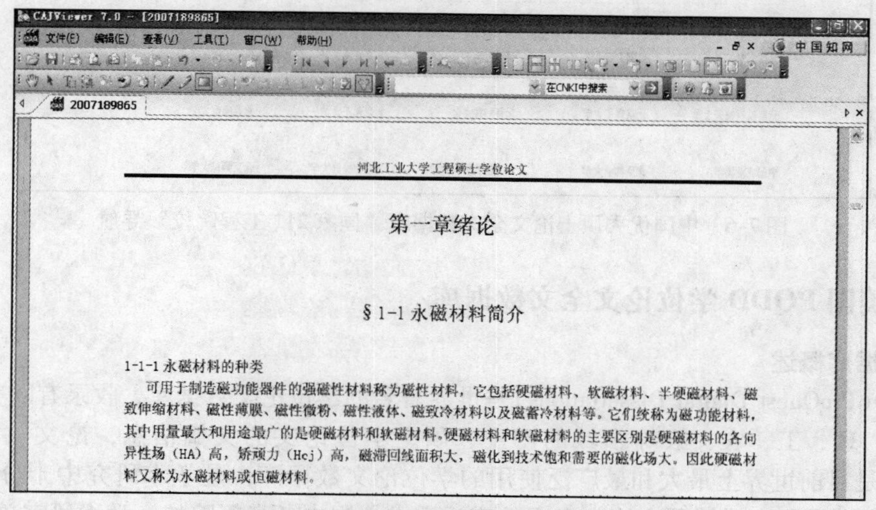
CAJViewer 7.0 - [2007189865]

河北工业大学工程硕士学位论文

第一章绪论

§1-1 永磁材料简介

1-1-1 永磁材料的种类

可用于制造磁功能器件的强磁性材料称为磁性材料，它包括硬磁材料、软磁材料、半硬磁材料、磁致伸缩材料、磁性薄膜、磁性微粉、磁性液体、磁致冷材料以及磁蓄冷材料等，它们统称为磁功能材料，其中用量最大和用途最广的是硬磁材料和软磁材料。硬磁材料和软磁材料的主要区别是硬磁材料的各向异性场（HA）高，矫顽力（Hcj）高，磁滞回线面积大，磁化到技术饱和需要的磁化场大。因此硬磁材料又称为永磁材料或恒磁材料。

图 7-4　中国优秀硕士论文全文数据库检索结果全文

另外，在该数据库中还可以利用“学位授予单位导航”链接来实现按省市和自治区相关院校的学位论文或检索211院校的学位论文。如图7-5和图7-6所示。

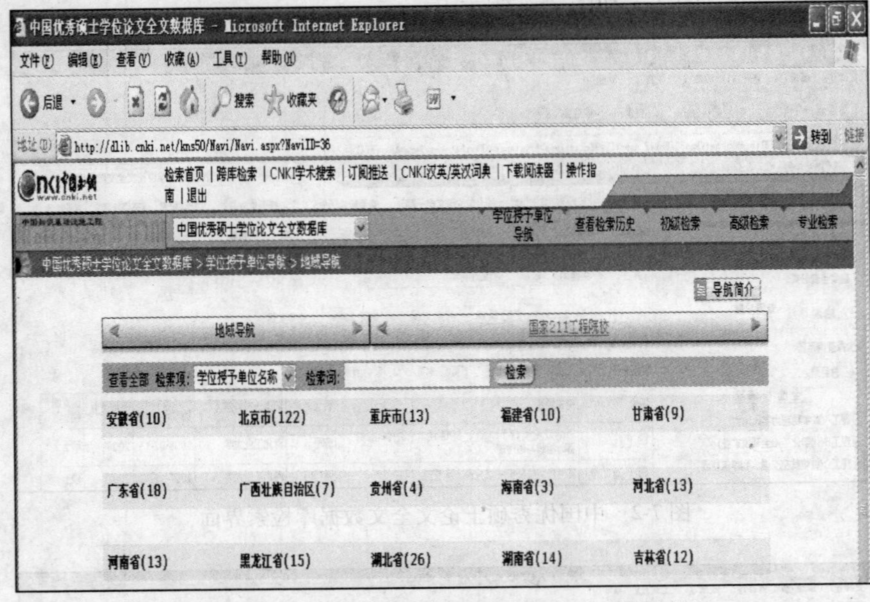

图7-5　中国优秀硕士论文全文数据库“地域导航”

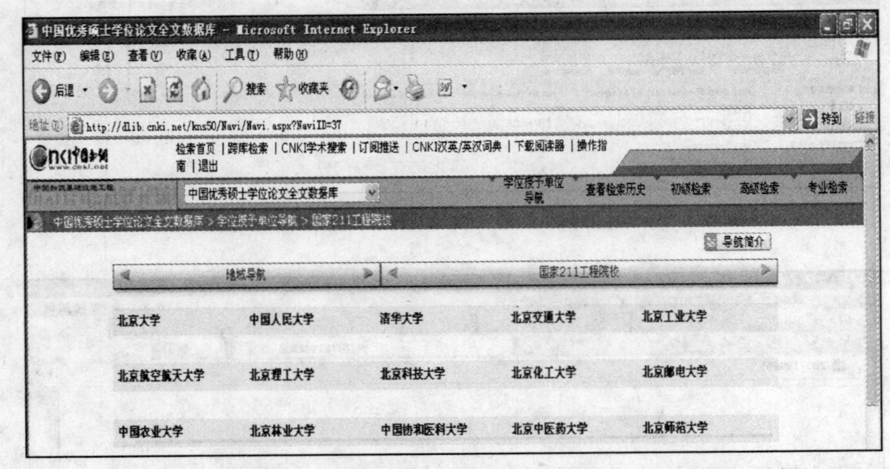

图7-6　中国优秀硕士论文全文数据库“国家211工程院校”导航

7.1.3　美国PQDD学位论文全文数据库

1. 数据库概述

PQDD(ProQuest Digital Dissertations)是世界著名的学位论文数据库，收录有欧美1000余所大学文、理、工、农、医等领域的博士、硕士学位论文的文摘信息，论文收录起始于1861年，是目前世界上最大和最广泛使用的学位论文数据库，是学术研究中十分重要的信息资源。为满足国内对博硕士论文全文的广泛需求，国内各高等院校、学术研究单位以及公共图书馆共同采购PQDD中优秀博硕士论文，建立了ProQuest博士论文全文数据库，实现了学位论文的网络共享。ProQuest学位论文全文数据库收录的是PQDD数据库中部分记录的全文。

ProQuest 学位论文全文数据库中现已收录学位论文全文共计 16 万余篇（截至 2007 年），今后预计每年还将增加 3 万篇左右，全文文件为 pdf 格式。

2. 数据库的使用方法

ProQuese 学位论文全文检索系统中收录的论文是国内高校组团已订购的论文全文，该系统提供了基本检索、高级检索、论文分类浏览等项功能。

（1）基本检索

进入主页，则直接进入了基本检索页面，基本检索的检索入口有摘要、作者、论文名称学校、学科、指导老师、学位、论文卷期次、ISBN、语种、论文号，可以输入关键词进行检索，在基本检索界面中一次最多可同时输入 3 个检索词进行布尔逻辑组合检索，系统支持逻辑与、逻辑或、逻辑非检索、截词检索等，可限制论文年限，单击“查询”即可进行检索。

检索实例：检索有关“噪声控制”方面的相关文献。

在基本检索界面中，选择“论文名称”检索字段，分别输入“noise”，“control”，逻辑关系选择为“逻辑与”，单击“search”按钮，即可得到相应的文献。在命中结果的题录中单击“正文＋文摘”链接，用户可以浏览命中文献的文摘，在已经下载并安装 PDF 浏览器的前提下，在文摘界面单击“单击此处下载 PDF 文件”链接即可浏览全文。主要过程如图 7-7、图 7-8 和图 7-9 所示。

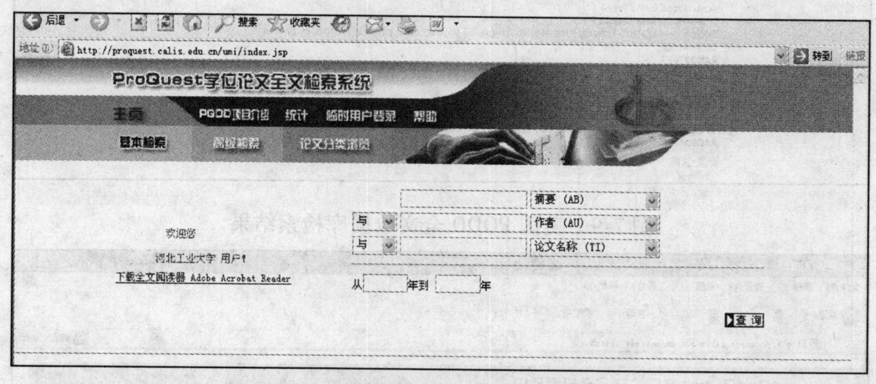

图 7-7 美国 PQDD 全文数据库主页

（2）高级检索

高级检索界面分为上下两部分，上半部分为检索式文本框，供检索者编制、输入检索式进行比较复杂的检索；下半部分提供十二个字段文本框，为不熟悉检索式编制方法或不了解字段代码的检索用户提供帮助。如图 7-10 所示。

高级检索可在文本框里输入检索表达式，也可以在检索框下的检索栏中按提示分别填写检索词，再分别单击后面的“增加”，即可在检索框中形成检索式。高级检索提供了 12 个检索字段：abstract（摘要）、adviser（指导老师）、author（作者）、book _ date（论文日期）、degree（学位）、subject（学科）、isbn（ISBN）、t _ title（论文名称）、t _ language（语种）、pub _ number（论文号）、school（学校）、div（卷期次）。选择“检索历史”可以查看以往检索情况。

ProQuest学位论文全文检索系统
主页
PQDD项目介绍
统计
临时用户登录
帮助
基本检索
高级检索
论文分类浏览
欢迎您
河北工业大学 用户!
下载全文阅读器 Adobe Acrobat Reader
与
与
从
年到
年
摘要 (AB)
摘要 (AB)
作者 (AU)
论文名称 (TI)
学校 (SC)
学科 (SU)
指导老师 (AD)
学位 (DG)
论文卷期次 (DISVOL)
ISBN (ISBN)
语种 (LA)
论文号 (PN)

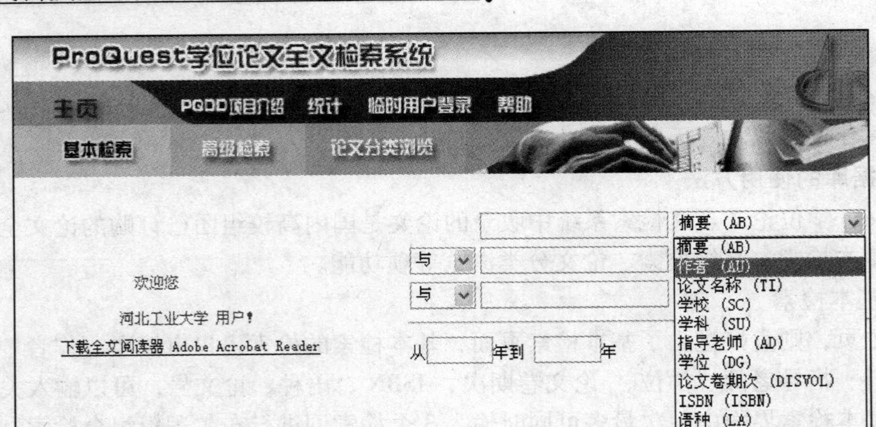

图 7-8 美国 PQDD 全文数据库基本检索的检索字段

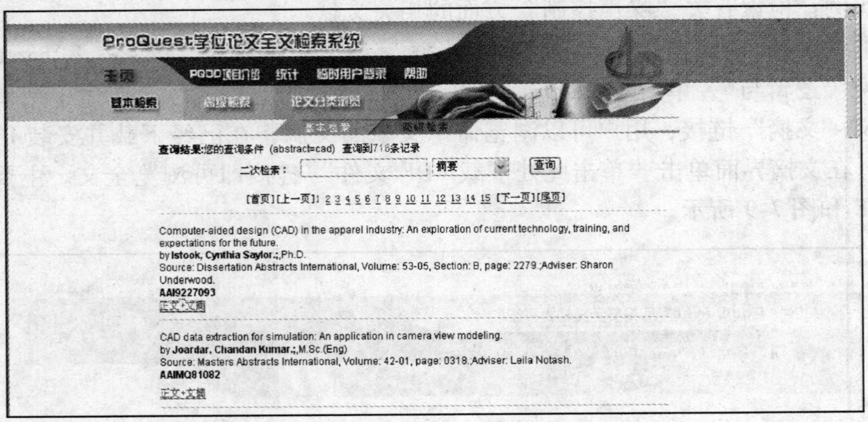

ProQuest学位论文全文检索系统
主页
PQDD项目介绍
统计
临时用户登录
帮助
基本检索
高级检索
论文分类浏览
查询结果:您的查询条件 (abstract=cad) 查询到718条记录
二次检索:
摘要
查询
[首页][上一页] 2 3 4 5 6 7 8 9 10 11 12 13 14 15 [下一页][尾页]
Computer-aided design (CAD) in the apparel industry: An exploration of current technology, training, and expectations for the future.
by Istook, Cynthia Saylor.;,Ph.D.
Source: Dissertation Abstracts International, Volume: 53-05, Section: B, page: 2279.;Adviser: Sharon Underwood.
AAI9227093
正文+文摘
CAD data extraction for simulation: An application in camera view modeling.
by Joardar, Chandan Kumar.;,M.Sc.(Eng)
Source: Masters Abstracts International, Volume: 42-01, page: 0318.;Adviser: Leila Notash.
AAIMQ81082
正文+文摘

图 7-9 美国 PQDD 全文数据库检索结果

Microsoft Internet Explorer
文件(F) 编辑(E) 查看(V) 收藏(A) 工具(T) 帮助(H)
后退
搜索
收藏夹
http://proquest.calis.edu.cn/umi/adv_search.jsp
转到
ProQuest学位论文全文检索系统
主页
PQDD项目介绍
统计
临时用户登录
帮助
基本检索
高级检索
论文分类浏览
高级检索:请在文本框里输入检索表达式或利用组合输入框输入
学科篇数统计表
查询
清除
摘要:
作者:
论文名称:
学校:
学科:
指导老师:
学位:
卷期次:
ISBN:
语种:
论文号:
检索历史:
与
增加
时间:从
年 到
年

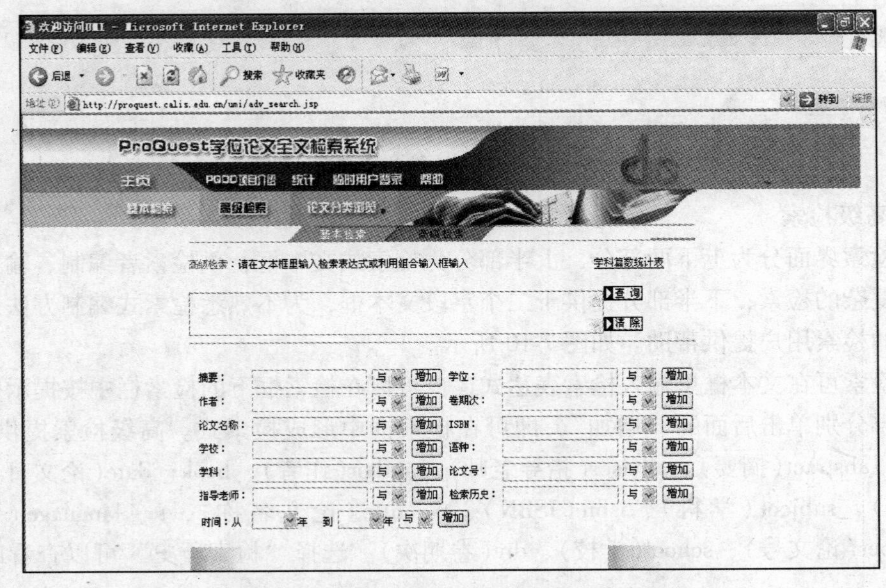

图 7-10 美国 PQDD 全文数据库高级检索界面

方法一：直接编制检索式

根据课题的检索要求，利用相应检索代码来编制检索式，将编制好的检索式直接输入到检索式文本框中，单击“查询”按钮即可得相应的检索结果，查看文摘及下载全文的方法与基本检索相同。字段代码见表7-1。

表7-1 PQDD数据库高级检索字段代码表

字段名称	查询标志	举　例
摘要	abstract	(abstract = Iowa)
指导老师	adviser	(adviser = Yang, Daniel C. H.)
作者	author	(author = CHANG, SHUO HUNG.)
论文发表日期(年/月)	book-date	(book-date = '2006/5')
学位	degree	(degree = Ph. D.)
论文卷期次	dvi	(dvi = vol 7)
ISBN	isbn	(isbn = 0599716649)
语种	t-language	(t-language = English)
论文号	pub-number	(Pub-number = AAI9301578)
学校代码名称	school	(school = University of Cincinnati.) or (school-code = 0212)
学科代码名称	subject	(subject = Engineering, Mechanical.) or (subject = 0543)
论文名称	t-title	(t-title = Tnonlinearfinite)

检索式编制实例如图7-11所示，该检索式是关于检索题名中包含“减速机”的语种为英语的博士论文。

检索式为：

(t-title = gear unit) AND (t-language = English) AND (degree = Ph. D.)

图7-11 美国PQDD全文数据库高级检索输入检索式

方法二：利用字段文本框辅助编制检索式

同样检索关于“减速机”方面的语种为英语的博士论文，在不直接输入检索式的情况下，用户可以利用字段文本框来辅助编制检索式。选择“论文名称”、“语种”和“学位”三个字段选项，分别将“gear unit”，“English”，“Ph. D.”输入，依次单击每一个字段后的“增加”按钮，这样检索式文本框会出现编制好的检索式，单击“查询”可以得到同样的检索结果。如图 7-12 所示。

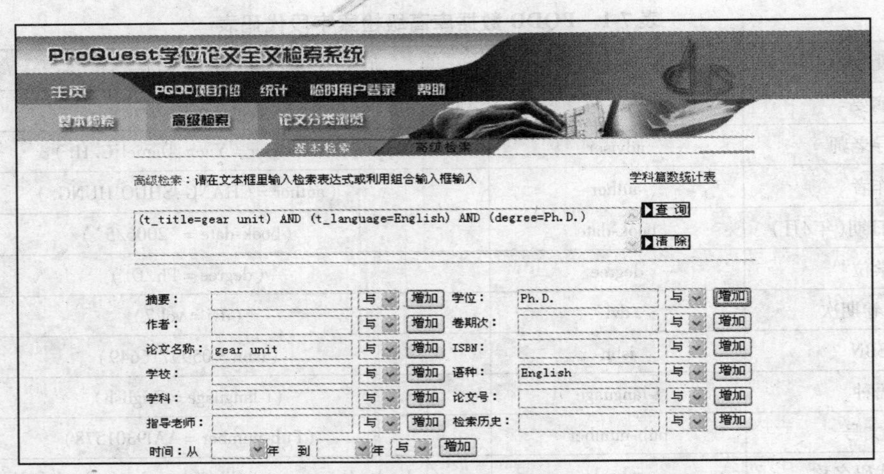

图 7-12　美国 PQDD 全文数据库高级检索的检索式构筑

（3）论文分类浏览

单击页面检索国内导航条中的“论文分类浏览”按钮可以进入该数据库的“分类浏览”功能。

该功能提供了学科分类和论文分类浏览两种方式：①在主页导航栏中选择“学科分类”，进入学科分类页面，页面列出了三级类目，每一个三级类目后面给出了当前该类的论文数量，单击对应的论文数量，即给出相应三级类目的所有查询结果。②在主页导航栏中选择“论文分类浏览”，在页面左边出现学科分类的导航树，单击选中的三级类目，在页面右边出现相应三级类目的所有查询结果。

（4）二次检索

通过上面的检索和浏览进入查询结果页面后，还可以利用查询结果页面上部的检索框来进行二次检索。

（5）全文下载

通过上面的检索或浏览方式进入查询结果页面，查询结果页面给出的是题录，单击题录下面的“索引 + 文摘”，进入文摘页面，在文摘页面中选择“单击此处下载 PDF 文件”即可下载该学位论文的 PDF 格式的全文。

7.2　会议论文网络信息检索

7.2.1　会议文献概述

1. 会议文献的定义

学术会议是指各种学会、协会、研究机构、学术组织等主持举办的各种研讨会、学术讨论会等与学术相关的会议。学术会议数量众多，形式多样，名称各异，有 Conference、Congresses、Convention、Symposium、Workshop、Seminars、Colloquia 等。据美国科学情报所（ISI）统计，全世界每年召开的学术会议约 1 万个，正式发行的各种专业会议文献有 5000 多种。因此，学术会议不仅是交流学术研究的极好场所，也是传递和获取科技信息的重要渠道。

所谓会议文献（Conference Literature）是指在各类学术会议上形成的资料和出版物，包括会议论文、会议文件、会议报告、讨论稿等。其中，会议论文是最主要的会议文献，许多学科中的新发现、新进展、新成就以及所提出的新研究课题和新设想，都是以会议论文的形式向公众首次发布的。

2. 会议文献的特点

会议文献的特点：专业性和针对性强，内容新颖，学术水平高，信息量大，涉及的专业内容集中，可靠性高，及时性强，出版发行方式灵活等。传递情报比较及时，它是科技文献的重要组成部分，一般是经过挑选的，质量较高，能及时反映科学技术中的新发现、新成果、新成就以及学科发展趋向，是一种重要的情报源。因此，会议文献在目前的十大科技信息源中，其利用率仅次于科技期刊。

3. 会议文献的类型

会议文献按出版时间的先后可分为会前、会间和会后三种类型。

（1）会前文献

会前文献（Preconference Literature）一般是指在会议进行之前预先印发给与会代表的会议论文预印本（Preprints）、会议论文摘要（Advance Abstracts）或论文目录。

（2）会间文献

有些论文预印本和论文摘要在开会期间发给参会者，这样就使得会前文献成了会间文献（Literature Generated During the Conference）。此外，还有会议的开幕词、讲演词、闭幕词、讨论记录、会议决议、行政事务和情况报道性文献，均属会间文献。

（3）会后文献

会后文献（Post Conference Literature）主要指该学术会议后正式出版的会议论文集。它是会议文献中的主要组成部分。会后文献经过会议的讨论和作者的修改、补充，其内容会比会议前文献更准确，更成熟。会后文献的名称形形色色，常见的如下：会议录（Proceeding）、会议论文集（Symposium）、学术讲座论文集（Colloquium Papers）、会议论文汇编（Transactions）、会议记录（Records）、会议报告集（Reports）、会议文集（Papers）、会议出版物（Publications）、会议辑要（Digest）等。

我们一般所说的会议文献通常就是指会后文献，而广义的会议文献应包括会议征文启事、会议通知、会议日程、预印本、开幕词、会上讲话、报告、讨论记录、闭幕词、会议录、汇编、会议论文集、会议专刊等。会议文献没有固定的出版形式，有的刊载在学会协会的期刊上，作为专号、特辑或增刊，有些则发表在专门刊载会议录或会议论文摘要的期刊上。据统计，以期刊形式出版的会议录约占会议文献总数的 50%。一些会议文献还常常汇编成专题论文集或出版会议丛刊、丛书。还有些会议文献以科技报告的形式出版。此外，有的会议文献以录音带、录像带或缩微品等形式出版。

（4）会议文献的检索特点

根据会议文献自身的特点，用户在使用会议检索类工具时，主要通过以下两种途径来检索：①直接根据会议文献的特征检索某篇会议论文，常用的检索途径包括论文题名、关键词、摘要、作者、分类号、会议名称、主办单位、会议时间、会议地点、出版单位等；②通过某一届会议的举办特征检索这届会议上的相关信息和文献，通常使用分类号、会议名称、主办单位、会议时间、会议地点、出版单位等就可以了。

会议名称、主办单位、会议时间、会议地点、出版单位等检索入口，要求用户对会议的举办及会议文献的出版事项比较了解。一般来说，如果关注某些学术会议，会了解一些关于会议的举办及出版事项，使用这些字段也会得心应手。需要注意的是："主办单位"和"出版单位"不一定是一个单位。若用户对这些事项不了解，又想检索关于某学科方向的会议论文时，建议使用论文题名、关键词、摘要、作者、分类号等入口。

7.2.2　会议文献及会议信息的网上检索

1. 会议文献数据库

（1）万方会议论文数据库

万方会议论文数据库是万方数据资源系统(http://www.wanfangdata.com.cn)的科技信息子系统所提供的会议论文数据库。该库收录了由国际及国家级学会、协会、研究会组织召开的各种学术会议论文，每年涉及上千个重要的学术会议。是目前国内收集学科最全、数量最多的会议论文数据库。数据范围覆盖自然科学、工程技术、农林、医学等领域，是了解国内学术动态必不可少的帮手。

该数据库的检索方法有：初级检索和高级检索两种。如图7-13和图7-14所示。

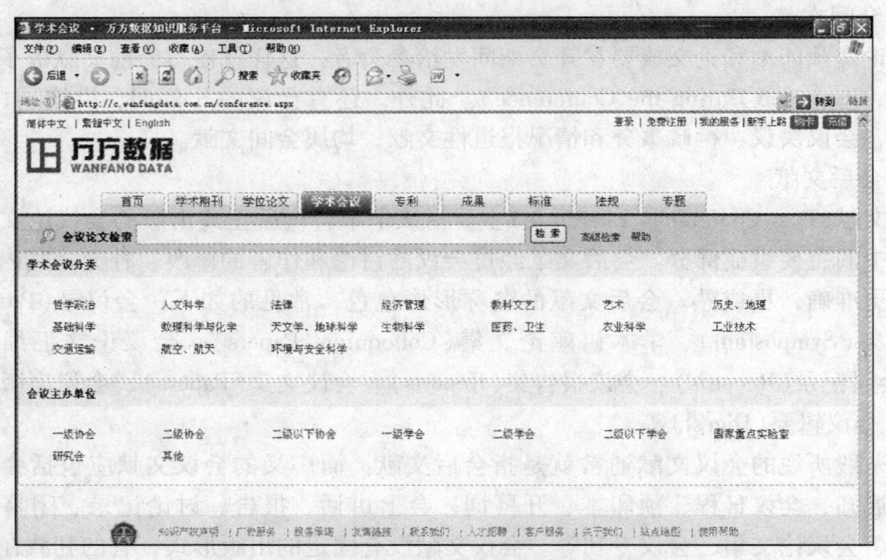

图7-13　万方会议论文数据库初级检索界面

（2）中国重要会议论文全文数据库

《中国重要会议论文全文数据库》是中国期刊网(CNKI, http://www.edu.cnki.net)的会议论文数据库，收录我国2000年以来国家二级以上学会、协会、高等院校、科研院所、学术机构等单位的论文集，年更新约200000篇文章。至2006年3月31日，累积会议论文全文

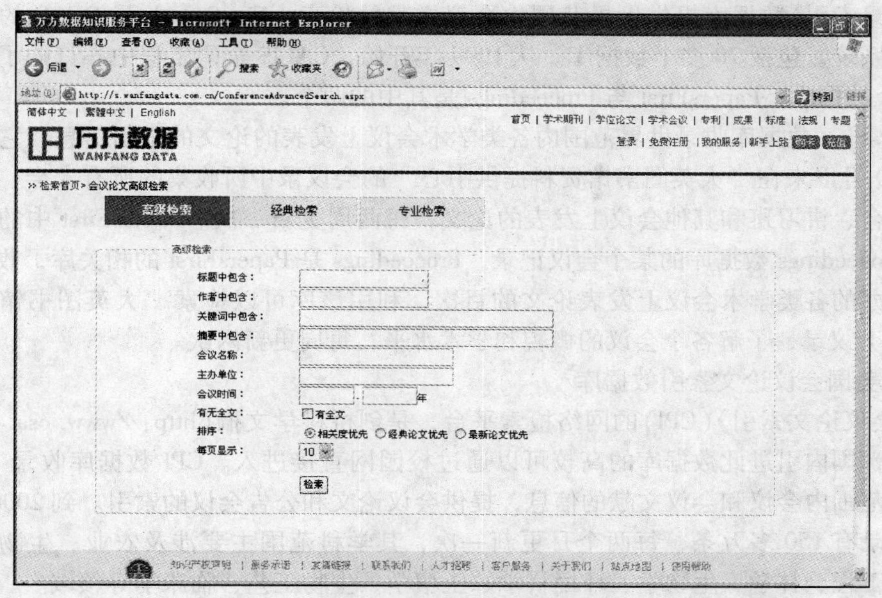

图 7-14 万方会议论文数据库高级检索界面

文献 43 万多篇，部分论文回溯至 1999 年。产品分为十大专辑，专辑下分为 168 个专题文献数据库。该数据库的检索方法大家可参考本书第 4 章的 4.2 节中相关内容。

(3) 中国会议论文数据库

国家科技图书文献中心（NSTL，http://www.nstl.gov.cn）的中国会议论文数据库收录了 1985 年以来我国国家级学会、协会、研究会以及各省、部委等组织召开的全国性学术会议论文。数据库的收藏重点为自然科学各专业领域，每年涉及 600 余个重要的学术会议，年增加论文 4 万余篇，每季或月更新。外文会议论文数据库主要收录了 1985 年以来世界各主要学会协会、出版机构出版的学术会议论文，部分文献有少量回溯。学科范围涉及工程技术和自然科学各专业领域。每年增加论文约 20 余万篇，每周更新。

(4) 中国学术会议论文联合数据库

由中国科技信息研究所、医学科学院医学信息研究所、中国农业科学研究院科技文献信息中心、林业科技信息研究所共同研制，收录 1986 年至今的会议文献，涉及国内 130 多个国家级学会、协会、研究会召开的全国性自然科学学术会议论文。

(5) ISI Proceedings

美国 Thomson Scientific 公司基于 ISI Web of Knowledge 检索平台将 ISTP 和 ISSHP 两大会议录索引集成为 ISI Proceedings，提供会议论文的文摘索引信息。ISI Proceedings 是收录最多、覆盖学科最广泛的学术会议录文献数据库，是查找国外会议文献的首选数据库之一。它收录 1990 年以来超过 6 万个会议的 410 多万条记录，每年收录 1 万多个会议的文献，年增加 20 多万条记录，数据每周更新。所收录的会议有一般性会议、座谈会、研究会、专题讨论会等。索引内容的 65% 来源于专门出版的会议录或丛书，其余内容来源于以连续出版物形式定期出版的系列会议录。

(6) OCLC PapersFirst 与 Proceedings

OCLC FirstSearch 检索系统中的 PapersFirst（国际学术会议论文索引）和 Proceedings（国际

学术会议录索引)数据库提供世界范围内会议文献的检索。FirstSearch 是 OCLC 的一个联机参考服务系统，包括 70 多个数据库。从 1999 年开始，CALIS 全国工程中心订购了其中的基本组 13 个数据库，PapersFirst 与 Proceedings 是其中的两个。

PapersFirst 数据库收录世界范围内各类学术会议上发表的论文的索引信息，它覆盖了自 1993 年 10 月以来在“大英图书馆资料提供中心”的会议录中所收集的所有大会、专题讨论会、博览会、讲习班和其他会议上发表的论文，每两周更新一次。PapersFirst 中的每条记录对应着 Proceedings 数据库的某个会议记录，Proceedings 是 PapersFirst 的相关库，收录了世界范围内举办的各类学术会议上发表论文的目次，利用该库可以检索“大英图书馆资料提供中心”的会议录，了解各个会议的概貌和学术水平，每周更新两次。

(7) 美国会议论文索引数据库

即《会议论文索引》(CPI)的网络检索平台，是剑桥科学文摘(http://www.csa.com)中的一个子库，国内引进此数据库的高校可以通过校园网直接进入。CPI 数据库收录 1982 年以来的世界范围内会议和会议文献的信息，提供会议论文和公告会议的索引。到 2006 年 5 月，数据库记录有 150 多万条，每两个月更新一次，其学科范围主要涉及农业、生物化学、化学、化学工程、林学、生物学、环境科学、土壤学、生物工艺、临床学等领域。

2. 会议信息网站

(1) 因特网会议预告(Internet Conference Calendar)

网址：http://conferences.calendar.com/

此网页给出每日更新的有关学术会议、研讨会、专题讨论会、博览会、培训等信息，并提供一个很方便的查询界面，用户可按国家、各大洲进行分类免费查询。

(2) 技术会议信息中心(Technical Conference Information Center)

网址：http://www.techexpo.com/events/

此网页为用户提供了一个方便的查询界面，用户可根据会议名称、内容、主办单位、国家、城市及州名来查找即将召开的科技会议的信息。

(3) 欧洲研究会议(Europe Research Conferences)

网址：http://www.esf.org/activities/esf-conferences.html

它是由欧洲科学基金会维护的网页，主要提供各学科已经召开与即将召开的会议的信息及内容。

(4) 国际标准化组织(ISO)的标准化会议预告(ISO Meeting Calendar)

网址如下：http://www.iso.org/iso/standards_development/technical_committees/meeting_calendar.htm

此网页提供了即将召开的国际标准化会议的具体时间、地点、内容等信息。

(5) 会议与活动预告(Conferences & Events)

网址：http://scientific.thomson.com/news/events/

Thomson Scientific 提供的有关近期召开的各类会议的信息。

(6) 医学会议查询(Medical Conference)

网址：http://www.medicalconferences.com/

此医学会议库，收录有 4500 多条即将召开的医学会议信息，每日更新。

(7) 生物科学与医学方面的会议(Meetings in Bioscience and Medicine)

网址：http://hum-molgen.org/meetings/meetings/

此网页给出了将在未来一年半内召开的生物科学与医学方面的国际会议的预告。

(8) 农业会议预告(Agricultural Conferences,Meetings,Seminars Calendar)

网址：http://www.agnic.org/toolkit/collections/agricultural-conferences-meetings-seminars-calendar/

美国农业网络信息中心(AGNIC)提供的有关农业问题的美国国家及国际会议预告。由此网页，可检索到国际上重要农业会议的信息。

(9) 网络资源(WebReference)的会议信息服务

网址：http://www.webreference.com/internet/conferences.html

该网站提供网络及电子通信技术方面的会议信息资源。

7.3 标准文献网络信息检索

7.3.1 标准文献的概述

1. 标准的概念

标准化是沟通国际贸易和国际技术合作的技术纽带。通过标准化能够很好地解决商品交换中的质量、安全、可靠性和互换性配套等问题。标准化的程度直接影响到贸易中技术壁垒的形成和消除。因此，世界贸易组织贸易技术壁垒协议(WTO/TBT)中指出："国际标准和符合性评定体系能为提高生产效率和便利国际贸易做出重大贡献。"

《中华人民共和国标准化法》自1989年4月1日起施行。据我国的国家标准GB 3935—1—1983中对标准所作的定义是：标准是对重复性事物和概念所做的统一规定，它以科学、技术和实践经验的综合成果为基础，经有关方面协商一致，由主管机构批准，以特定形式发布，作为共同遵守的准则和依据。标准不仅是从事生产、建设工作的共同依据，而且是国际贸易合作，商品质量检验的依据。

2. 实施技术标准战略的意义

近年来，我国在外贸出口中受国外技术壁垒的限制日益严重，而由于我国技术标准大多引用国际标准，对进口产品却几乎无技术壁垒可言。据有关调查，近几年我国有60%的出口企业遇到国外技术壁垒，技术壁垒对我国出口的影响每年超过450亿美元。

技术壁垒是建立在技术创新能力的基础上，其实质是国家之间技术实力的较量，这种较量在很多领域里体现为技术标准的竞争。在经济全球化、国际竞争日益激烈的今天，技术标准是技术创新链条中的重要一环，是技术成果的规范化、标准化，是产业竞争的制高点。在一定程度上说，技术标准甚至比技术本身更为重要。

为了争夺技术壁垒优势，发达国家利用其科技优势，最大限度地控制国际标准化组织(ISO)和国际电工委员会(IEC)的技术领导权，尽可能将本国的技术法规、标准及检测技术纳入国际标准。

目前，技术标准是我国的薄弱环节，整体水平低，并与研究脱节，环保和安全领域对技术标准的要求十分迫切；标准的国际化水平低，运用标准作为竞争手段的能力更低。

因此，我国应尽快研究并建立既符合世贸规则，又能保护本国利益的国家技术标准体系。

3. 标准的类型

1）按标准的适用范围划分：国际标准、区域标准、国家标准、专业标准、企业标准。

2）按照标准化对象划分：技术标准、管理标准和工作标准三大类。

3）按标准的成熟度划分：强制标准、推荐标准、保障人体健康、人身、财产安全的标准和法律、行政法规规定强制执行的标准是强制性标准，其他标准是推荐性标准。

4. 标准文献及其作用

广义的标准文献包括一切与标准化工作有关的文献(如标准目录、标准汇编、标准年鉴、标准的分类法、标准单行本等等)，标准文献是标准化工作的成果，也是进一步推动科研、生产标准化进程的动力，标准文献有助于了解各国的经济政策、生产水平、资源情况和标准化水平。

5. 标准文献特点

标准文献与一般的科技文献不同表现为：

发表的方式不同：它由各级主管标准化工作的权威机构主持制订颁布，通常以单行本形式发行，一项标准一册。(年度形成目录与汇编)

分类体系不同：标准一般采用专门的技术分类体系。

性质不同：标准是一种具有法律性质或约束力的文献，有生效、未生效、试行、失败等状态之分，未生效和失效过时的标准没有任何作用价值。(一般每5年修订一次)

6. 标准文献表现形式

命名方式：标准、规范、规程、Standard(标准)、Specification(规格、规范)、Rules、Instruction(规则)、Praction(工艺)。

7. 标准文献概况

目前，世界已有的技术标准达75万件以上，与标准有关的各类文献也有数十万件。制订标准数量较多的国家有美国(10万多件)，原西德(约3.5万件)，英国(BS标准9000个)，日本(JIS标准8000多个)，另外，法国和前苏联制订的标准也较多。

通常所说的国际标准主要是指国际标准组织(ISO)、国际电工委员会(IEC)和国际电信联盟(ITU)，同时，还包括国际标准组织认可的其他27个国际组织制定的标准论题(如ITU国际电信联盟)。我国于1978年重新加入ISO，于1957年加入IEC。我国的标准分为国家标准，地方标准、行业标准和企业标准四个等级。到2000年底，我国已批准发布了国家标准近1.7万个，备案行业标准2.2万个，地方标准7500个，备案企业标准3.5万个。

8. 国内标准的编号

我国国家标准及行业标准的代号一律用两个汉语拼音大写字母表示，编号由标准代号(顺序号)批准年代组合而成。

国家标准用GB表示，国家推荐的标准用GB/T表示，国家指导性标准用GB/Z。

行业标准用该行业主管部门名称的汉语拼音字母表示，机械行业标准用JB表示，化工行业标准用HG表示，轻工行业标准用QB表示等等，如QB 1007—1990是指轻工行业1990年颁布的第1007项标准。

企业标准代号以Q为代表，以企业名称的代码为字母表示，在Q前冠以省市自治区的简称汉字，如：京Q/JB 1—1989是北京机械工业局1989年颁布的企业标准。

9. 国际标准的编号

ISO负责制定和批准除电工与电子技术领域以外的各种技术标准。ISO标准号的构成成份："ISO + 顺序号 + 年代号(制定或修订年份)如：ISO 3347：1976即表示1976年颁布的有关木材剪应力测定的标准"（正式标准）。

7.3.2 标准文献网络信息检索

1. 国内提供的网上标准信息资源

（1）中国标准服务网

中国标准服务网(www. cssn. net. cn)是国家级标准信息服务门户，是世界标准服务网(www. wssn. net. cn)的中国站点。中国标准化研究院中的标准馆主要负责该网站的标准信息维护、网员管理和技术支撑。中国标准服务网重新改版后，将以更丰富的内容和全新的面貌为用户服务，中国标准服务网以种类齐全、信息权威、更新及时、服务快捷为服务宗旨。

中国标准服务网的标准信息主要依托于国家标准化管理委员会、中国标准化研究院标准馆及院属科研部门、地方标准化研究院(所)及国内外相关标准化机构。中国标准化研究院标准馆收藏有60多个国家、70多个国际和区域性标准化组织、450多个专业学(协)会的标准以及全部中国国家标准和行业标准共计约60多万件。此外，还收集了160多种国内外标准化期刊和7000多册标准化专著，与30多个国家及国际标准化机构建立了长期、稳固的标准资料交换关系，还作为一些国外标准出版机构的代理，从事国外和国际标准的营销工作。每年投入大量经费和技术人员，对标准文献信息进行收集、加工并进行数据库和信息系统的建设、维护与相关研究。

中国标准服务网服务宗旨：

1）种类齐全。中国标准服务网提供的首批数据库包括：中国国家标准、中国行业标准、地方标准、国际标准、国外标准、国外学(协)会标准、技术法规、标准化期刊等百余种数据库。

2）信息权威。国家标准化管理委员会提供中国国家标准数据，国外标准数据从国外标准化机构获取。

3）更新及时。通过与国外标准信息机构的合作关系，可及时得到国外标准的更新数据，保证标准信息的时效性。

4）服务快捷。接到用户服务请求的1～2个工作日内，完成请求服务或对用户请求进行信息反馈。

中国标准服务网提供用户检索查询的数据库有：

国家标准(GB)、国家建设标准(GBJ)、中国70余个行业标准、台湾地区标准、技术法规；国际标准(ISO)、国际电工标准(IEC)、国际电信联盟标准(ITU)、欧洲标准(EN)、欧共体法规(EC)、欧洲计算机制造商协会标准(ECMA)、欧洲电子元器件协会标准(CECC)等。

（2）国家标准化管理委员会网(http://www. sac. gov. cn)

国家标准化管理委员会(Standardization Administration of the People's Republic of China)是国家质检总局管理的事业单位。国家标准化管理委员会是国务院授权的履行行政管理职能，统一管理全国标准化工作的主管机构。

国家标准化管理委员会网由中国国家标准化管理委员会和ISO/IEC中国国家委员会秘书处主办。该网站设有标准化动态、标准目录、国际标准、标准化知识等30多个栏目。如图7-15所示。

图7-15 国家标准化管理委员会网主页

(3) 中国国家标准咨询服务网(http://www.chinagb.org/)

中国国家标准咨询服务网是国内最大的标准专业网站，提供中国国家标准、行业标准、地方标准及国际标准的全方位咨询服务，包括标准信息的免费在线查询、标准有效性的确认、标准文献翻译、标准培训、企业立标等各种相关服务。

中国国家标准咨询服务网还提供了丰富多彩的标准新闻资讯，设有标准要闻、WTO/TBT、标准与商品、标准公告、标准论坛、质量认证、BBS等版块和国际、国内及行业标准动态、质量抽查公告、质检公告、世贸通告与预警、标准与生活、标准知识、标准乐园等众多栏目，世界贸易风云、与标准有关的国内外重要新闻、与百姓生活息息相关的热点话题、权威专家的言论等，都可一览无余。

(4) 中国标准咨询网(http://www.chinastandard.com.cn)

中国标准咨询网是我国首家著名的标准全文网站，由中国技术监督情报协会、北京中工技术开发公司与北京超星信息技术发展有限责任公司创办，于2001年4月1日正式开通运行。该网站设有标准数据库、标准信息、法规信息等栏目。网站收录的主要标准有：GB、GBJ、HB、ISO、IEC、EN、ANSI、BS、DIN、JIS、ASTM、ASME、UL、IEEE等国内外标准题录信息。用户注册需购买标准阅读卡后才可享受查询标准、浏览全文的服务。

(5) 万方数据资源系统(http://ln.wanfangdata.com.cn)

万方数据资源系统包括由国家技术监督局等单位提供的中国国家标准、行业标准、国际标准、欧洲标准以及美、英、德、日等国家的标准共12个标准信息数据库、20多万条数据，是检索标准信息的重要工具。如图7-16所示。

2. 国外标准文献网络检索

(1) 国际组织标准信息网上检索

1) http://www.iso.org。该网站具有国际标准数据库的全文检索和标准号检索功能，提供各种关于该组织标准化活动的背景及最新信息，各技术委员会(TC)、分委员会(SC)的目

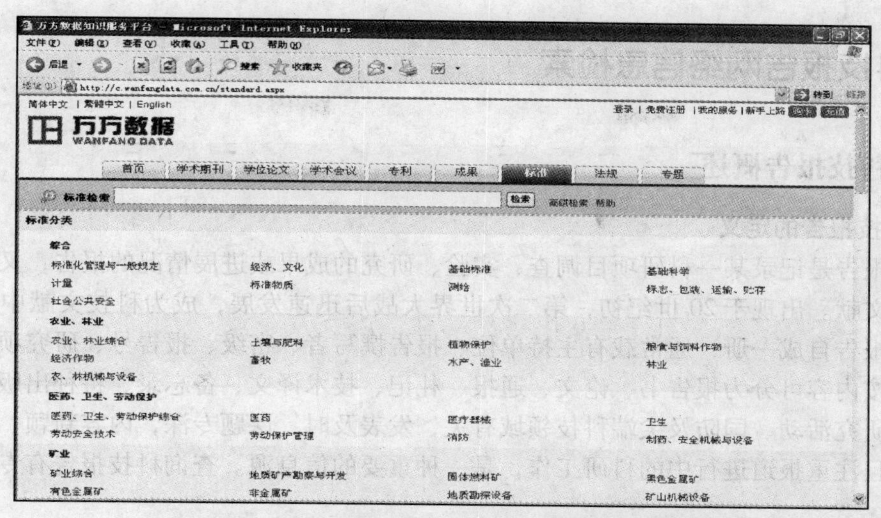

图 7-16　万方数据资源系统中外标准类数据库检索界面

录及活动，国际标准目录(包括各种已经出版的国际标准、撤销标准和其他标准出版物)，有关质量管理和质量保证的 ISO 9000 标准系统和有关环境保护、管理的 ISO 14000 标准系列，还有对其他标准化机构的链接及多种信息服务。可以按国际标准分类法(International Classification for Standards, ICS)、标准名称关键词、文献号、委员会代码等多种途径进行检索。

2）http://www.iec.ch。该网站是国际电工技术委员会网站，提供电子标准出版物的多功能检索界面，包括：标准、出版号码、全文等，同时提供布尔逻辑检索功能。

（2）其他国外机构提供的网上标准信息资源

1）美国国家标准学会(http://www.ansi.org)。美国国家标准学会(American National Standards Institute, ANSI)是美国一个非赢利性质的民间标准团体，实际上已经成为美国国家标准化中心，协调并指导美国全国的标准化活动，给予标准制定、研究和使用单位以帮助，提供国内外标准化情报。

该网站提供广泛的标准信息服务，可检索国际标准 ANSI 标准、美国国防部的军事标准和经 ANSI 认证的其他团体或企业的标准。

2）英国标准学会(http://www.bsi.org.uk)。英国标准学会(British Standards Institution, BSI)是世界上第一个国家标准化机构。它是英国政府承认并支持的非营利性民间团体。成立于 1901 年，总部设在伦敦。目前共有捐款会员 20000 多个，委员会会员 20000 多个。BSI 是国际标准化组织(ISO)、国际电工委员会(IEC)、欧洲标准化委员会(CEN)、欧洲电工标准化委员会(CENELEC)、欧洲电信标准学会(ETSI)创始成员之一，并在其中发挥着重要作用。

该网站提供英国标准的免费检索，用户可以通过免费注册成为合法用户，获取 BSI 的标准文献的详细信息。

3）德国标准化学会(http://www.beuth.de)。德国标准化学会(Deutsches Institut fur Normung, DIN)是德国最大的具有广泛代表性的公益性标准化民间机构。成立于 1917 年。总部设在首都柏林。该网站为德文版，提供德国标准的免费检索。

7.4　科技报告网络信息检索

7.4.1　科技报告概述

1. 科技报告的定义

科技报告是记录某一科研项目调查、实验、研究的成果或进展情况的报告，又称研究报告、报告文献。出现于20世纪初，第二次世界大战后迅速发展，成为科技文献中的一大门类。每份报告自成一册，通常载有主持单位、报告撰写者、密级、报告号、研究项目号和合同号等。按内容可分为报告书、论文、通报、札记、技术译文、备忘录、特种出版物。大多与政府的研究活动、国防及尖端科技领域有关，发表及时，课题专深，内容新颖、成熟，数据完整，且注重报道进行中的科研工作，是一种重要的信息源。查询科技报告有专门的检索工具。

科技报告是在科研活动的各个阶段，由科技人员按照有关规定和格式撰写的，以积累、传播和交流为目的，能完整而真实地反映其所从事科研活动的技术内容和经验的特种文献。它具有内容广泛、翔实、具体、完整，技术含量高，实用意义大，而且便于交流，时效性好等其他文献类型所无法相比的特点和优势。做好科技报告工作可以提高科研起点，大量减少科研工作的重复劳动，节省科研投入，加速科学技术转化为生产力。

科技报告是继图书、期刊、档案等类型文献之后出现的一种文献，它是人类科技发展和信息文化发展的产物，在人类的知识信息传播和利用中起着越来越重要的作用，世界各国在科技文献信息交流中都将它列于首位。我国的国防科学技术的发展已经历了六十年的历程，并取得了举世瞩目的成就，但建立系统、完善的科技报告法规制度以及相应的管理体制，还是近些年的事情。

2. 科技报告的特点

1）不拘形式，每份报告无论篇幅大小均独立成册，编有序号。

2）内容新颖，多为最新研究成果，时效性强，报道速度快。

3）研究内容往往涉及尖端项目和前沿课题，有较强的前瞻性。

4）内容详实专深，既反映成功经验，又有技术失败教训，往往附有详尽的数据、图表和事实资料。

5）发行范围受到控制，大部分属于保密文献，只有小部分在一定范围内公开或半公开发行，绝大部分要在相当长的一段时期之后才被解密公开。各个国家都有自己的科技报告，但数量最大、品种最多的是美国政府部门出版的政府报告，其收集、整理、加工和报道的工作做得非常规范，是广大科技工作者经常使用的科技文献。

3. 科技报告的种类

按不同的标准，科技报告可分为以下几类：

1）按研究阶段划分：初期报告（Primary Reports）、进展报告（Progress Reports）、中间报告（Interim Reports）、总结或最终报告（Summary or Final Reports）。

2）按出版类型划分：技术报告、技术札记、技术备忘录、特种出版物、其他。

3）按流通范围划分：保密报告、非密限制发行报告、非密公开报告、解密报告。

4. 科技报告的编号

每一篇科技报告都有一个编号，但各系统、各单位的编号方法不完全相同，代号的结构形式也比较复杂。国外常见的主要科技报告的代号，一般有以下几种类型的符号：

（1）机构代号

机构代号是科技报告编号中的主要部分，一般以编辑、出版、发行机构名称的首字母标在报告代号的首位，例如：DOE-，代表“美国能源部”。机构代号可以代表机构的总称，也可以代表下属分支机构，如：STAN-CS-，代表“斯坦福大学，计算机系”。

（2）类型代号

主要代表科技报告的类型。

1）用缩写字母表示，如：PR-进展报告 Progress Report

QPR-季度进展报告 Quarterly Progress Report

TM-技术备忘录 Technical Memorandum

TP-技术论文 Technical Papers

TT-技术译文 Technical Translations

2）用数字表示，如：DOE(原为 AEC)报告的：

TID-3000 代表文献目录

TID-5000 代表研究发展报告

TID-7000 代表特殊出版物

TID-8000 代表丛书

TID-10000 代表按“民用计划”公布的研究报告

（3）密级代号

代表科技报告的保密情况，如：

ARR-绝密报告　　S-机密报告　　C-保密报告

R-控制发行的报告　　U-非保密报告

（4）分类代号

用字母或数字表示报告的主题分类，如：P-物理学(Physics)。

（5）日期代号和序号

用数字表示报告出版发行年份和报告的顺序号，如：

STAN——CS——82——916

(机构)(年份)(序号)

5. 美国四大科技报告简介

科技报告的数量很大，在全世界的科技报告中，美国占了80%以上，其中历史悠久，影响广泛，报告量多，比较系统，参考价值大的主要有四大报告——AD、PB、NASA 及 DE。这四大报告每种都包括数十万篇，占全世界科技报告的大多数，国内收藏单位也较多。

（1）PB 报告

1946 年，美国为了整理在第二次世界大战中从战败国缴获来的大量的内部科技资料，在商务部下成立了出版局(Office of the Publication Board, U. S. Department of Commerce, PB)，负责整理、公布这批资料，因每件资料都冠以“PB”作为标识，因此称为 PB 报告。PB 报告的出版单位几经变化，从 1970 年 9 月起由美国商务部国家技术情报服务局(U. S. Department of Commerce National Technical Information Service, NTIS)，负责收集、整理美国的研究报告，并继续沿用“PB”作为报告标志。

PB报告的编号原来采用PB代码加上流水号。1979年底，PB报告的报告号编排到PB-301431，从1980年开始使用新的编号系统，即PB+年代+顺序号，其中年代用公元年代后的末2位数字表示，如：PB95-232070GAR 18-00797。

(2) AD报告

1951年5月，美国国防部将承担美国军事系统科技情报工作的中央航空文献局(Central Air Documents Office, CADO)和海军情报研究所(NRS)合并，成立了美国武装部队技术情报局(Armed Services Technical Information Agency, ASTIA)，由它来负责美国军事系统科技情报资料的搜集、整理、出版的工作。在1951年至1963年间，它所整理的情报资料都编有带AD字头的顺序号，产生了AD报告。这时AD的涵义即为ASTIA Document。1963年3月ASTIA扩建为国防科学技术情报文献中心(Defense Document Center for Scientific and Technical Information, DDC)，DDC所收集整理的报告，继续冠有AD字样，但其涵义已经与前者不同，是“Accessioned Document”的缩写，意为“入藏文献”。DDC于1979年改名为国防技术情报中心(Defense Technical Information Center, DTIC)。

AD报告的文献来源非常之广，报告范围不仅包括了与国防有关的各个领域，也涉及许多民用技术领域。

AD报告的密级有4种：机密(Secret)、秘密(Confidential)、内部限制(Restricted or Limited)、非密公开发行(Unclassified)。AD报告根据密级不同，编号也不同。1975年以前，不同的密级用不同的号码段区别，可以从编号最高位数字看出密级，最高位是1表示公开、秘密、机密混编，2、4、6、7表示公开，3、5表示秘密、机密，8、9表示非密限制发行。1975年以后，则在编号前加不同的字母表示不同密级，A表示公开，B表示非密限制发行，C表示秘密、机密，D表示军事系统专利，E表示共享书目输入试验，L表示内部限制使用，P表示专题丛书或会议论文集中的单行本，R表示属于国防部和能源科技情报联合协调委员会提供的能源科学方面的保密文献。

如：AD-900000，AD-A000023，AD-B000089，AD-C000075，……

(3) NASA报告

NASA报告是美国国家航空和航天局(National Aeronautics and Space Administration, NASA)出版的科技报告，现也简称N报告。NASA的前身是NACA(National Advisory Committee for Aeronautics)。NASA报告主要是航空航天领域，年报告量约6000件。

NASA报告的报告号采用“NASA+报告出版类型+顺序号”的表示方法。例如“NASA-CR-167298”表示一份合同用户报告。在NASA编号系统中，由“TR”表示技术报告，“TN”表示技术札记，“TM”表示技术备忘录，“TP”表示技术论文，“TT”表示技术译文，“CR”表示合同用户报告，“SP”表示特种出版物，“CR”表示会议出版物，“EP”表示教学用出版物，“RP”表示参考性出版物等。

(4) DE报告

DE报告原称DOE报告，该报告因出版单位多次变化，先后由美国原子能委员会(Atomic Energy Commission, AEC)、能源研究与发展署(Energy Research and Development Administration, ERDA)和美国能源部(Department of Energy, DOE)出版，报告名称也从AEC、ERDA、

DOE到DE多次变化，这套报告的报告号也较为混乱，但从1981年开始，能源部发行报告都采用“DE+年代+顺序号”的形式，如“DE95009428”表示1995年第9428号报告，而“DE+年代+500000”以上号码则表示从国外收集的科技报告，所以DOE报告在1981年以后又叫DE报告，DE报告现年发行量约为15000件(公开部分)。

7.4.2 中外科技报告网络信息检索

1. 万方数据资源中的科技成果数据库

万方数据股份有限公司是由中国科技信息研究所以万方数据(集团)公司为基础，联合山西漳泽电力股份有限公司、北京知金科技投资有限公司、四川省科技信息研究所和科技文献出版社发起组建的高新技术股份有限公司。万方数据资源中的科技成果数据库(http://ln.wanfangdata.com.cn)收录了历年各省市部委鉴定后上报国家科委的科技成果，涉及社会科学、自然科学等，共计222370条，包括新技术、新产品、新工艺、新材料等技术成果项目。

2. 美国NTIS报告数据库(http://www.ntis.gov/)

NTIS(National Technical Information Service)是美国国家技术情报社出版的美国政府报告文摘题录数据库，收录美国政府立项研究及开发的项目报告为主，少量收录西欧、日本及世界各国(包括中国)的科学研究报告。包括项目进展过程中所做的一些初期报告、中期报告、最终报告等，反映最新政府重视的项目进展。该库75%的文献是科技报告，其他文献有专利、会议论文、期刊论文、翻译文献；25%的文献是美国以外的文献；90%的文献是英文文献。专业内容覆盖科学技术各个领域。

该数据库所对应的印刷型刊物为：《Government Reports Announcements & Index(GRA & I)》和《Government Inventions for Licensing》。

思考题

1. 标准文献的等级、代号和分类。
2. 国内、外标准数据库的使用方法？
3. 标准文献的检索途径？
4. 学位论文的数据库的使用、检索方法、检索途径。
5. 会议文献的出版形式有哪几种？
6. 特种文献有哪几种类型？在哪些方面具有特殊性？可以从文献特点、出版发行、编号、信息获取等方面探讨。
7. 美国四大报告是什么？有什么特点？
8. 学位论文有什么类型和特点？获取国内学位论文原文的途径有哪些？
9. 标准文献按使用范围分几种？我国标准分几级？
10. 熟悉检索ISO、美国标准的检索方法。

第 8 章　数据与事实信息检索

人们在从事生产、学习、科学实验、各项经济活动或其他日常工作中，会碰到各种各样的事实和数据问题，如需要查找字词、事件、事实、人物、机构名称，查找年代日期、公式、常数、规格、方法等。事实与数据的查找是一种确定性的检索，要么是有，要么是无；要么是对，要么是错。事实与数据的检索，早期主要是依靠参考工具书——即把某一范围的知识或资料加以分析、综合或浓缩，并按一定的排检方法编排，以备查阅、参考，用以解决有关事实和数据方面的疑难问题的图书，如字典词典、百科全书、年鉴手册、名录、表谱和图录等。随着计算机技术以及互联网的蓬勃发展，事实与数值型数据库和网络资源已经成为人们解决该类问题的首选途径。

数值数据库主要包含数字数据，如统计数据、科学实验数据、科学测量数据等；事实型数据库，包括知识数据库、法律法规数据库、新闻报道数据库、名录数据库、图像数据库、多媒体数据库、软件数据库等。这类数据库专业性、时效性、应用性比较强，可以为科研工作提供支持、也可以为日常生活提供便利。下面就介绍几种目前较为常用的事实与数值型数据库。

8.1　中国经济信息网

8.1.1　概况

中国经济信息网，简称“中经专网”，其网址为：http：//www.cei.gov.cn/，主页如图 8-1 所示。

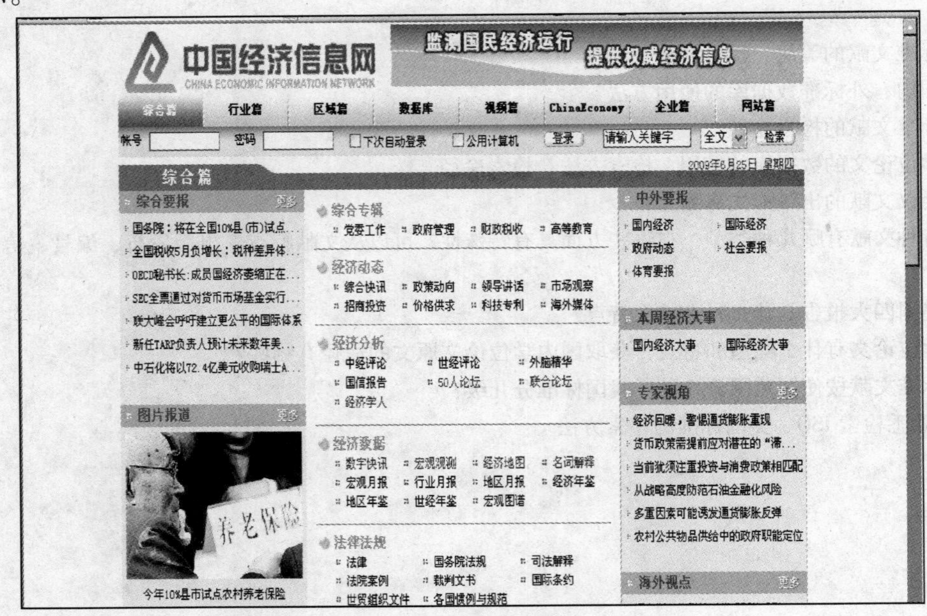

图 8-1　中国经济信息网主页

中经专网于1996年12月3日正式开通，是国家信息中心组建的、以提供经济信息为主要业务的专业性信息服务网站。该网站的信息直接来源于国家发展和改革委员会、国家统计局、商务部、国家信息中心、中科院、社科院等机构，并针对政府、银行、证券、基金等金融机构、各个行业的企业、国内高校需求分别设立了“中经专网· 政府版”、“中经专网·银行版”、“中经专网·企业版”以及“中经专网·教育版”。

网站利用自主开发的专网平台和互联网平台，为政府部门、金融机构、高等院校、企业集团、研究机构及海内外投资者提供宏观经济、行业经济、区域经济、法律法规等方面的动态信息、统计数据和研究报告，帮助用户准确了解经济发展动向、市场变化趋势、政策导向和投资环境，为用户经济管理和投资决策提供强有力的信息支持。与其他信息来源相比，中国经济信息网突出的特点是时效性和权威性，能够更好地支持用户了解中国经济运行状况、掌握权威信息与政策、利用相关方面经济金融信息及数据等要求。

8.1.2 检索方法

用户通过用户名和口令访问中经网，登录后界面显示登录成功，如图8-2所示。检索方法有分类浏览和全文检索两种方式。

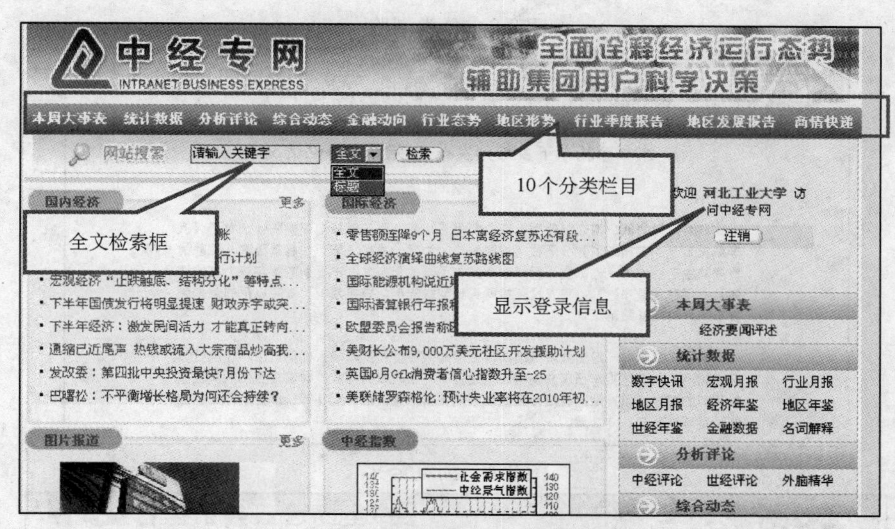

图8-2 中国经济信息网登录界面

1. 分类浏览

中经专网目前包括10个主要栏目，分别是：本周大事表、统计数据、分析评论、综合动态、金融动向、行业态势、地区形势、行业季度报告、地区发展报告、商情快递。可以通过逐级单击分类栏目，进行分类信息浏览。如图8-3所示。

如：查找“汽车摩托车下乡”政策方面的信息。首先在检索界面单击“行业态势”栏目名称；然后单击“政策动向”子栏目，在这一栏目中找到“汽车摩托车下乡细则出台，买摩托车可补贴650元”以及“汽车摩托车下乡细则发布　新增两种补贴情况”等文章；最后单击该文标题，可阅读其全文。如图8-4所示。

2. 全文检索

在“全文检索框”中输入关键词，关键词可用and或or进行组合检索，选择全文或标

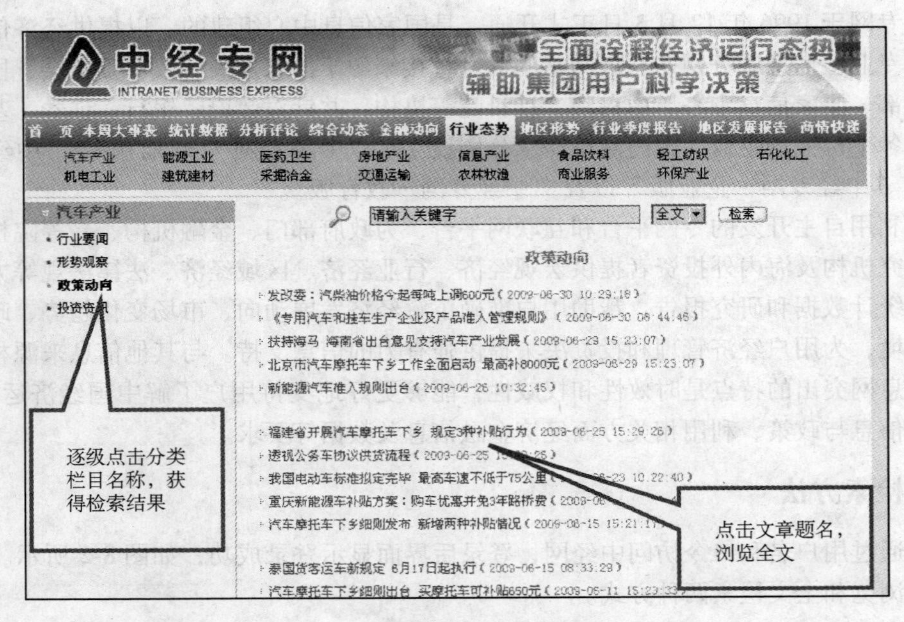

图8-3 分类浏览

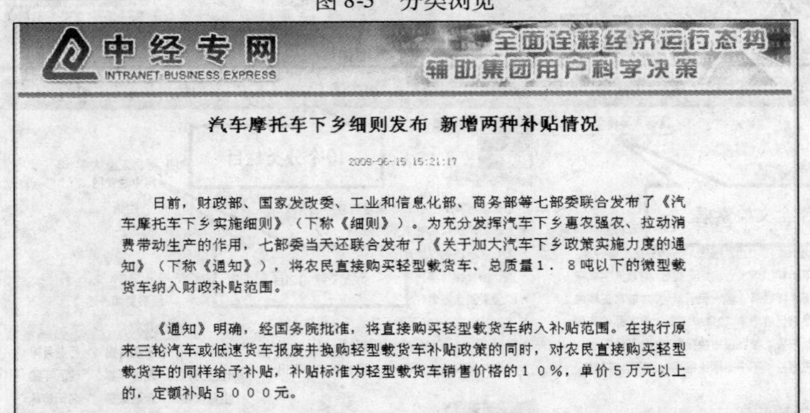

汽车摩托车下乡细则发布 新增两种补贴情况

2009-06-15 15:21:17

日前，财政部、国家发改委、工业和信息化部、商务部等七部委联合发布了《汽车摩托车下乡实施细则》（下称《细则》）。为充分发挥汽车下乡惠农强农、拉动消费带动生产的作用，七部委当天还联合发布了《关于加大汽车下乡政策实施力度的通知》（下称《通知》），将农民直接购买轻型载货车、总质量1．8吨以下的微型载货车纳入财政补贴范围。

《通知》明确，经国务院批准，将直接购买轻型载货车纳入补贴范围。在执行原来三轮汽车或低速货车报废并换购轻型载货车补贴政策的同时，对农民直接购买轻型载货车的同样给予补贴，补贴标准为轻型载货车销售价格的１０％，单价５万元以上的，定额补贴５０００元。

图8-4 浏览全文

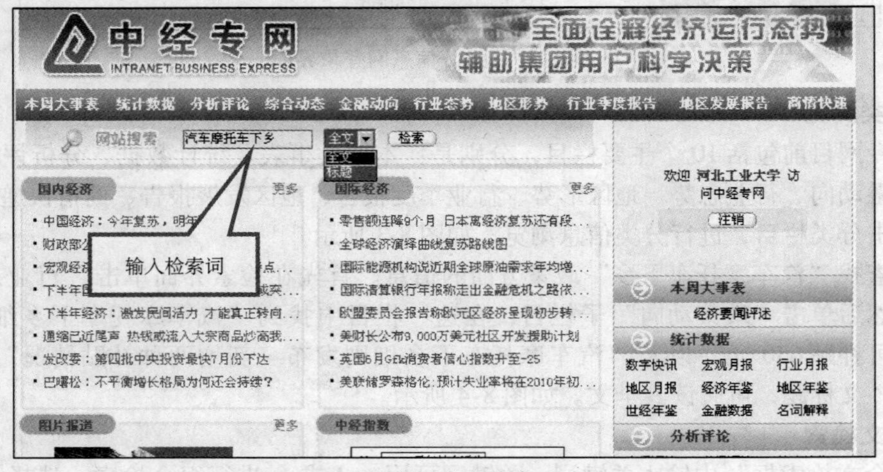

图8-5 全文检索

题字段进行简单检索。如图 8-5 所示。

获得的检索结果按时间标准倒序排列，单击文章题名即可浏览全文。此外，用户还可进行二次检索，或者重新检索。如图 8-6 所示。

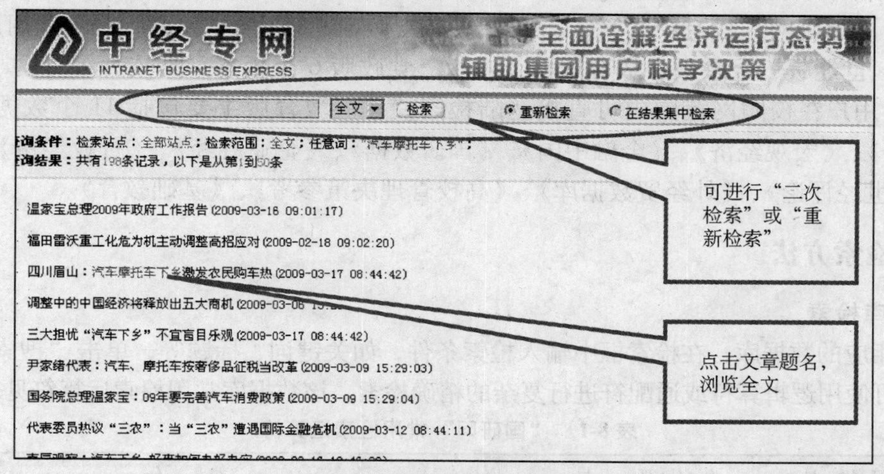

图 8-6　全文检索结果

8.2 国研网

8.2.1 概况

国务院发展研究中心信息网，简称"国研网"，其公共网址为：http://www.drcnet.com.cn，教育网址为：http://edu.drcnet.com.cn，其主页如图 8-7 所示。

"国研网"创建于 1998 年 3 月，由国务院发展研究中心主管、国务院发展研究中心信息中心主办、北京国研网信息有限公司承办。"国研网"是国内著名的专业性经济信息服务

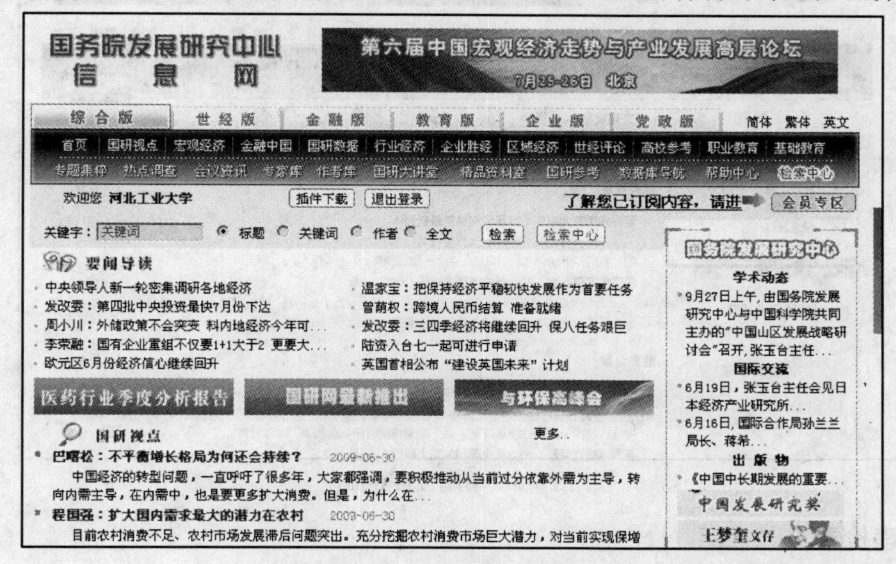

图 8-7　"国研网"主页

平台之一，它为中国各级政府部门和企业提供关于中国经济政策和经济发展的深入分析和权威预测，为海内外投资者提供中国宏观经济和行业经济领域的政策导向及投资环境信息，使投资者及时了解并准确把握中国整体经济环境及其发展趋势，从而指导投资决策和投资行为。

目前，“国研网”设有中文简体、中文繁体以及英文3个版本，并针对不同用户，开发了综合版、世经版、金融版、教育版、企业版、党政版6个版本。高校大多订购“国研网教育版”，用户在校园网范围内可直接登陆检索使用。教育版主要包括11个数据库，即：《国研报告》、《宏观经济》、《金融中国》、《国研数据》、《企业胜经》、《行业经济》、《区域经济》、《世经评论》、《外经贸数据库》、《高校管理决策参考》、《基础教育》。

8.2.2　检索方法

1. 单库检索

进入相应的数据库，在检索框中输入检索条件，如关键词、标题等，单击“搜索”。检索时，用户可使用逻辑算符或通配符进行复杂的精确检索。该数据库常用检索运算符见表8-1。

表8-1　“国研网”常用检索运算符

运算符名称		符　号	举　例
逻辑算符	“且”	使用空格、“+”或“&”	查询关于北京市金融的文章，可输入关键词“北京　金融”或“北京+金融”或“北京&金融”
	“非”	使用字符“-”	查找基础设施方面文章，但不包含北京，输入关键词“基础设施-北京”
	“或”	使用字符“│”	查询关于金融或股票方面的文章，则输入关键词“金融│股票”
通配符	！表示0或1个任意汉字或字符 ？表示1个任意汉字或字符 注意:!? 为半角字符		查找“股票”与“期货”中间包含1~2个字的内容，输入关键词“股票!? 期货

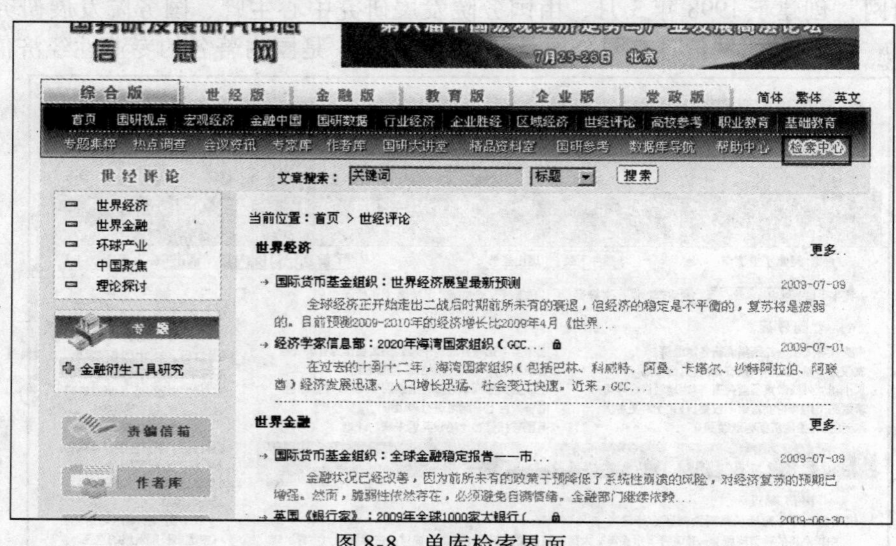

图8-8　单库检索界面

2. 跨库检索

在图8-8中单击“检索中心”进入数据库统一检索界面，可实现用户订购所有数据库的跨库检索。如图 8-9 所示。

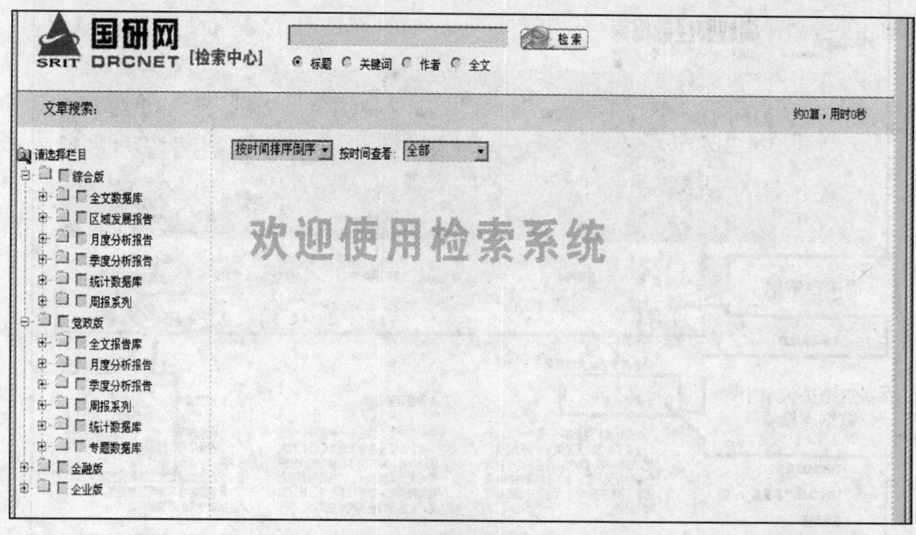

图 8-9 跨库检索界面

3. 二次检索

在检索结果中，可以选择网页下方的“在结果中在搜索”或“在结果中去除”，如图 8-10 所示。并输入检索词，实现二次检索。系统默认，二次检索的检索项同于第一次检索。

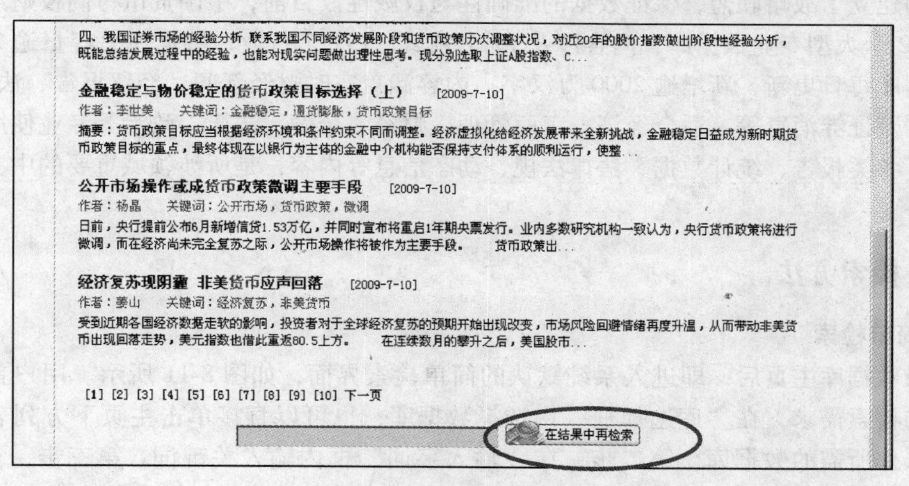

图 8-10 检索结果界面

8.3 中国资讯行

8.3.1 概况

中国资讯行(China InfoBank)是香港专门收集、处理及传播中国商业信息的高科技企业，建于 1995 年。目前，中国资讯行为我国高校量身定制了高校财经数据库系统，通过设在北京的镜像站点 http://www.bjinfobank.com 面向大陆高校提供服务，其主页如图 8-11 所示。

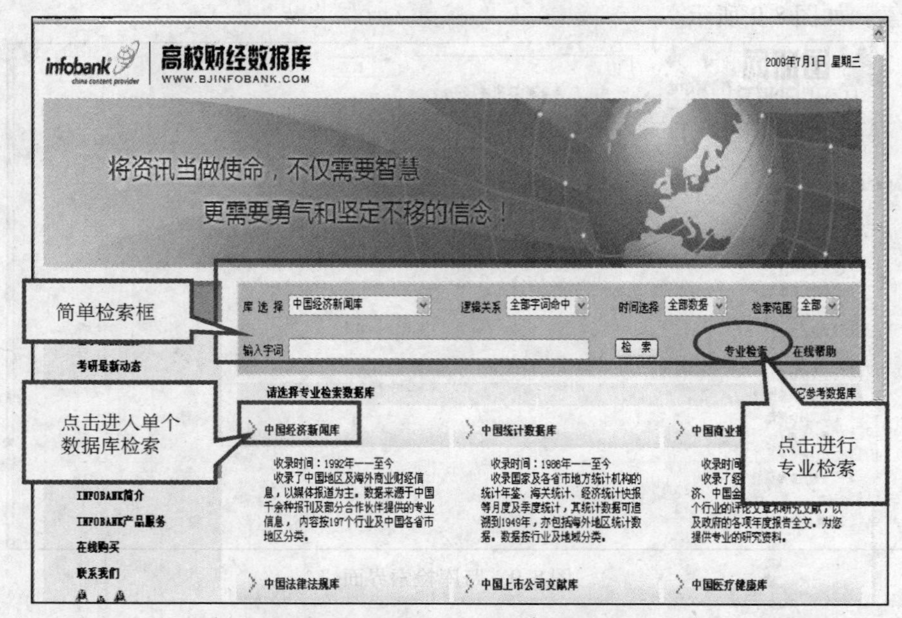

图8-11　“中国资讯行高校财经数据系统”主页

中国资讯行与国家经贸委、外贸部、国家工商局、路透社等近百家中国政府部门和权威资讯机构建立了战略联盟，保证数据的准确性与权威性。目前，中国资讯行高校财经数据库系统有12个大型专业数据库，内容涉及19个领域，197个行业，数据库总容量逾200亿汉字，数据库每日更新，新增逾2000万汉字。内容涵盖实时财经新闻、经贸报告、法律法规、商业数据及证券消息等，适合经济、工商管理、财经、金融、法律、政治等专业使用，特别是整合了各类报告、统计数据、法律法规、动态信息等内容，是所涉领域重要的中文信息参考源之一。

8.3.2　检索方法

1. 简单检索

登录数据库主页后，即进入系统默认的简单检索界面，如图8-11所示。用户首先应根据自己的检索需求，在“库选择框”内选择数据库；也可以直接单击主页下方列表中的库名，进入你所需的数据库。第二步，在“输入字词”框内输入关键词。第三步，“关系逻辑”框提供“全面字词命中、任意字词命中、全部词不出现”三种逻辑检索方式，用户可以根据检索课题的实际需要选择关键词检索的逻辑关系。第四步，“时间选择”框提供了“全部数据、前一周、前一月、前三月、前一年”五种选择，用户需根据所检索的课题确定文献的发表或出版的时间。第五，选择检索范围(全部、标题)，最后单击“检索”按钮。

2. 专业检索

首先在数据库列表中选择要浏览的数据库，进入各数据库，如图8-12所示。

然后，在各数据库的检索栏中选定或输入相应的检索条件，包括行业、地区、文献出处、检索范围、检索范围、返回记录的数(每屏显示的记录数)、一个或多个关键词及其逻辑关系以及起止时间等，再单击“检索”即可得到检索结果，如图8-13所示。

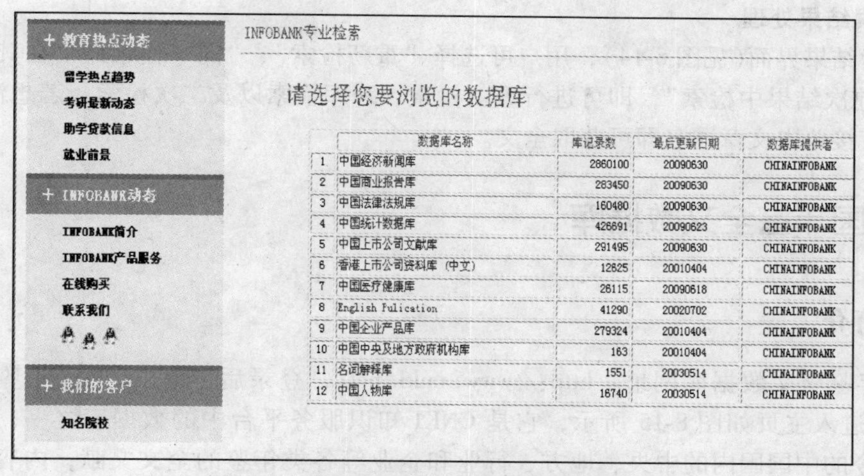

	数据库名称	库记录数	最后更新日期	数据库提供者
1	中国经济新闻库	2860100	20090630	CHINAINFOBANK
2	中国商业报告库	283450	20090630	CHINAINFOBANK
3	中国法律法规库	160480	20090630	CHINAINFOBANK
4	中国统计数据库	426691	20090623	CHINAINFOBANK
5	中国上市公司文献库	291495	20090630	CHINAINFOBANK
6	香港上市公司资料库（中文）	12825	20010404	CHINAINFOBANK
7	中国医疗健康库	26115	20090618	CHINAINFOBANK
8	English Fulication	41290	20020702	CHINAINFOBANK
9	中国企业产品库	279324	20010404	CHINAINFOBANK
10	中国中央及地方政府机构库	163	20010404	CHINAINFOBANK
11	名词解释库	1551	20030514	CHINAINFOBANK
12	中国人物库	16740	20030514	CHINAINFOBANK

图 8-12　专业检索（选择要浏览的数据库）

+ 教育热点动态
留学热点趋势
考研最新动态
助学贷款信息
就业前景
+ INFOBANK动态
INFOBANK简介
INFOBANK产品服务
在线购买
联系我们

专业检索

专业检索：中国经济新闻库
行业分类 全部
地区分类 全部
文献出处 全部 逻辑关系 全部字词命中
检索范围 全部 返回记录 50条
输入字词 检索
起始日期 20080701 截至日期 20090701
本数据库说明：
本数据库收录了中国范围内及相关的海外商业经济信息，以消息报导为主，数据源自中国千余种报章与期刊及部分合作伙伴提供的专业信息，按行业及地域分类，共包含19个领域197个类别。

图 8-13　专业检索界面（以中国经济新闻库为例）

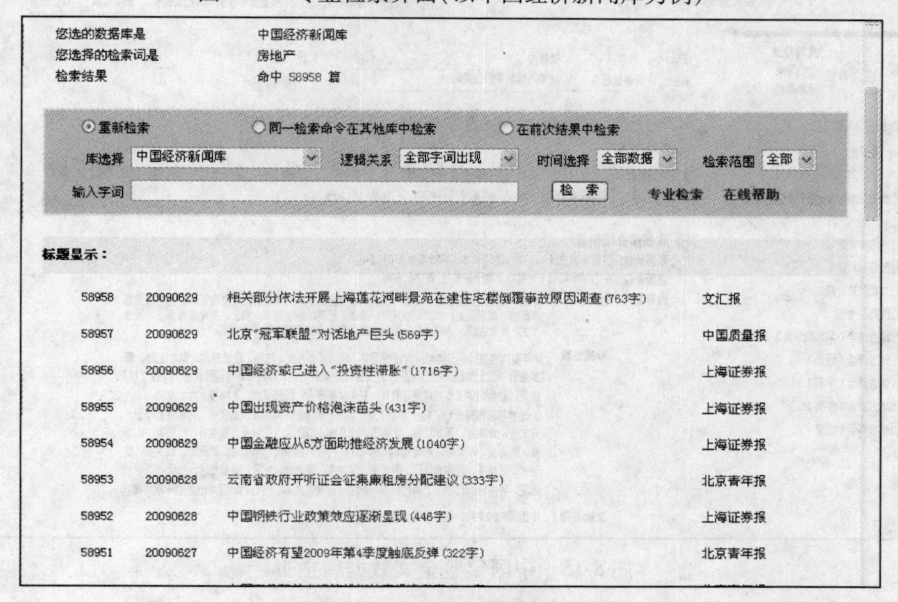

58958	20090629	相关部分依法开展上海莲花河畔景苑在建住宅楼倒覆事故原因调查（763字）	文汇报
58957	20090629	北京"冠军联盟"对话地产巨头（589字）	中国质量报
58956	20090629	中国经济或已进入"投资性滞胀"（1716字）	上海证券报
58955	20090629	中国出现资产价格泡沫苗头（431字）	上海证券报
58954	20090629	中国金融应从6方面助推经济发展（1040字）	上海证券报
58953	20090628	云南省政府开听证会征集廉租房分配建议（333字）	北京青年报
58952	20090628	中国钢铁行业政策效应逐渐显现（446字）	上海证券报
58951	20090627	中国经济有望2009年第4季度触底反弹（322字）	北京青年报

图 8-14　检索结果界面

3. 检索结果处理

在检索结果界面(见图8-14)，用户可选择“重新检索”、“同一检索命令在其他库中检索”、“在前次结果中检索”，即可进行重新检索、跨库检索以及二次检索。若想浏览全文，注册用户直接单击文章题名即可获取全文。

8.4 中国年鉴全文数据库

8.4.1 简介

中国年鉴全文数据库网址：http://www.cnki.net/，登录后，单击《中国年鉴全文数据库》名称，进入主页如图8-15所示，它是CNKI知识服务平台中的数据库之一，收录了自1912年至今的中国国内的中央、地方、行业和企业等各类年鉴的全文文献，内容覆盖基本国情、地理历史、政治军事外交、法律、经济、科学技术、教育、文化体育事业、医疗卫生、社会生活、人物、统计资料、文件标准与法律法规等各个领域。

年鉴内容按行业分类可分为地理历史、政治军事外交、法律、经济总类、财政金融、城乡建设与国土资源、农业、工业 、交通邮政信息产业、国内贸易与国际贸易、科技工作与成果、社会科学工作与成果、教育、文化体育事业、医药卫生、人物等十六大专辑。

地方年鉴按照行政区划分类可分为北京市、天津市、河北省、山西省、内蒙古自治区、辽宁省、吉林省、黑龙江省、上海市、江苏省、浙江省、安徽省、福建省、江西省、山东省、河南省、湖北省、湖南省、广东省、广西壮族自治区、海南省、重庆市、四川省、贵州省、云南省、西藏自治区、陕西省、甘肃省、青海省、宁夏回族自治区、新疆维吾尔自治区、香港特别行政区、澳门特别行政区、台湾省共34个省级行政区域出版的年鉴专辑。

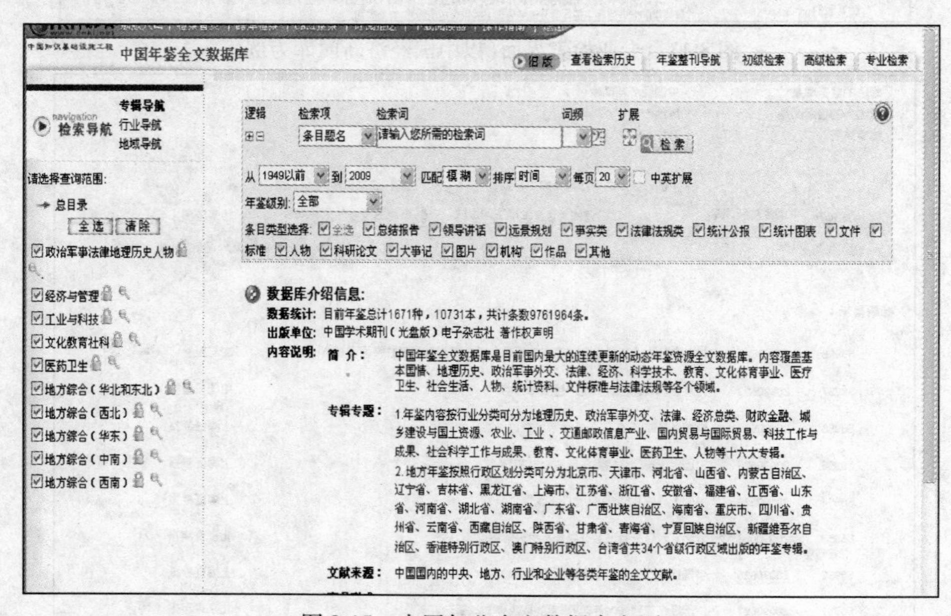

图8-15 中国年鉴全文数据库主页

8.4.2 检索方法

由于中国年鉴全文数据库也是属于 CNKI 知识服务平台中的数据库之一，所以它的检索方法与技巧和前面介绍的中国期刊全文数据库基本一致，只是由于两个数据库收录文献类型不同，检索字段与检索限定条件有所不同。因此，对于该数据库的检索方法我们这里不再赘述。

8.5 Gale 出版集团的参考性资料数据库简介

Gale 集团是国际著名出版机构，在出版文学及传记工具书以及机构名录方面颇具权威性。目前 Gale 出版集团的参考性资料数据库主要包括：文学传记资料中心、人物传记资料中心、传记和家谱总索引、商务与公司资料中心、市场与技术展望数据库、相反论点资料中心、泰晤士报数字档案、综合参考工具便览等。下面重点介绍文学传记资料中心的使用方法。

文学传记资料中心（Literature Resource Center）网址：http://infotrac. galegroup. com/itweb/bit? db = LitRC（检索界面如图 8-16 所示）。

此数据库是 Gale100 多个在线数据库的旗舰产品，囊括了众多 Gale 集团 50 年来著名的文学传记、文学评论等。在相应的文学领域中是最权威的参考书，历来是各高校及公共图书馆的必备藏书；同时包含 300 种文学、语言学期刊中的所有 50 万篇全文文章，并提供丰富的语言及语言学专业信息，可链接至 6000 多个经过专家严格挑选的相关文学专业网站；作家的死亡日期、获得的主要奖项、主要的文学作品、有报导价值的事件及与作家职业相关的事件被随时加入，平均每年新增加 3000 ~ 4000 位作家。

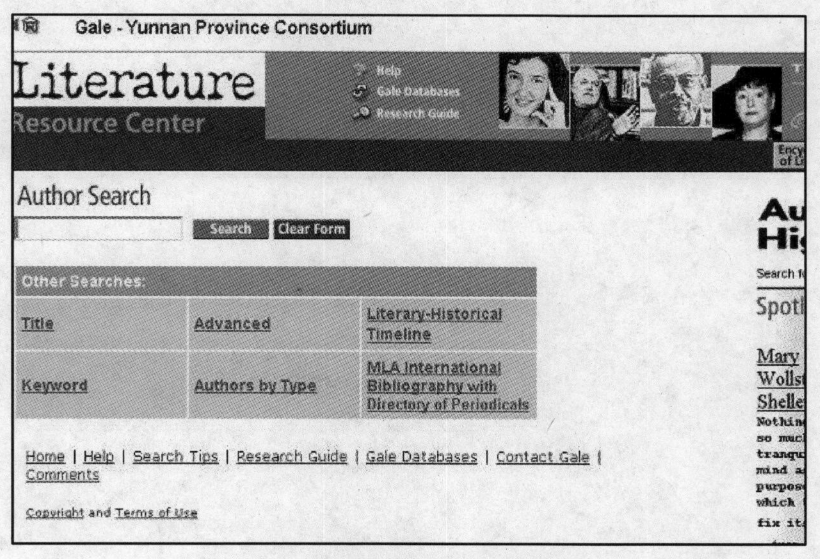

图 8-16 文学传记资料中心检索界面

该数据库主要检索途径有：

1. Author search（作者检索）

可以输入作者的全名、全名中的某一部分、别称、甚至是笔名，不区分大小写。

2. Title Search(标题检索)

可输入标题中的任意一个字、或输入标题中的所有字、或输入确切的标题，包括"The"，"A"，"An"等。

3. Keyword search(关键词检索)

以较明确的单字或检索短语进行查找。

4. Authors by Type Search(作者分类检索)

可以按作者的国籍、民族、作品类型、生卒年等方面作为综合检索条件进行查询。

5. Advanced Search(高级检索)

可以用布尔逻辑算符将多个检索词进行限定。

6. Literary-Historical Timeline Search(文学史分期检索)

输入确切的日期范围时，得到同一时期著名的文学作品、文学运动与历史事件。

思 考 题

1. 简述事实与数据检索的概念。
2. 结合自己学习研究与日常生活，积累事实与数据数据库及其检索方法。

第9章　数字图书馆

9.1　现代图书馆

9.1.1　现代图书馆简介

数字图书馆是收集各种载体的信息资源并以数字化的形式存储、整理、保存、向用户发布和提供服务的实体，其形式可以是具体的社会机构或组织，也可以是虚拟的网站或者任何数字信息资源系统。

数字图书馆是在现代信息技术兴起的基础上由传统图书馆发展而来。数字图书馆继承了传统图书馆对信息资源收集、存储、整理、利用的管理思想，随着技术手段的进步，在数字图书馆中传统图书馆的查询借阅、参考咨询、馆际互借、代检代查、原文传递、科技查新、学科馆员等服务表现出了新的形式，使用户利用信息资源更加快捷有效。下面的内容将介绍数字图书馆向用户提供服务的基本形式及在 Web2.0 平台上 Rss、博客、WiKi、网摘等新技术手段在数字图书馆中的应用。

查询借阅是图书馆提供的一项最基础的服务，传统查询借阅图书馆信息资源需要用户面对面的在图书馆提供的检索系统(一般为卡片式目录)中人工查询，检索效率低；用户查询到所需信息资源后借阅需要亲自(开架馆藏)或是委托管理员(闭架馆藏)在馆藏资源中查找，费时费力效率低。在数字图书馆中用户可以在计算机检索系统中进行分布式、远程检索，在有网络终端设备的地点即可进行检索，检索时只要在计算机检索系统中输入检索词即可；检索到结果后用户可以下载、阅读数字化格式的文本、图像、声频、视频资源，用户利用资源的效率大大提高。

参考咨询是用户在利用图书馆信息资源出现问题时向参考咨询人员进行提问并获得解答的服务。在传统模式下，用户向图书馆进行咨询只能通过面对面、电话和信件的方式，得到的答案也是参考咨询人员单方提供的。在数字化图书馆的模式下，运用网络技术，用户除了通过面对面、电话、信件提问，还可以通过 E-mail、BBS、Chat、博客等方式提问，通过这些方式的提问获得的答案也不再只是参考咨询人员单方提出的了——答案可以通过参考咨询人员和多个用户通过 BBS、Chat、博客等平台讨论后得出。

馆际互借是在本馆办理借阅证件的用户通过本馆借阅其他图书馆的文献信息资源的服务。提供馆际互借的各个图书馆之间通常有馆际互借协议，传统模式下馆际之间的信息资源通常以邮递、传真的方式传递，要收取一定的费用，跨馆文献信息检索往往也需要图书馆工作人员的代检代查，而且有些资源如古籍是不提供馆际互借的。在数字图书馆条件下，用户可以通过馆际互借的成员馆共同编制的联合目录检索所需信息资源，检索到的结果也可以通过网络快速传递，以前不提供馆际互借的馆藏也可以复制成数字格式予以流通。

9.1.2 Web2.0 平台下数字图书馆的服务方式简介

在 Web2.0 平台下，Rss、wiki、博客、网摘技术都可以在数字图书馆中得到很好的应用。

聚合内容(Really Simple Syndication,Rss)是一种内容的聚合和推送，用户可以通过 Rss 在网站上订阅自己感兴趣的内容，用户订阅的内容一有更新，Rss 就会把更新的内容推送到用户桌面上来，用户可以不用察看内容来源网站的全部内容就可以即时了解更新内容。Rss 在数字图书馆中可以得到广泛的应用，Rss 可以在数字图书馆的新书通报、预约通知、借还书到期、订购征询、读者选书、学科导航、学科馆员、参考咨询、图书馆博客中得到广泛应用，Rss 可以把最新的通知、公告，最新的消息、更新即时推送到订阅用户的桌面上来。目前推出 Rss 服务的图书馆有清华大学图书馆、上海交大图书馆、上海大学图书馆、厦门大学图书馆等。

Wiki 是一种典型的 Web2.0 应用，针对一个主题可以多人或是任何访问者对主题进行编辑和修改，Wiki 特别适合对同一主题感兴趣的人群对该主题进行探讨、研究，Wiki 最大的特点就是自由与开放。在数字图书馆中 Wiki 可以应用在学科导航、学科馆员、订购征询、定题服务中，目前厦门大学图书馆、上海交大图书馆、上海大学图书馆已经应用此项服务。

近年一些大学图书馆如厦门大学图书馆、淡江大学图书馆、上海大学图书馆都应用了博客。大学的数字图书馆博客一般应用在学科导航、学科馆员、参考咨询服务中，博客的作者和图书馆用户在博客中交流互动、用户可以充分参与讨论。

网摘(Social Bookmark)是一种网络收藏夹，用户可以存储自己感兴趣的网址和信息资源，并用标签进行分类排序，一个用户的收藏可以被其他用户访问，用户可以分享彼此的收藏信息，网摘的特点是“在共享中收藏，在收藏中共享”。用户通过网摘，可以更快结交到具有相同兴趣和特定技能的人，形成交流群体，通过交流和分享互相增强知识，满足沟通、表达等社会性需要。高校图书馆用户群体特性使他们往往对同一主题的信息资源感兴趣，用户通过数字图书馆提供的网摘服务可以了解到研究同一学科、同一方向的其他人最近研究了什么、对什么感兴趣，可以在网摘中交流、共享信息资源。网摘目前主要在学科门户服务中应用，如上海大学图书馆门户建设网站。

目前数字图书馆的很多应用往往集成在联机公共检索目录系统中，下一节我们重点介绍联机公共检索目录系统。

9.1.3 联机公共检索目录 OPAC

1. 简介

联机公共检索目录又称联机公共查询目录(online public access catalogue,OPAC)、在线公共查询目录是20世纪70年代美国一些大学图书馆和公共图书馆共同开发的公共检索系统，至今已经发展到了第三代基于 web 技术、应用 Z39.50 标准的 web-based OPAC、Web-PAC。基于网络的 OPAC 为用户提供 Internet 联机信息检索服务，图书馆、信息服务机构对文献信息资源进行编目，形成机读目录(MARC)并存入数据库，用户可以通过 OPAC 系统进行远程检索获得所需文献信息。

目前国内有多种 OPAC 系统，如汇文 OPAC 系统、UNICORN 的 OPAC 系统、MILINET-SOPAC 系统等，其系统界面、系统平台多有不同，但不同的 OPAC 系统所使用的数据结构、所提供的服务功能是基本相同的。OPAC 系统一般都有馆藏书刊目录查询、读者信息查询、公告通知、订购征询等基本模块。不同的图书馆使用不同的 OPAC 系统在提供的具体服务项目上可能有所不同，具有本馆的特色。

2. 馆藏书刊查询

河北工业大学图书馆所使用的 OPAC 为北邮电信科技股份有限公司应用软件事业部开发的 MELINETSOPAC 系统，本节将以此 OPAC 系统为例详细介绍馆藏书刊的查询。

进入图书馆主页（http://lib. hebut. edu. cn/）单击馆藏书刊查询打开 MELINETSOPAC 首页，如图 9-1 所示。

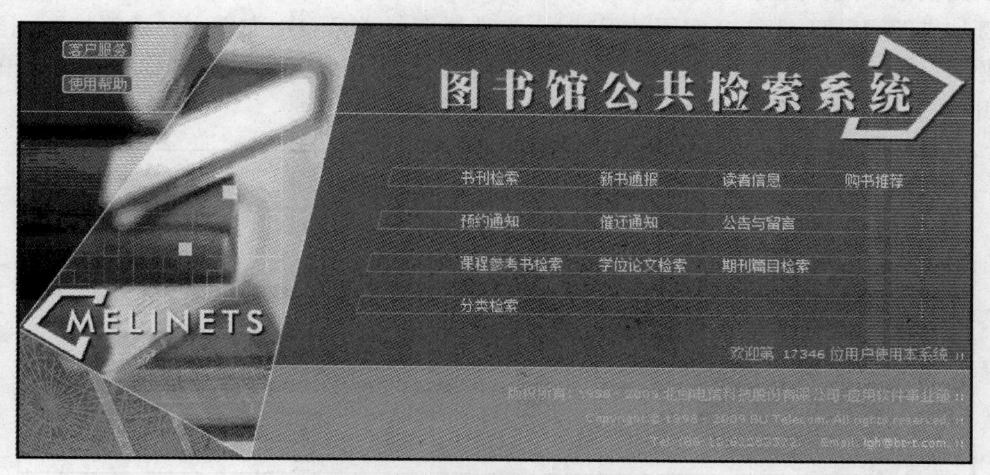

图 9-1 图书馆 OPAC 系统首页

MELINETSOPAC 系统现有书刊检索、新书通报、读者信息、购书推荐、预约服务、催还通知、公告与留言、课程参考书检索、学位论文检索、期刊篇目检索和分类检索 11 项服务功能。进行馆藏书刊查询可以通过书刊检索和分类检索两种途径进行，下面介绍两种途径的使用方式。

(1) 书刊检索

在图书馆公共检索系统单击书刊检索进入书刊检索子系统，如图 9-2 所示。

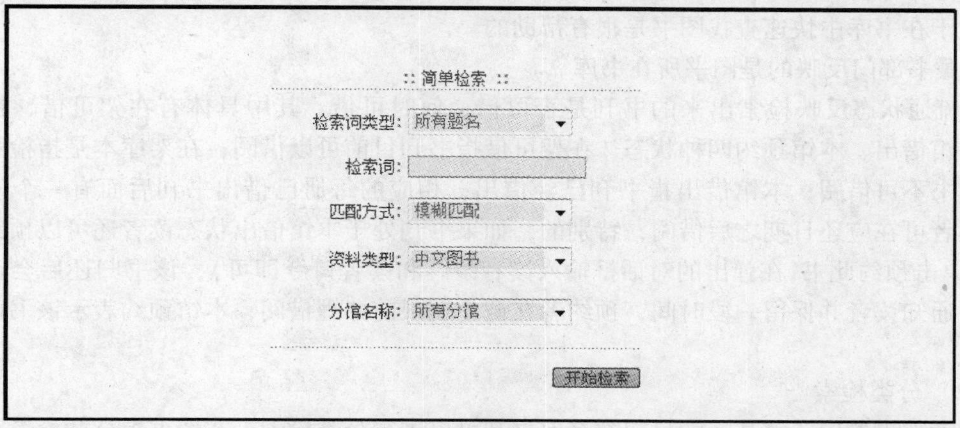

:: 简单检索 ::

检索词类型：所有题名

检索词：

匹配方式：模糊匹配

资料类型：中文图书

分馆名称：所有分馆

开始检索

图 9-2 书刊检索页面

读者进行书刊检索时需经以下几个步骤：

1）选择需要检索的资料类型，本系统提供了中文图书、西文图书、日文图书、俄文图书、中文期刊、西文期刊、日文期刊、俄文期刊和全部类型资料9种检索范围，读者可以根据自身需要进行选择，系统默认为全部资料类型。

2）选择检索词类型，有所有题名、著/作者、标准号（ISSN或ISBN）、主题词、分类号5种类型，系统默认为所有题名。

3）输入检索词，选择匹配方式，有模糊匹配、向前匹配、精确匹配三种匹配方式，系统默认为模糊匹配，选择馆藏地址即分馆名称，系统默认所有分馆。

例如借阅《MATLAB 7.0实用教程》时，先选择资料类型：中文图书；选择检索词类型：所有题名；输入检索词“MATLAB 7.0实用教程”，选择馆藏地即分馆名称：所有分馆，单击“开始检索”，OPAC系统输出检索结果，如图9-3所示。

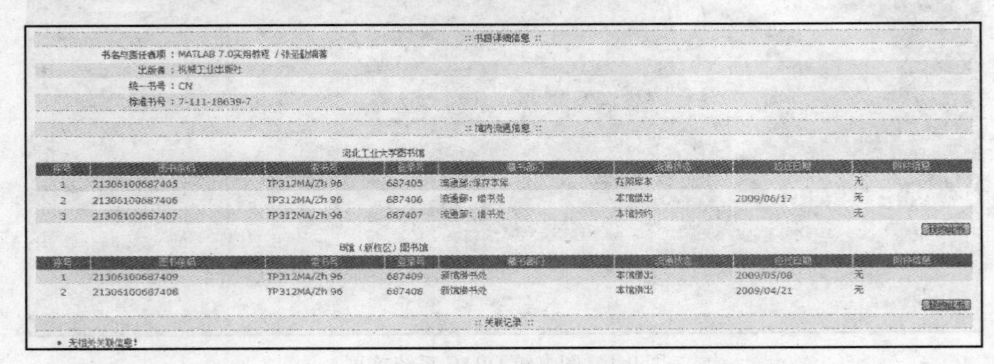

图9-3　书刊检索结果

检索结果页面上半部显示《MATLAB 7.0实用教程》的详细书目信息，读者可查看书目详细信息确定是否符合检索目标。检索结果页面下半部显示《MATLAB 7.0实用教程》在图书馆内的流通信息，具体有以下几项：

• 图书条码和登录号是图书馆标识图书所赋予每册图书唯一具有的号码。

• 索书号是每册图书根据自身学科内容在《中国图书馆图书分类法》中对应的分类号和著者号构成，由于馆藏文献是根据《中图法》进行分类排架的，所以能准确获取所查图书的索书号对于在书库中快速查找图书是很有帮助的。

• 藏书部门反映的是图书所在书库。

• 流通状态反映检索出来的书刊是否可借、何时可借，其中具体有在架可借、在架库本、本馆借出、本馆预约四种状态，在架可借指书刊目前可以借阅；在架库本是指检索结果为库本书不可借阅；本馆借出指书刊已经借出，相应的每册已借出书刊后面有一个应还日期，读者可在应还日期之后借阅，特别的，如果书刊处于本馆借出状态读者还可以预约此书（读者单击预约此书，在弹出的对话框输入读者条码和读者口令即可），该书归还后会在预约通知中通知读者并保留一段时间，预约者在截止期限前办理借阅；本馆预约表示该书已经被预约。

（2）分类检索

读者如果希望了解某一学科门类有何书刊可以进行分类检索。在图书馆公共检索系统首页单击分类检索进入分类检索页面，如图9-4所示。

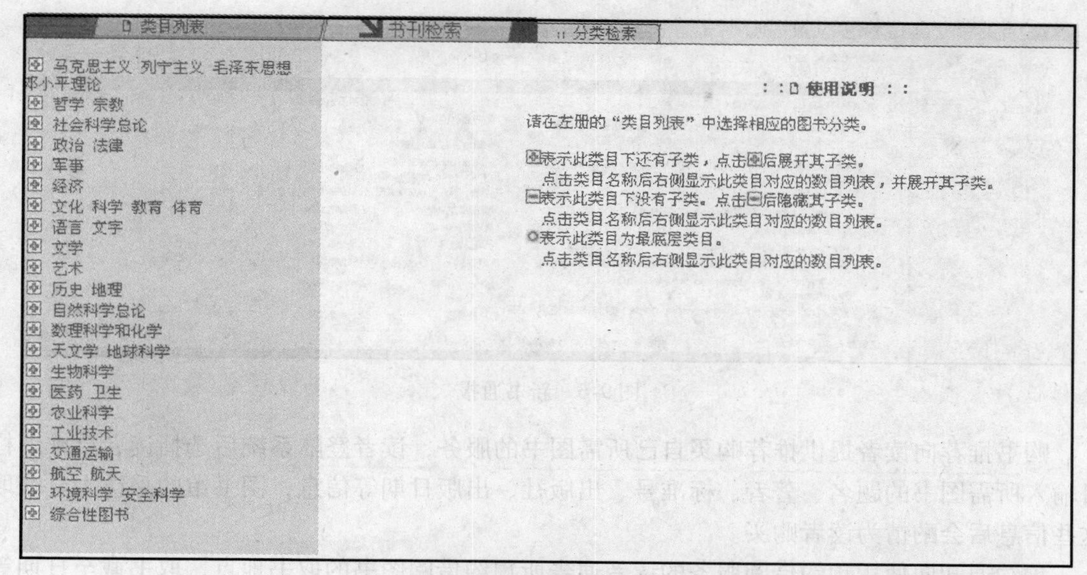

图 9-4　分类检索页面

依据《中图法》把馆藏书刊分成了 22 个学科大类，读者可以单击左侧各个学科打开子类，各个子类的书刊在页面右侧显示，单击书刊题名，显示书刊详细目录信息。

（3）读者信息

在图书馆公共检索系统首页单击读者信息，输入读者条码和读者口令进入读者信息系统。此系统包括读者的基本信息，还可以修改读者信息，如图 9-5 所示。

读者信息　修改读者信息

您的预约情况如下

序号	图书题名	图书状态	预约日期	取消
1	稀土发光材料及其应用	预约等待	2009/04/13	取消

您的借阅情况如下

序号	图书题名	图书条码	应还日期	续借
1	实用信息检索技术概论	21306100658055	2009/09/13	续借
2	文献信息检索概论及应用教程	21306100688545	2009/09/13	续借
3	现代信息检索与利用	21306100715180	2009/09/13	续借
4	信息检索	21306100715691	2009/09/13	续借

图 9-5　读者信息

读者基本信息包括借阅情况、预约情况、违规欠费信息等。读者借阅情况反映读者借阅书刊的情况，在每册书刊最后一个字段读者可单击续借对该书刊进行续借操作。预约情况的最后一个字段读者可单击取消预约借阅。

（4）其他功能

新书通报向读者通报图书馆新近购买的图书的情况，读者进入 MELINETSOPAC 系统单击新书通报打开其页面，如图 9-6 所示。

新书通报把图书馆购买的新书分为了 10 个大类，单击页面左侧的大类可以查看每个大类下的新书；单击新书的题名可以查看该书的书目详细信息和馆内流通信息，读者可以根据这些详细信息借阅新书。新书通报还有两个子栏目：流通中的新书和订购处理中的新书，分别反映了流通中的新书信息和订购处理中的新书信息。

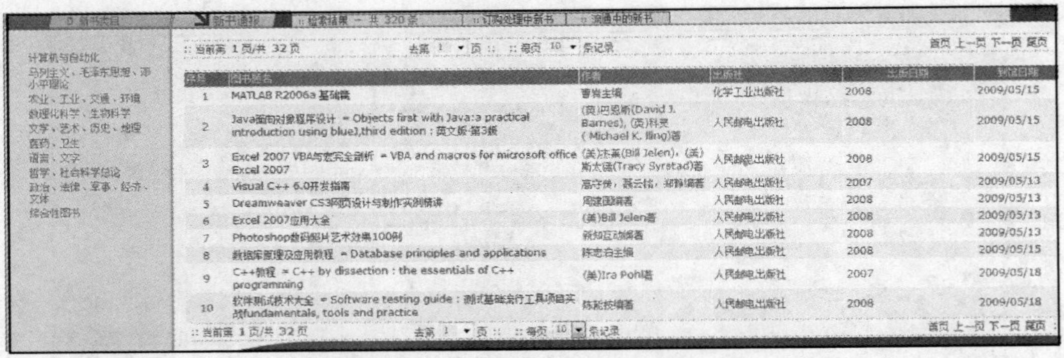

:: 当前第 1 页/共 32 页　去第 1 页 :: 每页 10 条记录　首页 上一页 下一页 尾页

序号	图书题名	作者	出版社	出版日期	到馆日期
1	MATLAB R2006a 基础篇	曹岩主编	化学工业出版社	2008	2009/05/15
2	Java面向对象程序设计 = Objects first with Java:a practical introduction using blueJ,third edition : 英文版·第3版	(英)巴恩斯(David J. Barnes), (英)科灵(Michael K. Kölling)著	人民邮电出版社	2008	2009/05/15
3	Excel 2007 VBA与宏完全剖析 = VBA and macros for microsoft office Excel 2007	(美)杰莱(Bill Jelen), (美)斯太德(Tracy Syrstad)著	人民邮电出版社	2008	2009/05/15
4	Visual C++ 6.0开发指南	高守传，聂云铭，郑静编著	人民邮电出版社	2007	2009/05/13
5	Dreamweaver CS3网页设计与制作实例精讲	周建国编著	人民邮电出版社	2008	2009/05/13
6	Excel 2007应用大全	(美)Bill Jelen著	人民邮电出版社	2008	2009/05/13
7	Photoshop数码照片艺术效果100例	新知互动编著	人民邮电出版社	2008	2009/05/13
8	数据库原理及应用教程 = Database principles and applications	陈志泊主编	人民邮电出版社	2008	2009/05/15
9	C++教程 = C++ by dissection : the essentials of C++ programming	(美)Ira Pohl著	人民邮电出版社	2007	2009/05/18
10	软件测试技术大全 = Software testing guide : 测试基础流行工具项目实战fundamentals, tools and practice	陈能技编著	人民邮电出版社	2008	2009/05/18

:: 当前第 1 页/共 32 页　去第 1 页 :: 每页 10 条记录　首页 上一页 下一页 尾页

图 9-6　新书通报

购书推荐向读者提供推荐购买自己所需图书的服务，读者登陆系统后选择读者自推荐栏目输入所需图书的题名、著者、标准号、出版社、出版日期等信息，图书馆的采访人员获取这些信息后会酌情为读者购买。

预约通知向使用预约借阅服务的读者通告所预约借阅图书的取书地点、取书截至日期等信息。

催还通知通告逾期未还的读者及其所借图书的信息。

公告与留言是图书馆发布公告、读者留言的栏目。读者可以在此栏目了解图书馆的公告，也可以对图书馆的服务提出意见或建议。

9.2　中国国家图书馆

9.2.1　简介

中国国家图书馆是综合性研究图书馆，是国家总书库，国家建立的负责收集和保存本国出版物，担负国家总书库职能的图书馆。馆藏资源包括图书、期刊、报纸、学位论文、古籍善本、特藏专藏、工具书、年鉴、电子出版物、缩微资料、视听资料。国家图书馆一般除收藏本国出版物外，还收藏大量外文出版物(包括有关本国的外文书刊)，并负责编制国家书目和联合目录。中国国家图书馆的网址为：http://www.nlc.gov.cn，其首页如图 9-7 所示。

中国国家图书馆的馆藏分为馆藏实体资源和数字资源两大部分，下面分别予以介绍。

9.2.2　馆藏实体资源

中国国家图书馆馆藏实体资源包括图书、期刊、报纸、论文、古籍、音乐、影视、缩微资料。

1. 图书

国家图书馆馆藏图书包括外文和中文两大部分。截至 2007 年，馆藏中文图书 6379096 册，其中包括中文普通图书、港台图书及海外出版的中文图书；馆藏外文图书 3410844 册，包括英语、法语、德语、日语、俄语以及其他小语种等多种语言图书。

通过馆藏目录可查看具体某本图书是否被国家图书馆收藏，还可查阅某本图书的具体馆

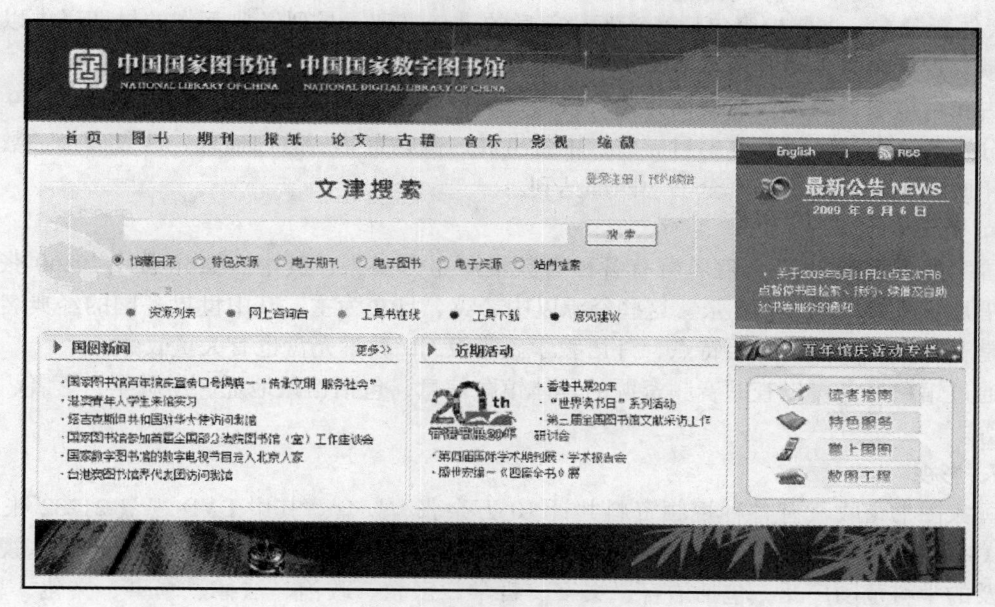

图 9-7　国家图书馆首页

藏信息，包括索书号、馆藏地址、单册信息等，通过读者卡登录还可办理该书的网上预约、续借等手续。

2. 期刊

国家图书馆全面入藏国内所有正式出版物，选择入藏国外部分外文期刊。截至 2007 年底馆藏中文期刊与外文期刊共计 12514239 册。截至 2007 年底，国家图书馆馆藏中文期刊 50283 种，6070670 册。通过馆藏目录可查看具体某种期刊是否被我馆收藏，还可查看该期刊的具体馆藏信息，包括馆藏地址、收录年代、所有单册信息等。

3. 报纸

国家图书馆收藏了近年来国内出版的报纸和部分国外出版的报纸，读者可以通过馆藏目录浏览、检索报纸，具体可以检索到的具体馆藏信息包括馆藏地址、出版单位、收录年代、所有单册信息等。

4. 论文

国家图书馆学位论文收藏中心是国务院学位委员会指定的全国负责全面收藏和整理我国学位论文的专门机构；也是人事部专家司确定的负责全面入藏博士后研究报告的专门机构。20 多年来，国家图书馆收藏博士论文近 12 万件，此外，还收藏部分院校的硕士学位论文、台湾博士学位论文和部分海外华人华侨学位论文。

通过馆藏目录可查看具体某本学位论文是否被我馆收藏，还可查看该学位论文的具体馆藏信息，包括馆藏地址、收录年代、所有单册信息等。

5. 古籍

国家图书馆古籍馆藏有 27 万余册中文善本古籍，其中宋元善本 1600 余部；164 万余册普通古籍，其中有万余种地方志及 3000 余种家谱；3. 5 万余件共 16 种少数民族语言的民族语言文献；还有 3. 5 万片甲骨实物、8 万余张金石拓片以及 20 余万件古今舆图。古籍馆还藏有 2. 5 万余册外文善本，其中包括反映西方早期书籍形态的摇篮本。另外，古籍馆还藏有

3万余件新善本，主要内容包括辛亥革命前后的进步书刊、马列经典著作的早期译本以及革命文献、近代名家手稿等。

古籍可以通过馆藏目录查询，还可以通过国家图书馆的9个在线数据库查询，这9个数据库分别为：中国古籍善本书目导航、甲骨世界、碑帖菁华、敦煌遗珍、西夏碎金、数字方志、年画撷英、文渊阁四库全书、四部丛刊。

6. 音乐

国家图书馆到2007年底收藏有各种音频资源4万多张，其中有激光唱片40860张；立体声唱片967张；MP3 476张。这些资源以中、英、日文为主。其中世界各国的经典名曲及歌曲是音频资料收藏的主要特点，外语教学磁带及CD教学光盘也有大量收藏。

通过馆藏目录可以查阅音频资源的具体馆藏信息，包括馆藏地址、出版年、著者、载体形态等。

7. 影视

国家图书馆收藏有各种视频资料共计10万余张/盘/盒。其中DVD视盘21232张；LD视盘1880张；VCD视盘70529张；VHD高密度视盘260张；录像带14608盒。这些视频资源涉及的学科范围广泛，包括语言、文字、哲学、宗教、政治、法律、军事、文化、教育、体育、经济、艺术、文学、工业技术、医药卫生、历史、地理、数理科学、化学、天文学、地球科学、生物科学、农业科学、航空、航天、环境科学、安全科学等领域。其中中外经典故事影片是视听资料收藏的一个重要方面。

通过馆藏目录可以查阅影视资源的具体馆藏信息，包括馆藏地址、内容附注、载体形态等。

8. 缩微资源

缩微资料内容范围包括国外博士论文、中文报刊(1949年以前)、部分解放后的报纸、日本政府出版物、日本陆、海军档案、美国政府解密资料和早期来华传教士文集，以及1930—1934年间江西苏维埃政权出版物、世界各语种词典和各国人物传记等胶卷或平片共25万件。截至2007年，国家图书馆共收藏缩微胶卷88338(卷)，缩微平片1258209(张/片)，缩微文献合计1346547(卷/张/片)。

国家图书馆所有正式入藏的部分缩微资料可在馆藏目录中查询。

9. 馆藏目录的使用

在中国国家图书馆主页单击馆藏目录进入中国国家图书馆数字图书馆联机公共目录查询系统。查询系统可以检索图书、期刊、报纸、论文、古籍、音乐、影视、缩微资料的馆藏信息；查询系统分简单检索和高级检索，高级检索分为多库检索、组合检索、通用命令语言检索、浏览查询4种方式，4种检索方式可以根据个人习惯和实际需要选择使用，下面重点介绍一下多库检索。在高级检索页面单击多库检索，进入多库检索页面，如图9-8所示。

在输入检索词项，输入检索所需的检索词。检索字段项可以选择在哪个字段范围内检索，有所有字段、正题名、其他题名、著者、外文第一著者、主题词、中图法分类号、论文专业、论文研究方向、论文学位授予单位、论文学位授予时间、出版地、出版者、出版年、丛编、索书号、ISBN、ISSN、ISRC、条码号、系统号可以选择。词临近选项中选“是”代表检索词必须完整地出现在检索结果中，选择“否”表示检索词可以分开出现在检索结果中。出版年项可以输入需要检索哪一年出版的信息资源。在中文和特藏数据库和外文文献数据总库中选择在哪一数据库中进行检索，共有20个子库可选。最后可以选择需要检索何种

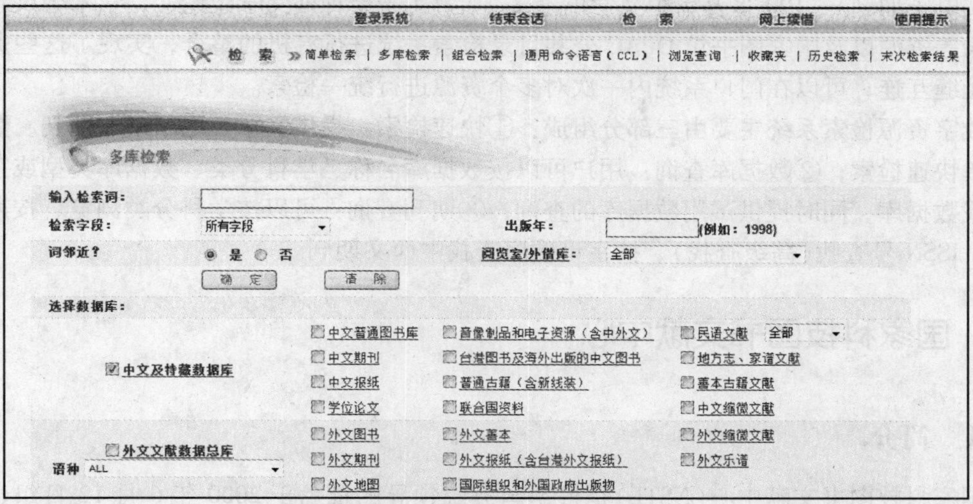

图 9-8 国家图书馆 OPAC 首页

语言的信息资源。

9.2.3 馆藏数字资源

在中国国家图书馆主页单击电子资源进入国家图书馆数字资源门户，系统地址为，http://dportal. nlc. gov. cn：8332/nlcdrss/index. htm，如图 9-9 所示。

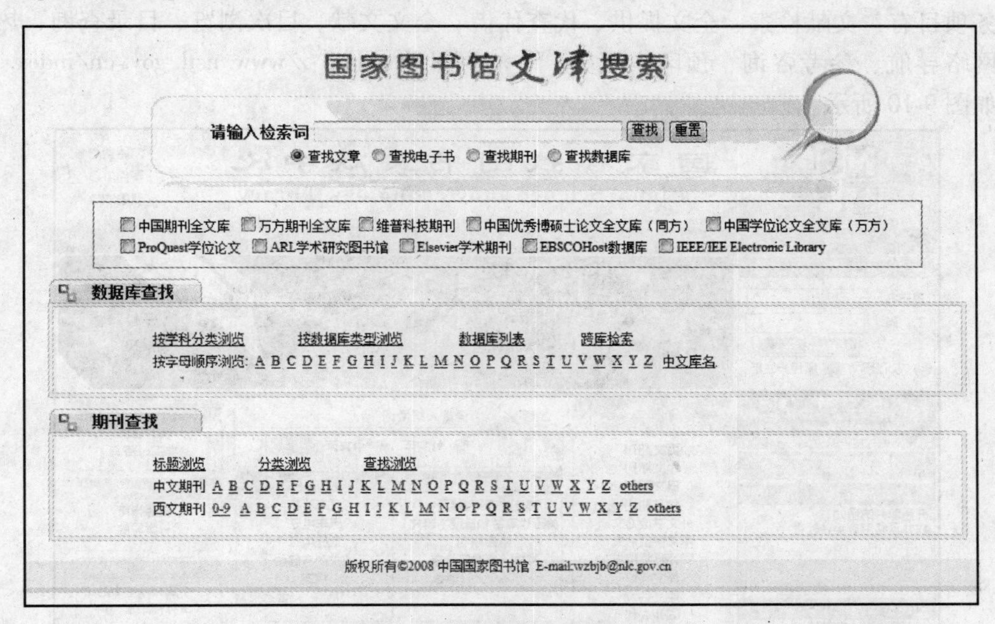

图 9-9 国家图书馆数字资源门户

通过国家图书馆数字资源门户可以检索国家图书馆收藏的多文种、多学科、多载体、多类型，且分布存在的印刷型和数字化的信息资源。将国家图书馆购买的 59 个中文大数据库，77 个外文大数据库，2 万 3 千余种中文电子期刊，1 万 5 千余种外文电子期刊(其中包括 230

种俄文电子期刊)，190多万篇中文学位论文，4万4千余种外文学位论文，学术会议录、企业名录等资源以及国家图书馆OPAC公共目录检索系统进行有机的整合，实现了这些资源之间的无缝互连，可以在门户系统内一次对多个资源进行统一检索。

数字资源检索系统主要由三部分组成：①快速检索：提供文章、电子书、期刊、数据库的简单快速检索；②数据库查询：用户可以按数据库名称、学科分类、数据库类型或字母顺序查找数据库，同时提供试用数据库的查询；③期刊查询：可以按学科分类浏览、按期刊的刊名、ISSN号查找(高级查找)、按字母顺序查找中西文期刊。

9.3　国家科技图书文献中心

9.3.1　简介

国家科技图书文献中心(NSTL)是根据国务院领导的批示于2000年6月12日组建的一个虚拟的科技文献信息服务机构，成员单位包括中国科学院文献情报中心、工程技术图书馆(中国科学技术信息研究所、机械工业信息研究院、冶金工业信息标准研究院、中国化工信息中心)、中国农业科学院图书馆、中国医学科学院图书馆。网上共建单位包括中国标准化研究院和中国计量科学研究院。

根据国家科技发展需要，国家科技图书文献中心采集、收藏和开发理、工、农、医各学科领域的科技文献资源，以外文文献资源为主，面向全国开展科技文献信息服务。中心提供的服务项目有：文献检索、全文提供、代查代借、全文文献、目次浏览、目录查询、热点门户、网络导航、参考咨询、预印本服务。中心网址为：http://www.nstl.gov.cn/index.html，首页如图9-10所示。

图9-10　NSTL首页

9.3.2 主要服务项目

1. 目次浏览

目次浏览栏目提供外文科技期刊的目次页(Current Contents)浏览服务，报道内容均为国家科技图书文献中心各单位收藏的各文种期刊。浏览和查询方法如下：

1）通过本页上方的查询框以刊名关键词或完整刊名分别检索西文、日文和俄文刊名，或者以 ISSN 号码检索所需期刊。

2）通过字顺或分类方式浏览期刊刊名。在每一个字母或每一个类目中，可以逐页浏览刊名，也可以在查询框中输入刊名关键词或完整刊名，定位所需期刊的页面。

3）单击所需期刊刊名，进入具体期刊信息页面，分年(卷)列出本系统可提供目次浏览的期次。

4）单击“浏览目次”按钮，可以 PDF 格式显示该期期刊的目次页(需使用 Acrobat Reader 软件)。单击“浏览文摘”按钮，可以文本格式显示该期期刊的文章题名。单击相应题名，可显示文摘，注册用户进而可请求全文。

2. 目录查询

目录查询系统是由 NSTL 及其成员单位共同建设的联机公共目录查询的服务系统，书目数据实时更新。目前提供西文期刊、西文会议、西文图书等文献类型的书目数据查询。从首页单击目录查询或 NSTL 馆藏目录即可进入目录查询页面。

(1) 检索途径

提供题名、责任者、主题词、ISSN 号、ISBN 号、出版者、订购号等多种检索途径，用户可以输入检索词进行检索。也可以用多个检索词进行布尔逻辑组配检索。还可利用出版年、分类号、会议届次、收藏单位等进一步限定检索范围。

(2) 检索方法

1）在所列字段名称后直接输入检索词进行检索，例如：查找与 aids 相关的主题书目，选择关键词或题名字段后，在输入框中键入检索词 aids，按‘回车’键或单击“查询”按钮，即开始查询。

2）用布尔逻辑表达式组配检索。想要对所查询的条件进行某些限定时，可选用“and”(与)、“or”(或)、“not”(非)构成的布尔逻辑表达式进行组配检索。

3）用其他选项中的条件限定范围检索例：查找 2000 年以后出版的与 aids 相关的主题书目可在关键词或题名字段后的输入框中键入检索词 aids，在出版年字段后输入 2000，然后选择“>”单击“查询”按钮。

(3) 检索结果

检索系统返回三种检索结果：简明书目、详细书目以及期刊登到信息。

3. 全文文献

全文文献报道 NSTL 订购的国外网络版期刊和中文电子图书、网上免费获取期刊、NSTL 拟订购的网络版期刊试用版和 NSTL 研究报告。现包括全国开通数据库、全国开通回溯数据库、试用数据库、部分单位开通文献、免费获取期刊、NSTL 研究报告六部分。NSTL 参与订购的网络版期刊、试用数据库面向部分单位用户提供服务，北大方正电子图书面向部分地区用户提供服务，其他类型文献均面向全国科技界用户提供服务，各单位和各领域学术界用户可为科研、教学和学习目的，少量下载和临时保存这些文献的题录、文摘或全文。

4. 热点门户

热点门户是国家科技图书文献中心组织建设的一个网络信息资源门户类服务栏目，其目标是针对当前国内外普遍关注的科技热点问题，搜集、选择、整理、描述和揭示互联网上与之相关的文献资源、机构信息、动态与新闻，以及专业搜索引擎等，面向广大用户提供国内外主要科技机构和科技信息机构的网站介绍与导航服务，帮助用户从总体上把握各科技热点领域的发展现状、资源特色与信息获取途径。目前提供服务的热点门户包括以下几个领域：汽车科技、汽车电子、环保科技、工业控制与自动化、物流、机床、塑料、低压电器。

5. 网络导航

网络导航为用户提供国内外主要科技机构和科技信息机构的网站介绍及导航。本栏目广泛搜集、整理了有代表性的研究机构、大学、学会、协会以及公司的网站资源，并对这些网站进行了有组织的揭示，目的在于帮助用户从总体上把握各学科领域科技机构和科技信息机构的发展现状、资源特色和资源获取途径。本栏目分为三个部分：资源指南、信息导航、机构导航。

6. 预印本服务

预印本(Preprint)是指科研工作者的研究成果还未在正式刊物发表，而出于和同行交流的目的自愿通过邮寄或网络等方式传播的科研论文、科技报告等文献。与刊物发表的论文相比，预印本具有交流速度快、利于学术争鸣的特点。预印本服务包括中国预印本中心和国外预印本门户(SINDAP)两个服务栏目。中国预印本中心主要向国内广大科技工作者提供预印本文献全文的上传、修改、检索、浏览等服务。同时还提供他人对现有文献的评论功能。国外预印本门户(SINDAP)是NSTL建立的一个国际预印本门户网站，汇聚了世界知名的17个预印本系统，实现了国外预印本文献资源的一站式检索。用户输入的检索式，可同时在汇聚的所有预印本系统中进行检索，并可获得相应系统提供的预印本全文。目前本系统已累积约70万条预印本文献记录。

文献检索、全文提供将在下文重点介绍。

9.3.3 文献检索、全文提供

文献检索分为普通检索、高级检索、期刊检索、分类检索，全文提供是NSTL面向注册用户的网络化全文请求的特色服务，是文献检索栏目的一项重要功能。用户可以在检索的基础上，通过原文请求的方式获得所需要的文献全文复印件。提供方式包括电子邮件、普通信函、平信挂号、传真或特快专递等。文献检索无需注册也无需付费，全文提供则需要注册并需支付每页的文献复制费及相应的邮费。

1. 普通检索

普通检索是文献检索的基本检索方法，适合大部分用户使用，单击首页文献检索后所呈现的页面既是普通检索，由页面顶部的“普通检索”标签标识，如图9-11所示。

最基本的检索过程包括3个步骤。其中第1步和第3步必须操作，第2步可以使用系统默认的选项，若用户有特殊要求，可以进行选择。

1）数据库选择：可以单选，也可以多选或全选。系统可在多个数据库中同时检索

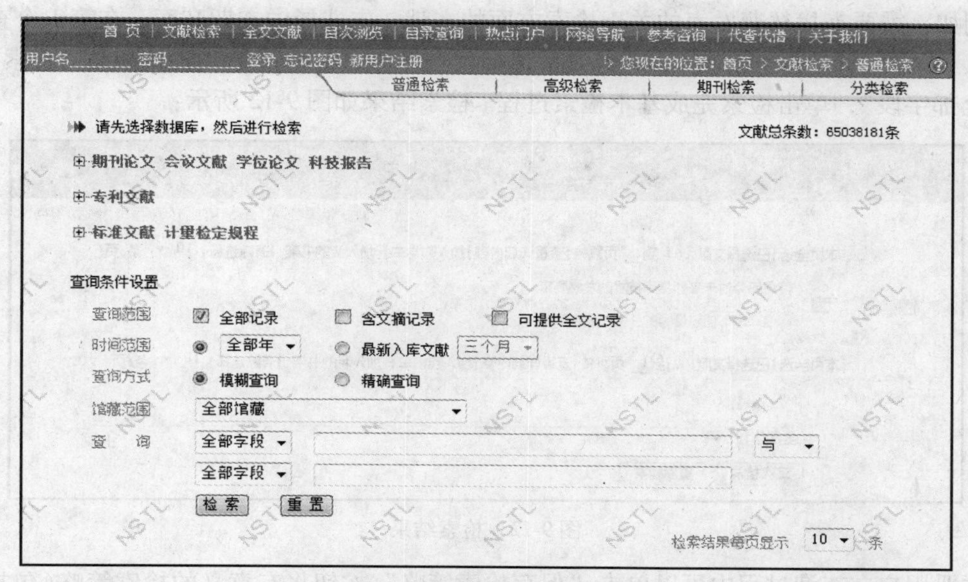

图 9-11　普通检索页面

文献。

本系统目前提供 3 大类共 22 个数据库可供选择。选择时，需要先单击数据库类名（如期刊论文），页面将展开显示该类包含的全部数据库。同语种的多个数据库或不同语种的多个专利数据库可以同时选择进行多库查询。所选择数据库的简介在页面上端显示，若单击数据库名称将显示该库的简介和样例。

2）根据需要设置查询条件，包括查询范围、时间范围、查询方式和馆藏范围。也可以用给出的默认选择。

查询范围：

全部记录　　　　——在所选数据库的所有记录中查询。

含文摘记录　　　——在所选数据库中含有文摘的记录中查询。

可提供全文记录　——在所选数据库可提供全文请求的记录中查询。

时间范围：用于确定文献的出版时间，或者限定文献的入库时间，入库时间分距今一个月、三个月和六个月。可根据数据库简介中提示的起始年代选择出版年。若不选择，将在全部年中查询。

查询方式：包括模糊查询和精确查询两种，可根据检索目的进行选择。模糊查询检索结果中包含输入的检索词。精确查询检索结果与所输入的检索词完全匹配。精确查询用在关键词等选择字段查询，若选择在“全部字段”查询时，精确查询与模糊查询效果相同。

馆藏范围：用于限定文献所在的馆藏单位。

3）输入检索词。直接在查询框中输入单个词或词组后按检索按钮可在所选数据库的全部字段中检索。若需要按特定字段查询，请在下拉菜单中选择字段，然后在查询框中输入查询词或表达式。可供选择的字段是随所选数据库的不同而变化的，多库查询时所列出的字段是所选数据库共有的字段。

查询框之间的逻辑关系可选择“与”、“或”、“非”和“异或”。

例如：需要查找林燕发表的关于检索方面的文献，先选择中文期刊库，在第1个查询框中输入“林燕”，选择“作者”，逻辑关系选择“与”，在第2个查询框中输入“检索”，选择“全部字段”，单击检索完成基本检索过程。检索结果如图9-12所示：

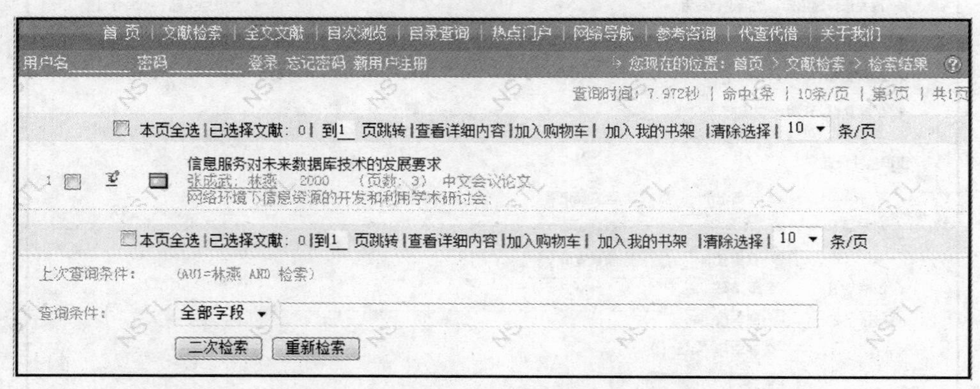

图9-12　检索结果

注册用户在查询过程中可以单击“保存检索策略”按钮将有意义的检索策略(包括数据库、查询条件和查询表达式)保存到“我的图书馆”栏目中的“我的检索策略”中。

基本检索完成以后，进入检索结果页面，可以浏览检索结果或者进行二次检索。单击文章标题，可直接浏览该文章的详细信息。单击作者，可继续查询该作者发表的其他文章。对于外文期刊文献，可以单击文章出处后的图标，列出数据库收录该期刊的全部文献。

通过每条记录前的多选框，可一次选择多篇文献，然后查看其详细内容。注册用户还可以进行“加入购物车”或“加入我的书架”操作。“加入购物车”操作进入全文订购流程，详细内容见后文介绍。

2. 高级检索

在文献检索页面中选择高级检索选项卡即进入高级检索页面，高级检索是为专业检索人员或熟悉检索技术的人员执行更为复杂的检索提供的一种检索方法。高级检索可以使用：字段限定符、布尔运算符和截词符。

1）数据库选择和查询条件设置同普通检索，与普通检索不同之处就是输入检索词的查询部分。

2）构造查询表达式。查询表达式的编制可以利用系统提供的数据库、字段对照表和逻辑运算符对照表，再通过输入查询词和小括号“()”(半角符号)的限定，在文本框中便可组织出用户定制的查询表达式，若不用“字段对照表”选择字段而直接输入查询内容，表示在全部字段中查询。

在“字段对照表”和“逻辑运算符对照表”选中后单击，系统自动将字段标识符和运算符加入输入框中。用户可在“=”后输入查询的词、词组或符号，也可以进行修改。用户可以直接在文本输入框中定制查询表达式。使用小括号“()”限定运算的顺序。使用截词符“$”进行右边截词检索(“$”代表零个或任意个字母)。运算符前后一定有半角的空格。字段名称和运算符不区分大小写。

例如：查询作者为韩瑞平，题名是图书馆或检索的文献。则表达式应为：AU1 = 韩瑞平 and TIT = (图书馆 or 检索)。

3. 期刊检索

在文献检索页面单击期刊检索进入期刊检索页面，如图9-13所示。

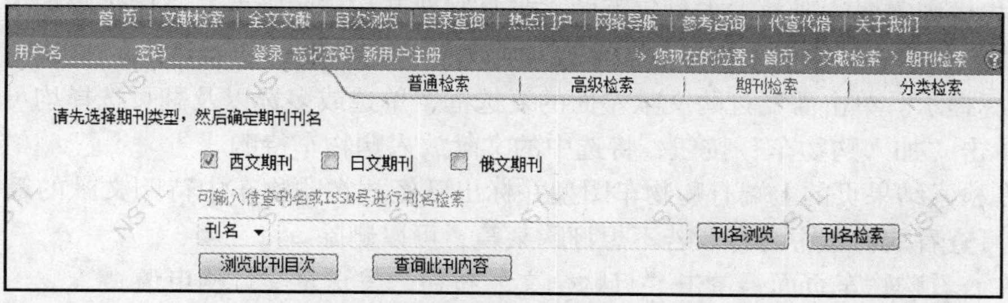

图9-13 期刊检索页面

期刊检索是针对期刊文献的特性所提供的一种检索方法，提供对单一期刊的文献进行检索，同时也提供浏览所选期刊的目次信息(对于中文期刊,目前不提供此种检索方法)。

1）选择期刊类型：外文期刊分为西文期刊、日文期刊、俄文期刊三类，可选择其中之一。

2）刊名选择：在当前选择的类型下通过浏览或查询的方法准确找到所需期刊。除了浏览方式外，还允许直接输入准确的刊名或ISSN号。

期刊列表包括刊名和刊名缩写。在浏览中您可以用翻页的方式查找刊名，也可以输入检索词进行刊名查询。分类浏览将提供按学科属性所分的19个大类，可以按照分类浏览期刊。字母顺序浏览提供刊名首字母顺序选择。期刊列表的下方设有刊名查询输入框，按“在当前结果中查询”按钮，可在当前列表范围内做进一步检索，逐步缩小查询结果。按“重新查询”按钮，则在所有期刊中重新查询。如果用户已经登录，在期刊列表下方设有“添加到我的期刊”、“查看我的期刊”和“添加到SDI服务”三个功能按钮。先勾选刊名序号前的复选框，然后选功能按钮。“我的期刊”和“SDI服务”属于“我的图书馆”中的服务项，可以进入“我的图书馆”使用这些功能。在期刊列表中设有查看目次信息图标，单击刊名序号前的查看目次图标，进入期刊目次浏览流程，这与在“期刊检索”中使用“浏览此刊目次”功能按钮相同。

刊名确定以后，选择“查询此刊内容”功能按钮，页面自动展开显示查询条件设置和查询表达式输入区，这与普通检索页面类似，只是多了卷、期的限定输入框。查询条件设置及检索方法可参见“普通检索”。若选择“浏览此刊目次”功能按钮，可查看该期刊的目次信息。

3）查询条件设置及检索方法同普通检索功能。

4. 分类检索

分类检索提供了按学科分类进行辅助检索的功能。可以在系统提供的分类中选择类目，在选定的学科范围内检索文献。在一个学科类目下最多选择不超过5个子类别，若超过5个，查询时按大类查询。

检索界面提供的数据库选择、查询条件设置等检索方法与“普通检索”相同。

5. 全文提供

全文提供是NSTL面向注册用户的网络化全文请求特色服务，是文献检索栏目的一项重要功能。用户可以在检索的基础上，通过原文请求的方式获得所需要的文献全文复制件。提供方式包括电子邮件、普通信函、挂号信、传真或特快专递等。文献检索无需注册也无需付费，全文提供则需要注册并需支付每页的文献复制费及相应的邮费。具体步骤如下：

1）文献检索后，在检索结果页面可以选择文献进行订购，能够订购的文献在文献信息左面有图标提示。单击需要订购文献左面的复选框，单选或多选以及翻页选择均可。

2）单击“加入购物车”按钮，将选中的文献放入购物车待购。

3）在检索结果页的上端有购物车图型并标出已经放在购物车中待购文献的篇数。单击此购物车可查看购物车中内容。若不想订购某篇，可以删除。

4）在查看购物车页面，单击“订购全文”按钮，发送全文订购申请。

5）系统接收到全文订购请求后，返回所需订购全文的标题、馆藏单位和投递信息，在此可以修改投递方式。如果使用非 Email 方式，则要求填写邮寄地址，按“下一步”。

6）系统返回订单信息并计算出本次订购的估算费用，同时显示“本次投递信息”，它是用户获得全文的保证，默认值是用户的注册信息，用户可以根据具体情况进行修改，并允许将修改后的信息更新到注册信息中。最后，需要选择付款方式，如果选择“预付款支付”，用户的账户中应有足够的预付款。如果选择“网上支付”，用户应开通网上银行服务，具体可登录各银行网站查看相关说明。单击“提交”按钮。

如果成功，系统将返回订单详细信息，其中订单号和文献号供查询之用，请注意保存。订单正确提交之后，系统将在48小时(电子邮件24小时)之内，根据选择的投递方式发送您所订购的全文，可以在自助中心，查询订单的处理状态。

9.4　中国高等教育文献保障系统

9.4.1　简介

中国高等教育文献保障系统(China Academic Library & Information System，CALIS)，是经国务院批准的我国高等教育“211工程”，“九五”、“十五”总体规划中三个公共服务体系之一。CALIS把国家的投资、现代图书馆理念、先进的技术手段、高校丰富的文献资源和人力资源整合起来，建设以中国高等教育数字图书馆为核心的教育文献联合保障体系，实现信息资源共建、共知、共享，为中国的高等教育服务。CALIS网址为：http://www.calis.edu.cn/calisnew/，主页如图9-14所示。

CALIS管理中心设在北京大学，下设了文理、工程、农学、医学4个全国文献信息服务中心，华东北、华东南、华中、华南、西北、西南、东北7个地区文献信息服务中心和一个东北地区国防文献信息服务中心。迄今参加CALIS项目建设和获取CALIS服务的成员馆已超过500家。

中国高等教育文献保障系统现有5个可以为读者提供服务的子系统：联机合作编目系统、虚拟参考咨询系统、馆际互借与文献传递系统、CCC西文期刊篇名目次检索系统、数字图书馆门户。

图 9-14　CALIS 首页

9.4.2　联机合作编目系统

参加 CALIS 系统的各成员馆可以进行联机合作编目和联机查询馆藏信息，联合目录数据库涵盖印刷型图书和连续出版物、电子期刊和古籍等多种文献类型；覆盖中文、西文和日文等语种；书目内容囊括了教育部颁发的关于高校学科建设的全部 71 个二级学科，226 个三级学科。

联合目录数据库从一个以图书和期刊为主的联合目录数据库发展为以印刷型书刊书目记录为主流产品，还包括电子资源、古籍善本、非书资料、地图等书目记录，能连接图片、影像、全文数据库的多媒体联合数据库。

联合目录数据库查询网址为：http://opac. calis. edu. cn，具体可查询参加联机合作编目系统各成员馆的以下信息：中文书、刊书目记录及其馆藏信息；西文书、刊书目记录及其馆藏信息；古籍书目记录及其馆藏信息；俄文、日文和其他语种书、刊书目记录及其馆藏信息；中西文规范记录(包括名称、主题标目和丛编题名)；非书资料、多媒体、电子出版物及网上资源联合目录。

9.4.3　虚拟参考咨询系统

中国高等教育分布式联合虚拟参考咨询平台是沟通咨询馆员与读者的桥梁，通过此平台的建立，咨询馆员实时地解答读者在使用第一时间所发生的问题。

本系统由中心级咨询系统和本地级咨询系统两级架构组成，中心咨询系统由总虚拟咨询台与中心调度系统、中心知识库、学习中心等组成，本地级咨询系统由成员馆本地虚拟咨询台、各馆本地知识库组成。这种组织方式既能充分发挥各个成员馆独特的咨询服务作用，也能通过中心调度系统实现各成员馆的咨询任务分派与调度。本系统主要功能为：

（1）总虚拟咨询台和中心调度系统

中心咨询系统安装在中心服务器上，在中心咨询系统上开设总咨询台，由中心聘请咨询专家或由各成员馆轮流值班以处理用户的实时和非实时提问，中心调度系统除负责自动派发读者提问外，还可根据时间调度实时咨询台。中心咨询系统还提供租用席位为没有条件设置本地咨询系统的单位开设本地咨询台。

（2）成员馆本地虚拟咨询系统

本地咨询系统安装在各成员馆本地服务器上，用于各成员馆提供本地虚拟咨询服务。该系统是一个具有后台数据库支持的、基于本地运作的虚拟咨询台网上参考咨询系统，它既有实时的同步咨询模式，也有非实时的异步咨询模式，能使咨询员通过网络在第一时间内、实时地解答读者的疑问。

（3）提供学习中心

学习中心中除了有中心知识库外，还有数据库指南等学习课件，供参考咨询员培训和读者自学之用。在知识库中存放一些经过咨询员编辑整理后的有价值的问答，读者可随时检索这些问答系统以解决自己的疑问。

虚拟参考咨询主页：http://202.120.13.104/public/home.do。

9.4.4　馆际互借与文献传递系统

为了更好地在高校开展馆际互借与文献传递工作，更好地为读者提供文献传递服务，CALIS 管理中心建立了"CALIS 馆际互借/文献传递服务网"（简称"CALIS 文献传递网"或"文献传递网"），作为 CALIS 面向全国读者提供馆际互借/文献传递服务的整体服务形象。

该文献传递网由众多成员馆组成，包括利用 CALIS 馆际互借与文献传递应用软件提供馆际互借与文献传递的图书馆（简称服务馆）和从服务馆获取馆际互借与文献传递服务的图书馆（简称用户馆）。读者以馆际互借或文献传递的方式通过所在成员馆获取 CALIS 文献传递网成员馆丰富的文献收藏。

目前，该系统已经实现了与 OPAC 系统、CCC 西文期刊篇名目次数据库综合服务系统、CALIS 统一检索系统、CALIS 文科外刊检索系统、CALIS 资源调度系统的集成，读者直接网上提交馆际互借申请，并且可以实时查询申请处理情况。

馆际互借系统网址为：http://gateway.cadlis.edu.cn/。

9.4.5　CCC 西文期刊篇名目次检索系统

本系统收录3万多种西文期刊的篇名目次数据，其中有2.2万种现刊的篇名目次每星期更新一次。系统标注了 CALIS 高校图书馆的纸本馆藏和电子资源馆藏；系统把各图书馆馆藏纸本期刊和图书馆购买的全文数据库包含电子期刊与篇名目次有机的集成到一起，使读者可以直接通过系统的资源调度得到电子全文；并且系统连接了 CALIS 馆际互借系统，读者可以把查找到的文章信息直接发送文献传递请求获取全文。

CCC 西文期刊目次数据库网址为：http://ccc.calis.edu.cn/。

9.4.6 数字图书馆门户

中国高等教育数字图书馆是CALIS建立的集中查询，信息资源分布式获取的数字图书馆门户。CALIS提供了中国高等教育数字图书馆这一数字图书馆门户，通过数字图书馆可以查询各个成员单位的馆藏资源。数字图书馆门户提供了多库检索、馆际互借、参考咨询、教参信息、代查代检等服务。数字图书馆门户网址为：http://www.cadlis.edu.cn/portal/index.jsp。

通过数字图书馆门户具体可以检索书刊联合目录、中文学位论文、电子教参书籍、重点学科网络资源、西文期刊目次、高校特藏资源、电子图书、外文学位论文。

书刊联合目录和西文期刊目次前文已有介绍，中文学位论文可检索中国高等教育文献保障系统收集的中文学位论文；重点学科网络资源可以查询重点学科的网络信息资源；电子教参书籍查询可以检索高校教学参考书全文数据库；高校特藏资源有63所高等院校提供的特色馆藏资源；电子图书资源为高等学校中英文图书数字化国际合作计划所提供，可以进行视频检索、图像检索、书法字检索；外文学位论文可以查询ProQuest学位论文检索系统，ProQuest Digital Dissertations(PQDD)是世界著名的学位论文数据库，收录有欧美1000余所大学文、理、工、农、医等领域的博士、硕士学位论文，是学术研究中十分重要的信息资源。

9.5 超星数字图书馆

9.5.1 简介

超星数字图书馆(http://www.sslibrary.com)是国家“863”计划中国数字图书馆示范工程项目，2000年超星公司创办“超星数字图书馆”品牌，建立了全国最大的中文数字图书馆。超星数字图书馆到2009年6月为止提供40多万册图书的阅读下载，涵盖中图法22大类，包括文学、历史、法律、军事、经济、科学、医药、工程、建筑、交通、计算机、环保等分馆。丰富的图书资源不仅能够满足用户不同的专业需要，而且能随时为用户提供最新、最全的图书信息。

超星数字图书馆的图书可在超星主页进行检索，但阅读、下载图书必须使用超星阅览器。

9.5.2 图书检索

超星数字图书馆有三种检索图书的方式，分别为分类检索、关键词检索、高级检索。

(1) 分类检索

超星数字图书馆图书分类按《中国图书馆分类法》共分22大类，单击超星主页图书分类即进入分类检索页面，如图9-15所示。

单击所需查询的学科进入子类，层层类推即可检索到所需检索学科的图书，检索结果在页面右侧显示。

(2) 关键词检索

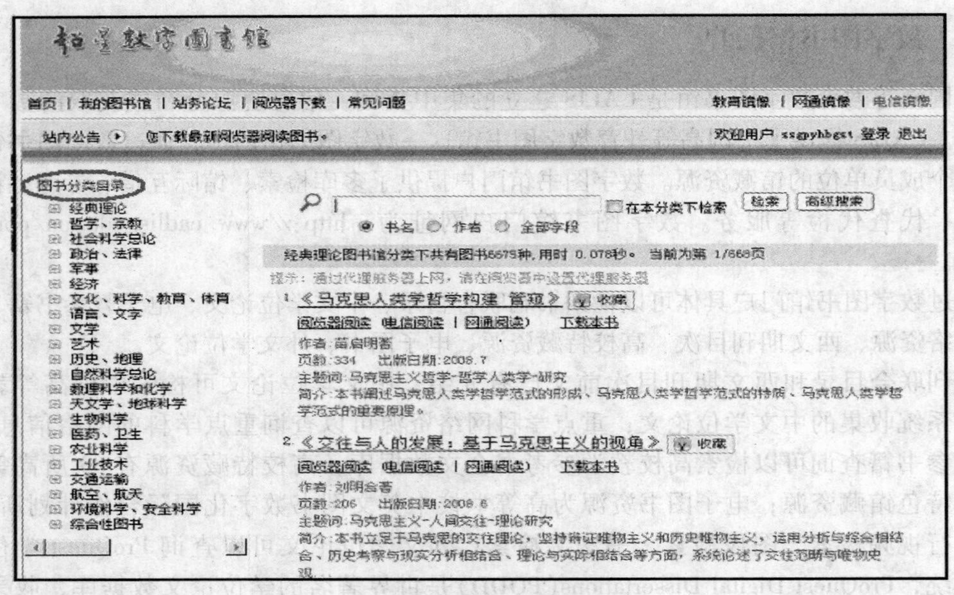

图 9-15　分类检索页面

在超星数字图书馆主页的图书快速搜索中输入检索所需关键词，选择检索字段，检索字段共有三个：书名、作者、全部字段，单击搜索即可得到检索结果。

（3）高级检索

在超星数字图书馆主页单击高级搜索即可进行高级检索，高级检索页面如图 9-16 所示。

高级检索可以进行书名、作者、主题词三个字段结合的逻辑检索，逻辑关系包括“且”和“或”，还可以选择一定年代范围内出版的图书。

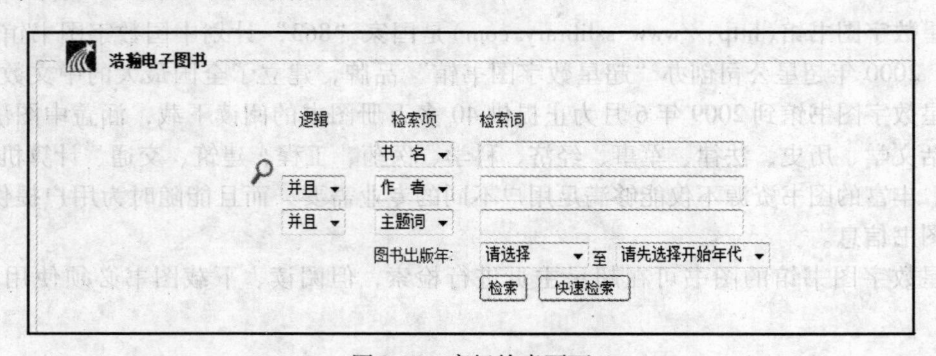

图 9-16　高级检索页面

9.5.3　超星阅览器的使用

在超星数字图书馆检索出来的图书必须用超星阅览器来阅读、下载。超星阅览器还可以把超星数字图书馆的 PDG 格式的图像图书转化成文本格式，还可以对阅读频率高的图书收藏到“我的图书馆”以便于以后阅读。下面具体介绍一下阅览器的使用。

（1）图书的阅览、下载

阅读、下载超星数字图书馆的图书前必须安装超星阅览器并注册用户名。

安装阅览器后单击在超星主页检索出来的图书书名即可阅读，在超星阅览器的左侧的搜索耳朵里还有简单检索图书的功能，检索出的图书同样可以用阅览器阅读。

在图书的阅览界面右键单击弹出的菜单中选择“下载”即可下载，下载时可以选择图书存放在哪个分类中，还可选择存放路径、重命名图书、选择下载图书的哪一部分。下载的图书可以离线阅读。

(2) 文字识别功能

超星数字图书馆中的图书格式为 PDG，使用不便，超星阅览器提供了文字识别功能可以将图片格式的 PGD 文件转换成 TXT 文本式文件以便于使用。

在超星阅览器的“图书”菜单里选择“文字识别”或是在工具栏里选择“选择图像进行识别”按钮，还可以通过右键快捷菜单选择文字识别；然后用鼠标选择需要转换格式的区域，在弹出的窗口中可以编辑、保存为 TXT 文本。

(3) 收藏、书签功能

收藏功能可以把检索到的书目保存在“我的图书馆”中，下次阅读此书时就无需再次检索，直接在主页登陆“我的图书馆”即可阅读此书。

书签功能可以在阅读图书时把本次阅读到的位置做标记，方便下次继续阅读图书。使用书签功能时在阅览器“书签”菜单选择“添加”或是在工具栏选择“书签”按钮，还可以在右键快捷菜单里选择“书签”；在弹出窗口可以对书签命名、做备注，单击确定保存书签；下次阅读此书时直接在菜单栏“书签”菜单里选择“书签”即可。

9.6 书生之家数字图书馆

9.6.1 简介

书生之家数字图书馆是由北京书生数字技术有限公司于 2000 年正式推出的中文图书、报刊网上开架交易平台。它集成了图书、期刊、报纸、论文、CD 等各种载体的资源，下设中华图书网、中华期刊网、中华报纸网、中华资讯网和中华 CD 网等子网。资源内容分为书(篇)目、提要、全文三个层次，并提供全文、标题、主题词等 10 种数据库检索功能。书生之家数字图书馆收录入网出版社 500 多家，期刊 7000 多家，报纸 1000 多家，以后每年收录新出版中文图书 45000 种，期刊文献 60 多万篇，报纸文章 90 万篇。

书生之家数字图书馆的网址为：http://www.21dmedia.com。

9.6.2 检索方式

1. 图书分类检索

书生之家数字图书馆将全部电子图书按中图法分成 31 个大类，包括：文学艺术 A、文学艺术 B、计算机及通信与互联网、经济金融与工商管理 A、经济金融与工商管理 B、语言文化教育体育、教材参考与考试 A、教材参考与考试 B、生活百科、少儿图书、综合性图书与工具书、法律、军事、政治外交、社会科学、哲学宗教、历史地理、科普知识、知识信息传媒、自然科学、农业科学、医药卫生、一般工具技术、矿业工程、冶金与金属、石化与能源动力、电工技术、轻工业与手工业、电子及电信与自动化、其他工业技术、建筑及交通运输与环境。每个大类下面又有若干小的类目，依次逐级细分，共有四级。例如，在文学艺术A类下细分为文学理论、中国文学、世界文学、经典名著四个子类；在文学理论下又细分为总论、文艺美学、文学理论的基本问题、文艺工作者等几个子类。

利用分类进行检索时，首先根据所要查找的图书内容确定其所属类别，然后按分类体系逐级选择相应类目，会出现该类目所包含的全部图书。单击对应于某本书的全文，此时阅读器启动，读者就可以实现在线阅读。单击具体某一本书名，进入的是有关这本书的简要介绍，单击图书下面的“全文”，阅读器启动进行阅读。

2. 一般检索

书生之家数字图书馆提供图书名称、ISBN号、出版机构、作者、图书提要、丛书名称6种检索途径进行查询。

支持模糊检索，即所有书名中含有该字符的图书都将被检索出来。

单击检索条件的下拉框，选择检索项。例如，用户在下拉框中选择图书名称，在它右边的输入框中输入用户想查找的图书名称，如书名中有“市场营销”的书籍。检索结果中可以看到共有220本图书书名中含有“市场营销”，并且显示了这些书的出版机构、作者、开本大小等信息。

3. 高级检索

高级检索提供了图书名称、ISBN号、出版机构、图书作者、图书提要、丛书名称6种途径的复合式检索，用户可以同时对多个检索项进行选择，提高检索的精确性。

用户根据自己要求在文本框中输入关键字，在下拉列表中选择要检索的字段，不同的下拉列表可以选择相同的检索字段。选择单选框[且/或]，确定各检索字段之间的逻辑关系。

4. 全文检索

中华图书网还提供全文检索功能，是根据图书内容中的关键词进行检索。该界面中分为“检索文章中包含”和“检索目录中包含”两部分。

9.6.3　书生阅读器的下载使用

书生之家数字图书馆要实现阅览书刊的功能，首先要做的工作就是下载书生阅读器。下载完阅读器后，要对阅读器进行本地安装。

书生阅读器用于阅读、打印书生电子出版物，包括电子图书、电子期刊、电子报纸等。

书生电子图书、期刊、报纸的特点是完全忠实于原始印刷版的出版物，保留原印刷版的全部信息，包括文字、图表、公式、脚注、字体字号、修饰符号、版式位置等，并在其基础上进行二次加工，增加了各种检索信息及导读、超文本链接等信息。

书生阅读器能够显示、放大、缩小、拖动版面、提供栏目导航、顺序阅读、热区跳转等高级功能，可以打印黑白和彩色复印件。

书生全息数字化阅读器还提供拾取文本功能：当用户需要对某段文字进行摘录时，可以选中“工具”菜单中的“拾取文本”菜单项，或在工具条中选中第三组中带有“abc”字样的按钮，此时鼠标指针变为“I”形式，拖动光标选中相应的文字，被选中的文字显示成蓝色，其文本已被自动存入剪贴板，可粘贴到其他字处理程序的文档中。

思 考 题

1. 检索河北工业大学图书馆馆藏的2005年出版的有关“信息检索”书籍的种数并给出分类号。
2. 查出国家图书馆中《河北工业大学学报》从哪一年开始收藏。
3. 在国家科技图书文献中心检索王晶发表的有关图书馆方面的论文。

第 10 章　信息资源的分析与利用

前面的各章主要的介绍是信息的检索方法，但是从某一项课题研究的整个过程来看，检索到相关信息仅仅是收集、利用信息过程中的一个部分，当检索到的信息比较多的时候，还要把它们管理好，经过筛选、整理和分析，让我们能够得心应手地使用自己积累起来的以及检索到的信息，从而达到为课题研究服务的目的。

10.1　信息的收集与整理

10.1.1　信息的收集方法

1. 信息收集的原则

为保证完成某项工作任务，从各种信息源处获得信息的过程我们称之为信息收集。信息收集的内容因不同的工作对象和任务性质所决定。军事部门收集军事信息、经济部门收集经济信息，尽管收集内容各不相同，但须遵循一致的原则；

（1）目的性原则

信息的收集必须有明确的目的，必须根据具体任务和实际需要，有的放矢地收集。

（2）准确性原则

信息的收集必须准确，不准确的信息不仅浪费了人力、物力和时间，甚至会导致决策失误，造成巨大的经济损失。

（3）系统性原则

一般来讲，信息的产生和传播，有零散、断续的特点，它不是一次性地集中发出，而是在时间上有间隔，内容上不完善。因此，多方拓展信息来源，注意信息的积累，加强信息的系统性，是提高信息质量的一个重要因素。

（4）时效性原则

时效性是信息所具有的一个极重要的属性，信息如果过时，也就失去或减弱了使用价值。保证信息收集及时有效的办法，就是积极做好信息预测工作，抓潜在信息，走在时间的前面。

（5）全面性原则

地区不同，部门不同，各种社会或经济活动不同，信息的生成量密度和含量也不相同，因此，在信息收集时，必须采取多种方法，进行上下、左右、前后的多方位搜集，并把收集对象的相关因素联系起来综合考虑，找出其中的共性和规律。

2. 信息收集的方法

按照信息交流渠道的不同，文献信息的收集方法分为非正式渠道和正式渠道两种。

（1）通过非正式渠道收集信息

通过非正式渠道收集信息，就是通过实地调研取得信息的方法。这些方法主要包括调查同行单位、参加会议和解剖实物三种。

（2）通过正式渠道收集信息

通过正式渠道收集信息，就是通过文献检索的方法。一般根据课题的内容、性质及要求，采取不同的收集方法。常规的收集方法是：首先通过三次文献，这一步以明确课题要求、汇集查找线索为目的。其次通过手工检索刊物和计算机检索系统查获相关文献，这一步以获取能解决疑难的相关核心文献为目的。再次直接通过查找各种类型的原始文献，诸如专业核心期刊、图书、报纸等收集信息。这一步以补充检索工具的已得文献、获取最新信息为目的。

除了上述以外，文献收集还应注意以下两点：一是文献收集得到的文种选择上，一般先查阅中文文献检索工具和中文专业刊物，这样不仅可以掌握国内相关情况，还可以了解一些国外信息。此后再查阅外文检索工具、外文刊物等有利于提高收集的效率。二是对于已搜集到的文献，不仅要阅读消化文献的内容，而且要注意文后的参考文献，以从中补充得到一些重要文章。

对于需要系统地收集文献信息的课题，在收集过程中，应做好记录。记录的内容包括检索系统的名称、检索的时间范围、使用的检索词。

10.1.2 信息的整理

通过各种正式和非正式渠道收集到资料应该首先加以整理，然后再加以利用。信息整理的方法主要包括信息资料的阅读和消化、信息可靠性的甄别、信息的摘录和组织编排。

1. 信息资料的阅读和消化

阅读和消化文献的一般顺序为：主题相同的中外文资料，先阅读中文资料，后阅读外文资料，这样有助于理解课题；同一主题文献发表时间上有先后的，先阅读近期的，后阅读早期的，这样有助于了解最新水平和发展前景。阅读和消化文献的一般步骤为：先粗读或通读，后精读。

2. 信息资料的鉴别与剔除

对所收集的信息资料，应做来源国、学术机构、研究机构的对比鉴定。看是否出自发达国家的著名学术机构或研究机构，是否刊登在同领域的著名核心期刊上，文献被引用频次多寡，来源是否准确，是公开发表还是内部交流。对那些故弄玄虚、东拼西凑、伪造数据和无实际价值的资料，一律予以剔除。对所收集的信息资料的著者应作必要的考证，看该著者是否是本领域具有真才实学的学者。对事实和数据性信息的鉴别，主要是指论文中提出的假设，论据和结论的鉴别。应首先审定假定的依据、论据的可信程度，结论是否是推理的必然结果，实验数据、调查数据是否真实、可靠。对于那些立论荒谬、依据虚构、逻辑混乱、错误频出的资料应予以剔除。

3. 信息资料的笔录与卡片

在收集信息资料过程中，必须及时用卡片一篇一卡地做好记录，以备后用。

4. 信息资料的分类与排序

当其所有的信息资料卡片编写完毕，则可按类或主题为标识排序，以方便利用。在收集的资料比较多，尤其是利用文献数据库获得的数据时，也可以通过 Excel 电子表格或者通过自建数据库的方法对这些资料做记录和整理工作。

10.2 信息的分析与评价

10.2.1 信息分析的原则与程序

1. 信息分析的原则

(1) 宏观分析与微观分析相结合原则

进行信息分析必须从宏观着眼，从微观着手，这样才可以弥补单一方面分析造成的失误。

(2) 定性与定量分析相结合原则

定性分析是指对分析对象的存在状态和发展变化进行叙述性描述，而定量分析则是指对信息分析对象的发展范围、水平的数量关系的分析。定量分析是定性分析的基础，定量分析以定性分析为指导。

(3) 动态分析与静态分析相结合原则

信息资源是一种动态资源，在随着其他因素的变化而变化发展着。同时信息作为一种可理解、可掌握的客观实在，它在一定时间内、一定条件下又是相对稳定的，也就是说宏观上是动态的，微观上是静态的。动态分析是对事物存在与发展的全过程进行分析，静态分析则是对发展过程中的某一环节或某一侧面进行分析。只有将两者结合起来，才能如实地反映经济和社会活动规律。

(4) 要充分考虑风险因素

信息分析是决策和预测的参谋，它可以给企业或社会的发展带来巨大效益，但同时又具有一定的风险性。在进行信息分析时应充分估计到这点，尽可能地规避风险。

(5) 要考虑信息的旁系性

旁系性是指有些信息往往蕴藏于与本行业不相干的事物中。尽可能地扩大信息的猎取面，不应局限在一个狭小的时间或空间内。

(6) 要考虑信息的时空性

信息的产生、发展以及效益有很强的时空性，随着时间的推移和空间的扩大，信息所发挥的效用会不断地减小。

(7) 要考虑信息的内涵性

也就是说要有透过现象看本质的能力。

(8) 要考虑信息的可拓展性

信息的可拓展性是指从新闻或一般性信息中可分析出有用信息。

(9) 注意信息的可零存整取性

2. 信息分析的方法

分析，就是由表及里地进行深入的研究，对每一个反映事物特征的材料，进行解剖，从而找出它与相关部分之间的本质的联系，并通过综合工作，将有关材料组织起来，组成一个说明问题的整体。分析是综合的前提，综合是分析的归宿。通过分析与综合研究材料，找出事物发展的规律及其发展趋势，以得出正确的结论。信息分析是对信息内容进行调查研究，在一定范围内的对比分析、综合判断、推理的逻辑思维过程，也是判断信息的创新性、科学性、可行性的所在。信息分析与研究是一门综合性很强的科学，它具有自然科学的内容，又掺杂着社会科学的成分。信息分析研究同决策科学、预测科学、管理科学、价值工程、系统工程等学科在许多方面相互联系和交叉，这些特点，决定了它所采用的方法具有通用性和广泛性。信息分析一般采用“定量”和“定性”相结合的方法。

定性研究方法是指获得关于研究对象的质的规定性方法，包括定性的比较、分类、类比、分析和综合、归纳和演绎等方法。定量研究是指获得关于研究对象的量的特征的方法，包括各种测量方法、定量实验方法和数学方法。

3. 信息分析的程序

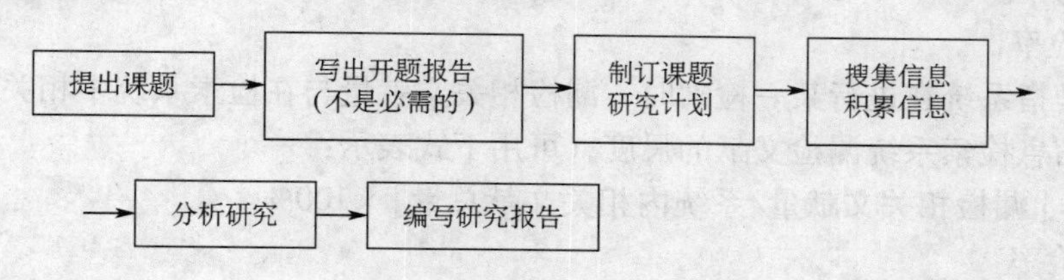

10.2.2 信息检索评价

1. 信息检索效果评价的目的

信息检索效果评价的目的是为了准确地掌握系统的各种性能和水平，找出影响检索效果的各种因素，以便有的放矢，改进系统的性能，提高系统的服务质量，保持并加强系统在市场上的竞争力。检索效果包括技术效果和社会经济效果两个方面。技术效果主要是指系统的性能和服务质量，系统在满足用户的信息需要时所达到的程度。社会经济效果是指系统如何经济有效地满足用户需要，使用户或系统本身获得一定的社会和经济效益。因此，技术效果评价又称为性能评价，社会经济效果评价则属于效益评价，而且要与费用成本联系起来，比较复杂。

2. 信息检索效果评价标准

根据 F. W. Lancaster 的阐述，判定一个检索系统的优劣，主要从质量、费用和时间三方面来衡量。因此，对信息检索的效果评价，应该从这三个方面进行。质量标准主要通过具体的评价指标进行评价，评价指标是衡量检索系统性能和检索效果的标准，一般包括检全率、检准率、漏检率、误检率等四项指标。费用标准即检索费用是指用户为检索课题所投入的费用。时间标准是指花费时间，包括检索准备时间、检索过程时间、获取文献时间等。查全率和查准率是判定检索效果的主要标准，而后两者相对来说要次要些。

(1) 检全率

检全率是指系统在进行某一检索时，检出的相关文献量与检索系统中相关文献总量的比率，是衡量信息检索系统检出相关文献能力的尺度，反映该系统文献库中实有的相关文献量在多大程度上被检索出来。可用下式表示：

检全率 =［检出相关文献量/系统内相关文献总量］×100%

例如，要利用某个检索系统查某课题。假设在该系统文献库中共有相关文献为 40 篇，而只检索出来 30 篇，那么查全率就等于 75%。

(2) 检准率

检准率是指系统在进行某一检索时，检出的相关文献量与检出文献总量的比率，是衡量信息检索系统精确度的尺度，它反映每次从该系统文献库中实际检出的全部文献中有多少是相关的。可用下式表示：

检准率 =［检出相关文献量/检出文献总量］×100%

例如，检出的文献总篇数为50篇，经审查确定其中与项目相关的只有40篇，另外10篇与该课题无关。那么，这次检索的查准率就等于80%。显然，查准率是用来描述系统拒绝不相关文献的能力，有人也称查准率为“相关率”。查准率和查全率结合起来，描述了系统的检索成功率。

（3）漏检率

漏检率是指系统在进行某一检索时，漏检相关文献量与在检索系统中相关文献总量的比率，是衡量信息检索系统漏检文献的尺度，可用下式表示：

漏检率 =［漏检相关文献量/系统内相关文献总量］×100%

（4）误检率

误检率是指系统在进行某一检索时，误检（检出不相关）文献总量的比率，是衡量信息检索系统误检文献程度的尺度。可用下式表示：

误检率 =［误检文献量/检出文献总量］×100%

评价信息检索系统的检索效果主要指标是检全率和检准率，既检索系统中的全部相关文献都被检出，检出的文献全部是相关文献。然而，由于许多因素的影响，在实际检索中，检全率和检准率是不可能达到100%的，而是存在着一种互逆关系，即在同一检索系统中提高检全率，检准率则会降低，反之，检准率提高，检全率则会下降。

评价信息检索系统的检索误差主要指标是漏检率和误检率，误差越大，效率越低，检索系统的性能就越低；误差越小，效率越高，检索系统的性能就越高。由此可见，产生漏检和误检的原因是影响信息检索系统效果的主要因素。

3. 影响检索效果的因素

查全率与查准率是评价检索效果的两项重要指标，查全率和查准率与文献的存储与信息检索两个方面是直接相关的，也就是说，与系统的收录范围、索引语言、标引工作和检索工作等有着非常密切的关系。

（1）影响查全率的因素

影响查全率的因素从文献存储来看，主要有：文献库收录文献不全；索引词汇缺乏控制和专指性；词表结构不完整；词间关系模糊或不正确；标引不详；标引前后不一致；标引人员遗漏了原文的重要概念或用词不当等。此外，从情报检索来看，主要有：检索策略过于简单；选词和进行逻辑组配不当；检索途径和方法太少；检索人员业务不熟练和缺乏耐心；检索系统不具备截词功能和反馈功能，检索时不能全面地描述检索要求等。

（2）影响查准率的因素

影响查准率的因素主要有：索引词不能准确描述文献主题和检索要求；组配规则不严密；选词及词间关系不正确；标引过于详尽；组配错误；检索时所用检索词（或检索式）专指度不够，检索面宽于检索要求；检索系统不具备逻辑“非”功能和反馈功能；检索式中允许容纳的词数量有限；截词部位选择不当，检索式中使用逻辑“或”不当等。

实际上，影响检索效果的因素是非常复杂的。根据国外有关专家所做的实验表明，查全率与查准率呈互逆关系。要想做到查全，势必会对检索范围和限制逐步放宽，则结果是会把很多不相关的文献也带进来，影响了查准率。企图使查全率和查准率都同时提高，是很不容易的。强调一方面，忽视另一方面，也是不妥当的。应当根据具体课题的要求，合理调节查全率和查准率，保证检索效果。

10.3 信息的利用与学术论文的写作

信息利用是信息调研、学术论文写作的出发点和归宿。信息利用源于用户的信息需求，体现为对信息资源的选择性纳入。所谓信息利用，是指信息用户对信息吸收和运用的活动与过程。信息利用是信息获取、阅读、整理、研究等环节的延续，同时也是在信息获取、阅读、整理、研究等环节的基础上得到完成的。

人类的各种社会活动是产生信息的主要源泉，而信息又对人类的各种社会活动起着积极的作用。随着社会信息化的进程，一方面，人类对信息的依赖程度越来越高，信息深刻地影响着人们的思维方式、生产方式、工作方式和生活方式；另一方面，人类存储和检索信息的能力也越来越强，信息作为一种取之不尽、用之不竭的特殊资源必将得以更为充分有效地利用。人们对信息利用的水平是人类社会文明程度的重要标志。

10.3.1 学术论文的性质与特点

1. 学术论文的性质

中华人民共和国国家标准 VDC 001.81、GB 7713—1987 号文给学术论文的定义为：学术论文是某一学术课题在实验性、理论性或观测性上具有新的科学研究成果或创新见解的知识和科学记录；或是某种已知原理应用于实际中取得新进展的科学总结，用以提供学术会议上宣读、交流或讨论；或在学术刊物上发表；或作其他用途的书面文件。在社会科学领域，人们通常把表达科研成果的论文称为学术论文。

学术论文是用来表述科学研究成果和阐述学术观点的论说性文章，是对自然科学、社会科学和工程技术领域中研究成果的书面反映和描述。如果没有论文的撰写和发表，人们就无法获知新的科研成果，科学研究的价值便无法体现。

2. 学术论文具有特点

（1）学术性

学术性是学术论文的根本特征，也是它与一般议论文的根本区别。学术论文是作者运用他们系统的专业知识，去论证或解决专业性很强的学术问题。从语言表达来看，学术论文是运用专业术语和专业性图表符号表达内容的，它主要是写给同行看的，所以不在乎其他人是否看得懂，而是要把学术问题表达得简洁、准确、规范，因此，专业术语用得很多。

（2）科学性

科学性是学术论文的特点，也是学术论文的生命和价值所在。开展学术研究，写作学术论文的目的，在于揭示事物发展的客观规律，探求客观真理，从而促进科学的繁荣和发展，这就决定了学术论文必须具有科学性。所谓科学性，就是指研究、探讨的内容准确、思维严密、推理合乎逻辑。学术论文要做到科学性，首先是研究态度的科学性，这就是老老实实、实事求是的态度。我们要以严肃的态度、严谨的学风、严密的方法开展学术研究。学术论文要做到科学性，其次是研究方法的科学性。也就是要运用马克思主义的立场、观点，用辨证唯物主义和历史唯物主义的方法去进行科学探讨。学术论文要做到科学性，第三是内容的科学性。什么样的内容才符合科学性？这就是论点正确，概念明确，论据确凿充分，推理严密，语言准确。

（3）创新性

创新性被视为学术论文的特点之一，这是由科学发展的需要决定的。科学研究是对新知识的探求。如果科学研究只作继承，没有创造，那么人类文明就不会前进。人类的历史就是不断发现、不断发明也就是不断创新的历史。一个民族如果没有创新精神，这个民族就要衰亡。同样，一篇论文如果没有创新之处，它就毫无价值。

学术论文的创新，主要表现在以下几个方面：

1）填补空白的新发现、新发明、新理论。人类的科研活动，主要是发现活动和发明活动。发现是认识世界的科学成就。把原来存在却未被人们认识的事物揭示出来，就是发现。如居里夫人发现镭，考古学家发现恐龙化石等。科学发现为人类的知识宝库增添财富，使科学得到发展。发明是改造世界的科技成就，运用知识发明出对人类有用的新成果，成为直接的生产力，如蒸汽机、电子计算机等。新理论是一种自成系统的学说，它对人类的实践具有巨大的理论指导意义。如马克思的《资本论》，李四光的“新华夏构造体系”、邓小平理论等。

2）在继承基础上发展、完善、创新。创新离不开科学继承。有不少研究成果，是在继承基础上发展起来的。继承基础上的发展，也是一种创新。只有创新才能发展。如日本彩电，继承了三分欧洲技术、七分美国技术，在综合国际300多项高新技术基础上，创造了更先进的日本技术。电子计算机也是经过一代又一代的继承、创新，不断发展，至今仍以日新月异的速度更新换代。邓小平理论也是在继承马列主义、毛泽东思想的基础上，结合中国国情，创造性地发展了社会主义理论。

3）在众说纷纭中提出独立见解。开展科学研究过程中，学术争鸣是不能避免的，参加学术争鸣切忌人云亦云，应对别人提出的观点和根据给以认真的思辨，并积极参与争鸣，大胆提出自己的独立见解和立论根据。对活跃思维，产生科学创见做出一点贡献，也是一种创造性。

4）推翻前人定论。由于人们在探究物质世界客观规律过程中，总是不能一下子穷尽其本质，任何学派的理论、学说，都不是尽善尽美的正确。研究者对研究对象的认识和研究者本人的知识结构，不可避免地存在着局限性，他们研究而得出来的结论，即使当时被认为是正确的，但随着历史发展，科学进步，研究手段的更新等，很可能会发现这些定论存在着问题。所以，对待前人的定论，我们提倡继承，但不迷信，若发现其错误，就需要用科学的勇气去批判它、推翻它。科学史上这类例子太多了，这也是一种创新。

5）对已有资料做出创造性综合。之所以这也是一种创新，就在于作者在综合过程中发现问题和提出问题，引导人们去解决问题。

当今世界，信息丰富，文字浩瀚，能对资料作分门别类的索引，已经备受欢迎，为科学研究做出了实实在在的贡献。而整理性论文，不仅提供了比索引更详细的资料，更可贵的是整理者在阅读大量的同类信息过程中，以他特有的专业眼光和专业思维，做出筛选归纳，其信息高度浓缩。整理者把散置在各篇文章中的学术精华较为系统地综合成既清晰又条理的问题，明人眼目，这就是创造性综合。这种综合，与文摘有明显区别。这种综合需要专业特长，需要学术鉴赏水平，需用综合归纳能力，更需要发现具有学术价值问题的敏锐力。

我们应积极追求学术论文的创造性，为科学发展做出自己的贡献，我们应自觉抵制“人云亦云”或毫无新意的论文，也应自觉抵制为晋升职称而“急功近利”、“鹦鹉学舌”地去写那些重复别人说过的，改头换面的文章。将论文写作当作晋升职称的“敲门砖”，这是学术的悲哀。

但是我们也要看到，一篇学术论文的创造性是有限的。惊人发现、伟大发明、填补空白，这些创造绝非轻而易举，也不可能每篇学术论文都有这种创造性，但只要有自己的一得之见，在现有的研究成果的基础上增添一点新的东西，提供一点人所不知的资料，丰富了别人的论点，从不同角度、不同方面对学术做出了相应贡献，就可看作是一种创造。

（4）理论性

学术论文与科普读物、实践报告、科技情报之间最大的区别就是具有理论性的特征。所谓理论性就是指论文作者思维的理论性、论文结论的理论性和论文表达的论证性。

1）思维的理论性。即研究者对研究对象的思考，不是停留在零散的感性上，而是运用概念、判断、分析、归纳、推理等思辨的方法，深刻认识研究对象的本质和规律，经过高度概括和升华，使之成为理论。

进行理论思维，把感性认识变成理性认识，实现认识上的飞跃，不是轻而易举可以做到的，这需要花大力气、下苦功夫。有的人因时间紧迫，或因畏惧艰难，在理论思维上怯步，以致把学术论文写成罗列现象，就事论事，从而使学术论文失去理论色彩，其价值也就大为逊色了。

2）结论的理论性。学术论文的结论，不是心血来潮的激动之词，也不是天马行空般的幻想，也不是零散琐碎的感性偶得。学术论文的结论是建筑在充分的事实归纳上，通过理性思维，高度概括其本质和规律，使之升华为理论，理性思维水平越高，结论的理论价值就越高。

3）表达的论证性。学术论文除了思维的理论性和结论的理论性外，它还必须对结论展开逻辑的、精密的论证，以达到无懈可击、不容置疑的说服力。

在弄清什么是学术论文的性质和基本特征之后，我们才能从根本上掌握学术论文的撰写以及避免论文写作中出现的一些形式和内容上的错误。下面我们从学术论文的类型、选题、写作程序、信息的搜集与整理、学术论文的撰写规范等几个方面，详细介绍如何撰写学术论文及相关注意事项。

10.3.2 学术论文的类型

学术论文按不同的标准划分，存在着各种不同的类型。按学术论文的性质功能，学术论文可分为：

1）论说性。即用大量的事实、数据和材料，正面阐述，以证明自己的观点。考证性文章归入此类。

2）综述性。即对某一时期某一学科领域的研究进展情况加以概括总结，分析现状，指出问题，并明确发展方向和趋势。

3）评论性。即对某一学术成果、期刊论文或专著的内容进行估价、鉴定、指出其成就，分析其价值挑明其中的问题与不足。

4）驳论性。即反驳对方的观点，提出自己不同的见解。

我们常见的商榷性文章就属此类。大学四年级要写毕业论文。毕业论文要能反映运用大学几年中所学的知识分析解决学术问题的实际能力，要有一定的学术价值。硕士论文应该对本专业的基本问题和重要疑难问题有一定的独到见解。而博士论文则必须在掌握某一学科深邃广博知识的基础上，获得较大突破，从而对学科的发展起到重要的作用。除此之外，还有投稿论文，命题论文等。不同类型的学术论文，各有其不同的特色，风格和要求，只有有的放矢，才能写出质量较高的学术论文。

10.3.3 学术论文的撰写

1. 论文选题基本原则

（1）科学性原则

所谓科学性就是要求研究者在课题研究中既要考虑立论正确与否，其论点材料是否经得起实践的检验，又要考虑采取何种方式收集、整理材料。

（2）可行性原则

可行性则是指研究过程中各个阶段的时间分配，怎样在限定的时间内科学地、有计划地保证研究工作、研究报告和研究论文的写作按时完成。

（3）实用性原则

人类认识世界的目的在于改造世界，科学本身的发展要求科研成果最终反映到社会实践中来。有无应用价值和效益的大小，体现着一定的功利性。

（4）先进性原则

学术论文选题先进性是保证其科研有领先地位，论文观点有创见的前提。

2. 学术论文撰写的一般程序

（1）明确论文选题，拟定撰写内容

无论是撰写哪种需求的学术论文（投稿、参会、答辩），首先都必须明确选题或研究方向及内容。

（2）拟订编写大纲，构架论文层次

这一过程实际上是对全文进行构思和设计的过程，是对论文的目的和主旨在全文中如何进行贯穿和体现的通盘考虑和有机安排。对论文的结构进行统一的布局，可以规划出论文的轮廓，显示出论文的条理和层次。

大纲的编写一般是由大到小，由粗到细，一层层地去思考、拟定。先把论文的大架子安排好，再考虑每一部分的内部层次。然后在各层次下列出要点和事例，最后在提纲的各个大小项目之下记一些需要用的具体材料，以备行文时应用。

（3）检索文献信息，全面掌握情况

现代科学的发展日新月异，而任何成就的取得无不建立在前人工作的基础之上，“巧妇难为无米之炊”，不及时捕捉最新的文献信息，就不能掌握足够的资料，也就无法进行新的开发、研究。

（4）综合分析研究，做出相关处理

进化论的始祖达尔文认为："科学就是整理事实，以便从中得出普遍规律或结论。"对搜集来的专题资料进行综合分析、研究整理，去伪存真，去粗取精，筛选出值得利用的部分，进一步吸收、消化，对于研究活动的深入亦即及学术论文的完成是十分关键的。囫囵吞枣、人云亦云、拼拼凑凑是不可能成就一篇有价值的学术论文的。

(5) 动笔行文成章，修改完善定稿

根据作者的研究、思考，按照拟订好并不断完善的大纲及已经掌握的比较系统全面的文献信息，可以撰写出论文的初稿。但是，论文的写作是一个复杂过程，一蹴而就、一气呵成的情况是极少见的，尤其是对于初学者更不可能做到这一点。所以，论文的修改是一个不可避免的过程。然而正是这一过程的多次循环，一方面使我们尽可能避免谬误和不足，另一方面又使得我们的认识不断深化、语言不断精练，从而使论文逐渐趋于完善。

论文的修改应着重考虑以下几个方面的问题：①论点是否明确；②论据是否充分；③论证手段是否正确，推理是否严密，分析是否合理；④条理层次是否清楚，结构是否完整、紧凑，布局是否得当，前后是否照应，各部分的联系是否连贯自然；⑤题目是否贴切，字、词、句、标点符号是否正确，语言是否准确、鲜明、简洁。

另外，内容上修改完善后的论文还应该检查其形式上是否符合有关规范，避免因论文格式方面的问题影响读者或编审人员对论文水准的误会或不良判断。

3. 学术论文的撰写规范与要求

"科学技术报告、学位论文和学术论文的编写格式"（GB 7713—1987）是学术论文的撰写规范与要求的国家标准，制定和执行该标准的目的在于方便和促进信息用户及信息系统对信息进行的收集、存储、处理、加工、检索、利用、交流和传播。

(1) 学术论文的编写的相关要求及格式

首先，论文稿应当采用A4(210mm×297mm)标准大小的白纸进行单面缮写或计算机打印，以便阅读和作相关处理。同时要求稿纸的四周留足的空白边缘，便于装订、复制及读者批注。每一面的上方(天头)和左侧应当分别留出25mm以上；下方(地脚)和右侧(切口)应当分别留出20mm以上。

其次，论文的章节编号需要按照GB1.1《标准化工作导则标准编写的基本规定》中第八章"标准条文的编排"的有关规定执行，即采用阿拉伯数字分级编号；不同层次的两个数字之间用下圆点(.)分隔开，末位数字后面不加点号，如"1"，"1.2"，"3.5.1"等；各层次的标题序号均左顶格排写，最后一个序号之后空一个字距接排标题。

另外，同论文题名一样，层次标题也应准确得体，要能概括全章、全节的特定内容，突出中心，一般宜用词组；同时应简短精炼，明确具体。

第三，从总体结构上看，一篇学术论文一般应当由前置部分、主体部分、附录部分、结尾部分共四部分内容组成。

1) 论文的前置部分，主要包括以下项目：

• 篇名(题名)即是一篇论文的题目。它应当是以最恰当、最简明的词语反映论文所特定的重要内容的逻辑组合。在选取篇名用词时必须考虑有助于文章关键词的选定及编制题录、索引、文摘时可供检索的实用信息的体现；篇名的长度不宜超过20个字；篇名中应当避免使用缩略语、代号及公式等。也就是说文章的篇名不但要很准确地反映文章的主题，同时要有利于读者的识别与判断，有利于其被充分利用。

• 作者就是论文的创作者。可以是个人，也可以是团体；可以是一位(独立创作)，也可以是多位(合作完成)。学术论文的作者一般以真名实姓出现；合作者按完成任务时承担内容的主次、轻重排序，主要作者排在前面。

• 作者单位及邮编(E-mail)指的是作者供职的组织及其邮政编码、作者个人的电子邮件地址。这些信息的给出，不但有利于信息用户从团体作者角度检索文献，更重要的是为有共同关心的课题(项目)的读者与论文作者之间建立合作与交流的联系方式。

• 文摘是对论文内容不加注释和评论的简短陈述。它应当具有独立性和自含性，即读者在阅读论文全文之前，通过看文摘就可以获得必要的信息、了解文章的主旨大意、判断有无必要阅读全文。因为文摘虽然一般需要控制在300字以内，但它却能够说明研究工作目的、实验方法、结果和最终结论。

• 关键词。关键词是从论文中抽取出来的能够准确表达文章主题概念的词语，一篇论文需要选取3~8个这样的词语作为关键词。为了提高关键词选取的质量，应当尽量利用《汉语主题词表》、《中国分类主题词表》选取主题词或关键词。

2）论文的主体部分，主要由以下内容组成：

• 引言(或绪论)。在这部分，需要简要说明研究工作的目的、范围、理论价值和现实意义，并提出论文的中心论点。一般可以包括下面几个方面内容：①研究的必要性——为什么开展研究，说明这项研究的意义；②历史的回顾——简介存在的问题及前人研究的大概情形(前人研究中存在的缺欠、不足等)；③介绍自己的研究动机、写作论文的目的和想法；④研究的结果的适用范围及研究者的建议或研究的特点等。

引言的撰写应当言简意赅，不要与摘要雷同或成为摘要的注释；一般教科书中的知识在引言中不必赘述。

• 正文。正文是论文的核心所在，将占据论文的主要篇幅。正文中可以包括：调查对象、实验和观测方法(观测结果)、仪器设备、材料原料、计算方法和编程原理、数据资料、经过加工处理的图表、形成的论点和导出的结论等。需要说明的是由于研究工作涉及的学科、选题、研究方法、工作进程、结果表达方式等存在很大差异，对正文的内容不能规定得千篇一律。但实事求是、客观真实、准确完备、合乎逻辑、层次分明、简练可读是对任何一篇学术论文的起码要求。

• 结论。结论是在论题得到充分证明之后得出的结果。结论是最终的、总体的结论，而非为正文中各段小结的简单重复，是整个研究活动的结晶，是全篇论文的精髓，是作者独到见解之所在。但是，由于研究工作存在复杂性、长期性，如果一篇论文不可能导出结论，也可以没有结论而进行必要的讨论。在结论或讨论中作者可以提出建议、研究设想、仪器设备改进意见、尚待解决的问题等。结论部分的写作，要求措词严谨，逻辑严密，文字具体。

• 致谢。致谢是作者对他认为在论文过程中特别需要感谢的组织或者个人表示谢意的内容。一般应当致谢的方面及个人有：资助研究工作的国家(或省、市)科学基金、资助研究工作的奖励基金、资助或支持开展研究的企业、组织或个人、协助完成研究工作和提供便利条件的组织或个人(包括在研究工作中提出建议和提供帮助的人；给予转载和引用权的资料、图片、文献的提供者；研究思想和设想的所有者，以及其他应感谢的组织或个人)。注意致谢内容要适度、客观，用词应谦虚诚恳，实事求是，切忌浮夸和庸俗及其他不适当的词句。致谢应与正文连续编页码。

• 参考文献。参考文献是作者在开展研究活动的过程中亲自阅读过的并对其产生了明显作用或被作者直接引用的文献，故一般也称之为引文。对参考文献的准确记录，具有三方面的意义：一是作者开展研究工作及撰写学术论文的理论支持及文献保障。它从一个侧面反映了作者的文献信息利用能力及作品的可信程度。二是表现了作者尊重他人知识产权及研究成果的良好品质及严谨的治学态度。三是向读者提供了相关信息的出处，以便核对文献、扩大对研究课题了解的范围及线索。

学术论文中参考文献的表现形式(加注的方法)主要有以下三种：①夹注——即段中注，在正文中对被引用文句在相应位置标注顺序编号并置于方括号内。该编号与正文部分对参考文献的完整记录内容顺序一致；②脚注——在某页中被引用文句出现的位置加注顺序编号并置于括号内。同时，在当前页正文下方编排相应编号参考文献的完整记录；③尾注——将所有需要记录的参考文献顺序编号，统一集中记录在全文的末尾。

参考文献的记录格式应当严格按照“文后参考文献著录规则”（GB 7714—1987)执行。私人通信信件和未发表的著作，不宜作为参考文献列出。

3）论文的附录部分。附录是对论文主体的补充项目，并非必需记录的内容。在GB 7713—1987中对附录内容的规定是：①为保持论文的完整性，但编入正文后有损于正文的条理性、逻辑性的材料如比正文更为详尽的信息、研究方法和技术更深入的叙述以及对了解正文内容有帮助的其他有用信息；②篇幅过大或取材于复制品而不便于编入正文的材料及一些不便于编入正文的罕见珍贵资料；③对一般读者并非必要阅读，但对本专业同行有参考价值的资料；④某些重要的原始数据、数学推导、计算程序、框图、结构图、注释、统计表、计算机打印输出件等。GB 7713—1987 对附录部分的记录形式及要求还做出了具体规定。

4）论文的结尾部分。在学术论文的结尾部分，作者为了读者更加方便地在其论文中找到特定的信息如论文中提到的许多主题概念、有关的人物及事件等等、为了更深入地反映论文所涉及的方方面面，可以为自己的论文编制关键词索引、著者索引甚至分类索引等。但是作为整个论文的组成部分，这部分内容并非一定要有，只是作者认为有必要时可以考虑编写和加进这部分内容作为结尾部分。

（2）学术论文撰写的注意事项

1）关于论文的署名。在学位论文封面及期刊论文、会议论文上论文作者项署名的个人作者，仅限于那些对于选定科研题目和制定研究方案、直接参加全部或主要部分研究工作并做出主要贡献以及参加撰写论文并能对内容负责的人，按贡献大小排列名次。对于参加部分研究工作的合作者、按研究计划分工负责具体小项的工作者、某项测试的承担者、接受委托进行分析检验和观察的辅助者以及提供文献信息帮助的人员等，一律不应当以论文作者身份署名。这些人员可以作为对研究工作提供了帮助和支持的人员，一一列入致谢部分或排于脚注。

2）关于论文中对图表、数学、物理及化学式、计量单位等的书写在 GB 7713—1987 中做出了详细的要求，同时在许多期刊、会议论文征稿中都有严格的规定，因此必须引起作者的高度重视。

思　考　题

1. 简述信息利用的基本意义和方法。

2. 对你所在学院的教师发表的期刊论文或专利申请量进行统计，并用 Excel 处理数据，排列出该院在地区或者全国范围同专业范围内的排名。

3. 对本专业近 3 年来在期刊、学位论文、专利等信息进行全面检索，用 Excel 按照关键词或者专利分类号排序，制作曲线图，发现其发展趋势、技术空白或研究热点。

参 考 文 献

[1] 柯平．信息素养与信息检索概论[M]．天津：南开大学出版社，2005.
[2] 刘英华，等．信息资源检索与利用[M]．北京：化学工业出版社，2007.
[3] 叶晓风．网络信息资源检索与利用[M]．南京：南京大学出版社，2008.
[4] 刘二稳．信息检索[M]．北京：北京邮电大学出版社，2007.
[5] 李四福，等．信息存储与检索[M]．北京：机械工业出版社，2007.
[6] 谢德体，等．信息检索与分析利用[M]．北京：清华大学出版社，2007.
[7] 祁延莉，等．信息检索概论[M]．北京：北京大学出版社，2006.
[8] 张白影，等．新编文献信息检索通用教程[M]．北京：首都经济贸易大学出版社，2007.
[9] 罗敏．现代信息检索与利用[M]．重庆：西南师范大学出版社，2007.
[10] 包忠文，等．文献信息检索概论及应用教程[M]．北京：科学出版社，2007.
[11] 肖亚明，等．信息检索教程[M]．北京：人民邮电出版社，2007.
[12] 周晓兰，等．科技信息检索与利用[M]．北京：中国电力出版社，2008.
[13] 张秋慧．国内外OA资源的研究进展及发展对策[J]．现代情报．2007(11).
[14] 刘振西．实用信息技术概论[M]．北京：清华大学出版社，2006.
[15] 陈希．浅谈重点学科导航库的可持续发展[J]．图书馆论坛．2007(5).
[16] 罗敏．现代信息检索与利用[M]．重庆：西南师范大学出版社，2007.
[17] 马国华．现代信息检索[M]．西安：西北工业大学出版社，2007.
[18] 马张华．信息组织[M]．北京：清华大学出版社，2003.
[19] 江镇华．大学生工程师专利教程[M]．天津：天津大学出版社，1993.
[20] 王梦丽，张利平，杜慰纯．信息检索与网络应用[M]．北京：北京航空航天大学出版社，2001.
[21] 陈英．科技信息检索[M]．2版．北京：科学出版社，2005.